普 通 高 等 教 育 土 建 学 科 专 业“十 二 五”规 划 教 材
全国高职高专教育土建类专业教学指导委员会规划推荐教材
全国高等职业院校名师名家精品教材

建筑智能化技术

沈瑞珠　主编

中国建筑工业出版社

图书在版编目（CIP）数据

建筑智能化技术／沈瑞珠主编．—北京：中国建筑工业出版社，2020.8（2024.11重印）

普通高等教育土建学科专业“十二五”规划教材　全国高职高专教育土建类专业教学指导委员会规划推荐教材　全国高等职业院校名师名家精品教材

ISBN 978-7-112-25021-9

Ⅰ．①建…　Ⅱ．①沈…　Ⅲ．①智能化建筑—自动化系统—高等职业教育—教材　Ⅳ．①TU855

中国版本图书馆CIP数据核字（2020）第058037号

本书共7个项目，分别是：智能建筑设备监控管理系统基础认识、智能建筑设备监控管理系统、智能建筑火灾自动报警及消防设备联动系统、智能建筑安全技术防范系统、智能建筑信息设施与信息化应用系统、建筑智能化工程实施与管理、建筑智能化工程实例。本书力求与实际工程相结合，突出职业技能的培养。

本书既可作为高职院校建筑设备类专业的教材使用，又可供相关工程技术人员参考。

本书配有数字化学习资源，请按封底提示扫描二维码自行观看。

责任编辑：齐庆梅
文字编辑：胡欣蕊
责任校对：李美娜

普通高等教育土建学科专业“十二五”规划教材
全国高职高专教育土建类专业教学指导委员会规划推荐教材
全国高等职业院校名师名家精品教材
建筑智能化技术
沈瑞珠　主编
*
中国建筑工业出版社出版、发行（北京海淀三里河路9号）
各地新华书店、建筑书店经销
北京红光制版公司制版
建工社（河北）印刷有限公司印刷
*
开本：787毫米×1092毫米　1/16　印张：16¾　字数：413千字
2021年1月第一版　2024年11月第五次印刷
定价：**49.00**元（赠学习资源）
ISBN 978-7-112-25021-9
（35778）

前　　言

本书是“建筑智能化技术”在线开放课程的配套教材，可作为建筑智能化工程技术、建筑设备工程技术、建筑电气工程技术等专业的主修课教材，以及建筑工程管理、物业管理、房地产经营与管理等建筑相关专业及相关从业人员的选修教材。

本书采用项目化课程教学，分有 6 个项目，项目 1 和项目 6 作为本书任务知识铺垫，其中“认知”是为完成“任务”需具备的理论知识或工程认知。项目 2 至项目 5 分别为如下图示智能建筑的主要智能化组成系统，本书针对图中每个子系统作为工作“任务”，采用基于任务驱动、以工作过程为主线教学模式编写。最后项目 7 列举了工程实例。

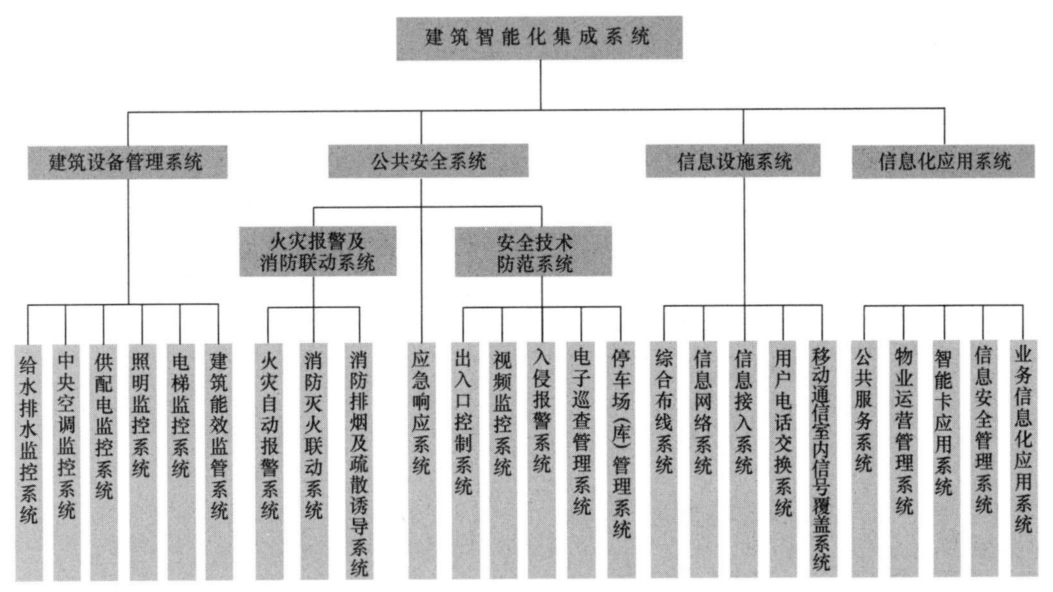

本书原名《楼宇智能化技术》，自第一版 2004 年 2 月出版、第二版 2013 年 5 月出版以来，深受相关专业院校师生的欢迎和厚爱，已印刷近 20 次。随着“互联网+”、物联网、大数据、云计算、人工智能等新一代信息技术的应用，读者对智能建筑类教材无论在内容还是教学形式上提出了更高的要求。为适应时代发展，本书在前两版《楼宇智能化技术》基础上进行修订，并更名为《建筑智能化技术》，按照现行《智能建筑设计标准》GB 50314—2015 在内容及教学形式方面都进行了“智慧”转型升级。

本书由沈瑞珠负责主编修订，贾晓宝、沈瑞珠共同完成项目 5 的修订。深圳清华大学研究院力合数字电视有限公司王旭审阅了书稿。本书在文字编写过程中，参阅了大量的文献资料，其中大部分作为参考资料目录列于书后，以便读者查阅，在此对文献作者表示衷心的感谢。感谢李春林、何晓青、陈梅芬三位老师在 MOOC/SPOC 教学应用的指导与帮助。感谢中国建筑工业出版社齐庆梅、张健编审的指导与帮助，以及胡欣蕊编辑的辛勤付出。感谢电子工业出版社陈建德编审的指导与帮助。

本书作为 MOOC/SPOC 混合式教学“建筑智能化技术”课程的配套教材，在信息化教学教改实践中进行探索尝试，配套了部分线上线下课程学习资源，详细请参见课程使用说明及附录中的配置资源目录表，有问题请与中国建筑工业出版社联系（E-mail：huxinrui@tju. edu. cn），或与作者联系（E-mail：srz@szpt. edu. cn）。

《楼宇智能化技术》第二版前言

本书的第一版自2004年2月出版以来，深受相关专业院校师生的欢迎和厚爱。随着高等院校教学改革的不断深入，尤其是2007年国家发布并实施了新的设计规范《智能建筑设计标准》GB/T 50314—2006，读者对该教材提出了更高的要求。本书在第一版的基础上，参照新的国家规范，充分考虑读者意见，广泛征求相关专家建议，按照最新的教育教学改革要求进行了修订。

本书新版修订主要内容如下：

1. 按照《智能建筑设计标准》GB/T 50314—2006，将原有名词概念、系统单元分类等重新加以修改，使教材理论内容符合国家规范。

2. 以工作过程为主线，在使学生掌握必要知识的基础上，以大量实例形式，强化工程图纸识读、设备安装等操作技能，使学生掌握能力更加贴近工程实际。

3. 每个学习单元配有教学导航、知识梳理与总结、技能训练项目、习题及思考题等，使本书使用者达到充分完善知识与掌握技能的目的。

4. 本书配有电子版教学课件，充分利用图片、动画、视频等多媒体素材，形象化展示教学内容，使教学者更便于达到教和学的目的。

全书共分6个单元两个附录，其中单元1是本书内容基础知识介绍，单元2～单元5分别论述智能建筑的各个智能化系统，以“任务”项目形式对每个系统从工作原理、设备组成等知识讲解，到系统的施工图识读设计、设备安装等技能操作，力求同实际工程相结合，突出职业技能的培养。单元6介绍智能化工程施工管理及建成后的运行管理，最后列举若干工程实例。

在这几年时间里，和本书有关的知识和技术有了很大程度上的发展与更新，同时本人在教学过程中也积累了一定的经验和成果。所以在这次修订编写过程中，力求做到思路清晰、重点突出、叙述清楚、语言流畅，更加贴近实际应用和便于教学，并尽可能多地融进自己的经验和成果。

本书第一版分别由沈瑞珠、杨连武及张铁东三位老师编写，其任务分工可参见第一版前言。在此基础上，第二版修订由沈瑞珠统一负责，孙景芝教授再次对修订版进行了审阅。

本书在文字编写及电子素材收集过程中，编者参阅了大量的文献资料，其中大部分作为参考资料目录已列于本书书后，以便读者查阅。在此对文献作者表示衷心的感谢。也对为本书付出辛勤劳动的编辑人员表示衷心的感谢。

由于作者水平有限，书中难免有不妥和错误之处，希望同行及读者指正，我们及时做出修改。

与本书配套的电子课件、技能训练、工程实例、习题参考答案等电子素材，请到www.cabp.com.cn/td/cabp22971.rar下载，有问题请与中国建筑工业出版社联系（E-mail：jiangongshe@163.com），或与作者本人联系（E-mail：srz@szpt.edu.cn）。

编者

2012年9月

《楼宇智能化技术》第一版前言

20 世纪 80 年代以后，一种融现代建筑技术与通信网络技术等高科技于一体的新型建筑——智能建筑悄然兴起。时至今日，其发展势头十分迅猛，智能大厦和智能小区遍布世界各地，智能建筑适应信息时代产业结构变化的需要，必将成为 21 世纪的主流建筑。进入 20 世纪 90 年代，我国的建筑智能化迅速发展，大量高智能、综合功能的大厦比比皆是，智能化的住宅小区也如雨后春笋，蓬勃发展。

我国是发展中的大国，面对智能建筑的迅速崛起和它所包含的多种学科、多种技术的交叉综合、日新月异，处于工程建设第一线的设计、施工、管理、运行维修人员迫切需要熟悉和掌握相应的高新技术知识，本书为适应这一需求而编写。因此，《楼宇智能化技术》这本教材不仅可用于高职高专类学校培养技术应用型人才，同时也可为从事智能建筑施工、管理、运行维修等行业的人员提供继续教育的参考书，具有很大的社会效益和经济效益。

本书编写的指导原则是：

1. 紧紧围绕高等职业教育的培养目标，以其所要求的专业能力并结合建筑电气专业岗位的基本要求为主线，安排本书的内容。

2. 注意与本系列其他教材之间的关系，原则上不重复其他教材的内容。

3. 编写的内容突出针对性与实用性，并考虑有通用性和先进性，既可以作为教科书使用，也可以对实际工作者有重要参考价值。

全书共九章。第一章为概述。第二章介绍楼宇智能化的关键技术和理论基础。第三至六章分别阐述了楼宇智能化的三大要素，即楼宇设备自动化系统、通信网络系统和办公自动化系统。第七章论述住宅小区的智能化系统。第八章和第九章分别就智能化系统建设与管理方面做简要阐述。

本书第一、七、八、九章由沈瑞珠编写；第四、五章由杨连武编写；第二章由张铁东编写；第三章由张铁东、沈瑞珠编写。全书由沈瑞珠负责统一定稿并完成文前、文后的内容，孙景芝教授审阅了书稿。

本书参考了有关楼宇智能化技术方面大量书刊资料，并引用了部分资料，除在参考文献中列出外，在此仅向这些书刊资料的作者表示衷心谢意！

由于楼宇智能化的技术还在不断发展，而我们的认识和专业水平还很有限，书中必定存在不少的缺点和错误，敬请广大读者给予批评与指正。

编者

2004 年 2 月

MOOC /SPOC 混合式教学
“建筑智能化技术”课程使用说明

MOOC（Massive Open Online Course，中文名：慕课），即大规模开放在线课程，是面向全社会人员的在线课程。SPOC（Small Private Online Course，中文名：私播课），即小规模限制性在线课程，是面向有限学生规模的在线课程，目前，常见的SPOC教学主要是针对校园课堂在校学生，采用针对性较强的在线教学资源，结合课堂教学与在线教学的混合学习模式，实施翻转课堂教学。

学习本课可采用如下方式：

1. 基于教材的学习

即单纯使用本教材的学习方式。学习者使用手机微信扫描书中二维码，观看本书配置的数字化学习资源。注意：请先扫描本书封底的圆形二维码，按说明“兑换成功”后即可浏览。

2. 基于MOOC的线上学习

为配合选用本教材的学习者开展基于MOOC的学习，课程团队每学期开设一期MOOC。学习者基于电脑端或移动端登录课程平台学习。本课程MOOC平台为学生配置数字化资源包括：微课视频、系列动画视频、PPT课件、工程案例、习题测试、项目作业等，详细内容请参见本书附表3《MOOC数字化学习资源类别及配置目录表》。

本课程MOOC上线平台及使用：

（1）中国大学MOOC平台

电脑端：登录中国大学MOOC平台 https：//www. icourse163. org；

移动端：手机应用市场下载“中国大学MOOC”App；

搜索课程名称“建筑智能化技术”或作者姓名“沈瑞珠”即可。

SPOC移动端学习工具“慕课堂”与App绑定，生成课程班级教学二维码。

（2）学银在线MOOC平台

电脑端：登录超星学银在线平台 http：//www. xueyinonline. com；

移动端：手机应用市场下载超星“学习通”App；

搜索课程名称“建筑智能化技术”或作者姓名“沈瑞珠”即可。

SPOC移动端学习工具“学习通”App，生成课程班级教学二维码。

3. 基于MOOC/SPOC的线上线下混合式学习

学习者基于在线平台的MOOC/SPOC课程开展自主学习，线下在教师引导下，辅以“慕课堂”、“学习通”等移动端学习工具。基于线上学生自主学习记录和线下教师备课及师生互动活动相关数据，协同分析线上线下学习过程数据和考核数据，推进过程性评价和总结性评价一体化，实现翻转课堂教学/混合式教学。

本课程线下教学以翻转课堂教学和技能训练为主，为教师配置SPOC教学资源包括：

翻转课堂 PPT 教学课件、技能训练项目、讨论题库、问卷题库、练习题库等备课资料，详细内容请参见本书附表 4《SPOC 教学资源类别及配置目录表》。

为配合选用本教材的任课教师开展基于 MOOC/SPOC 混合式教学，课程团队为教师提供一定的线下教学资源、讲座和培训等服务，线上教学可以在平台增加或删除课程资源和作业，线下教学管理由各学校老师负责。附表 4 所示 SPOC 教学资源配置，作为教师线下参考教学资源，如有所需请与作者联系。同时，欢迎开设“建筑智能化技术”课程的老师加入我们的课程团队，共同开展 MOOC/SPOC 教学和相关的项目研究。

MOOC 平台及其 SPOC 学习工具使用方法可联系本校所在区域学习平台服务人员，或与作者联系（E-mail：srz@szpt.edu.cn，微信：）。

目　　录

项目1　智能建筑设备监控管理系统基础认知

本项目要点： 建筑智能化是在现代建筑技术的基础上，融合计算机控制技术、计算机网络技术和通信技术。本项目是后续项目认知基础，学习本项目要求掌握智能建筑定义及功能，以及建筑智能化系统基本组成，掌握建筑设备监控系统结构以及系统硬件、软件组成及功能。

线上、线下教学导航

<table>
<tr><td rowspan="5">教</td><td>重点知识</td><td>1. 智能建筑系统组成，重点图1-1。
2. 建筑设备监控系统结构，重点图1-8，图1-9。
3. 建筑设备监控系统常用控制器、传感器、执行器</td></tr>
<tr><td>难点知识</td><td>1. 传感器工作机理。
2. 执行调节器工作机理。
3. DDC控制器输入、输出点类型。
4. DDC控制器组态软件</td></tr>
<tr><td>推荐
教学方式</td><td>对重点知识处理：
1. 线下通过参观建筑设备现场分布及智能化监控演示，掌握建筑智能化系统组成。线上微课视频观看建筑设备组成与分布。
2. 设备监控系统结构与项目2具体任务反复结合讲解。
3. 线上、线下应用多媒体素材，重点讲解传感器、执行器的应用。
对难点知识处理：
1. 指导学生线上预习，通过微课视频、动画了解建筑设备监控系统常用控制器、传感器、执行器。
2. DDC控制器的控制算法原理不必深入讲解。
3. 对DDC组态软件具体操作参照项目2</td></tr>
<tr><td rowspan="2">建议学时
（8学时）</td><td>理论6学时：参照线上学习资源，项目1微课、课件、自主测试等</td></tr>
<tr><td>实践2学时：参照本书技能训练1，参观典型智能建筑</td></tr>
<tr><td rowspan="3">学</td><td>推荐
学习方法</td><td>1. 线上预习，通过微课视频掌握建筑智能化系统组成，建筑设备监控系统结构框架。
2. 控制器、传感器、执行器可在相关网址搜索大量产品资料，围绕建筑设备监控做一定的资料搜索工作。
3. 线上自主测试，巩固知识概念，通过线上、线下参观演示，掌握建筑智能化系统组成及结构</td></tr>
<tr><td>必须掌握的
理论知识</td><td>1. 智能建筑系统组成，重点图1-1。
2. 控制器、传感器、执行器在建筑设备监控系统的作用及其应用。
3. DDC控制器输入输出四类接线点</td></tr>
<tr><td>必须掌握的技能</td><td>1. 认识并了解智能建筑组成系统。
2. 在教师指导下，能进行监控中心建筑设备监控系统界面及其操作</td></tr>
</table>

认知 1.1　智能建筑认知

 认知导入 扫一扫看微课视频： 什么样的建筑是智能建筑 A1–1	什么是建筑智能化？换句话说，就是什么是智能建筑？既然是智能，那就是让建筑像人一样“活起来”！一个建筑到底具备什么才能活起来？智能化建筑优势是什么？本认知告知读者具有哪些系统的建筑是智能建筑
 认知目的 扫一扫看工程案例： 建筑智能化系统设置环境案例 B1–1	通过对智能建筑的认知，熟知智能建筑的主要组成系统。本认知目的不必死记智能建筑的定义概念，只要了解清楚具备了这些智能化系统的建筑即可称为智能建筑，认知智能建筑功能特点

扫一扫看：本认知PPT课件
C1–1

扫一扫看：本认知教案设计
D1–1

1.1.1　智能建筑认知

20 世纪 80 年代以后，一种融现代建筑技术、信息技术、计算机技术和自动控制技术于一体的现代化建筑悄然兴起，我们又将其称为智能建筑。时至今日，配有智能化设备设施的智能大厦和智能住宅区遍布世界各地。

1. 智能建筑定义

智能建筑（Intelligent Building，IB）是当代高新科技和建筑技术结合的产物。智能建筑是随着计算机技术、通信技术和现代控制技术的发展和相互渗透而发展起来的，并将继续发展下去。因此，智能建筑本身是一个动态的概念。

国际上对智能建筑比较认同的一种定义是：所谓智能建筑，就是通过对建筑物的 4 个基本要素（架构、系统、应用、管理）以及它们之间的内在联系，以最优化的设计，为用户提供一个高效、舒适、便利的人性化建筑环境。

我国国家标准《智能建筑设计标准》GB/T 50314—2015 对智能建筑的定义是：以建筑物为平台，基于对各类智能化信息的综合应用，集架构、系统、应用、管理及优化组合为一体，具有感知、传输、记忆、推理、判断和决策的综合智慧能力，形成以人、建筑、环境互为协调的整合体，为人们提供安全、高效、便利及可持续发展功能环境的建筑。

上述智能建筑定义仍然令初学者晦涩难懂，其实要通俗了解什么是智能建筑，可以理解为以建筑物（架构）为平台，具备一系列具有感知、传输、判断等能力的智能化系统，包括建筑设备管理系统、公共安全系统、信息设施系统、信息化应用系统等，这些系统即为人们提供安全、高效、便捷、节能、健康的建筑环境与服务，同时也为人们提供数据化、智慧化的管理决策。

由此，在上述四个基本要素中，系统是智能建筑的核心，那么智能建筑要具备哪些系统？了解建筑智能化系统组成，就能清楚这些系统是如何为人们提供智能化的服务及管理。

2. 建筑智能化系统组成

按照我国《智能建筑设计标准》GB/T 50314—2015定义的智能建筑，图1-1以图示的方式通俗地描述了智能建筑系统的组成。

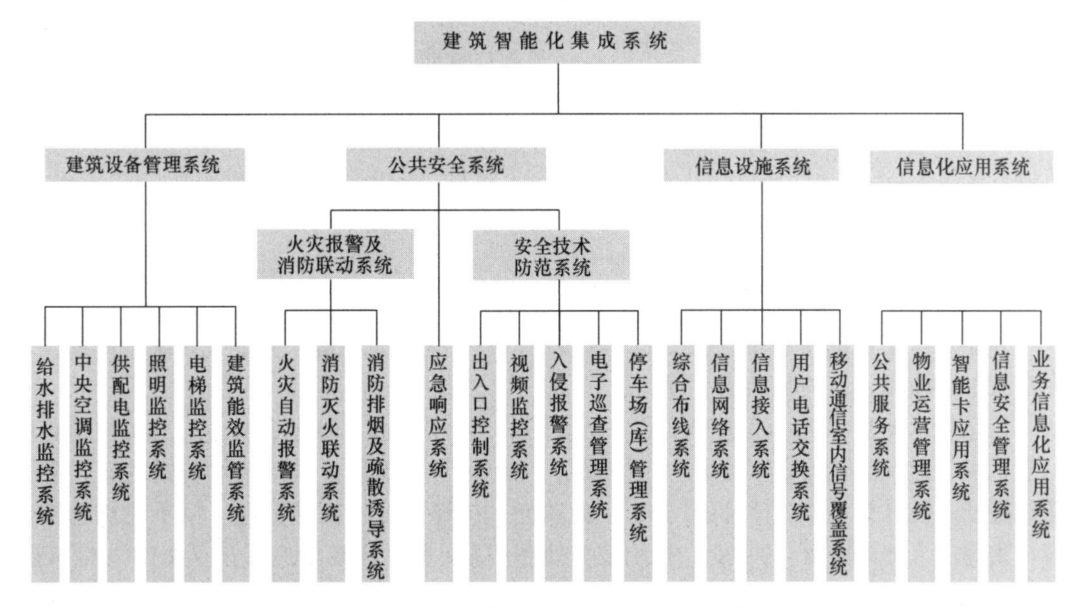

图1-1 建筑智能化系统组成

(1) 建筑设备管理系统（Building Management System）

对建筑设备监控系统和公共安全系统等实施综合管理的系统。建筑设备监控系统用于对建筑内的各种机电设施进行自动控制，包括给水排水、暖通空调、供配电、照明、电梯等设备系统。建筑能效监管系统用于能耗监测的范围包括冷热源、供暖通风和空气调节、给水排水、供配电、照明、电梯等建筑设备。

(2) 公共安全系统（Public Security System）

为维护公共安全，运用现代科学技术，具有以应对危害社会安全的各类突发事件而构建的综合技术防范或安全保障体系综合功能的系统。公共安全系统包括火灾自动报警系统、安全技术防范系统和应急响应系统等。

(3) 信息设施系统（Information Facility System）

为满足建筑物的应用与管理对信息通信的需求，将各类具有接收、交换、传输、处理、存储和显示等功能的信息系统整合，形成建筑物公共通信服务综合基础条件的系统。信息设施系统包括信息接入系统、布线系统、移动通信室内信号覆盖系统、卫星通信系统、用户电话交换系统、无线对讲系统、信息网络系统、有线电视及卫星电视接收系统、公共广播系统、会议系统、信息导引及发布系统、时钟系统等信息设施系统。

(4) 信息化应用系统（Information Application System）

以信息设施系统和建筑设备管理系统等智能化系统为基础，为满足建筑物的各类专业化业务、规范化运营及管理的需要，由多种类信息设施、操作程序和相关应用设备等组合而成的系统。信息化应用系统包括公共服务、智能卡应用、物业管理、信息设施运行管理、信息安全管理、通用业务和专业业务等信息化应用系统。

（5）建筑智能化集成系统（Intelligent Integration System）

为实现建筑物的运营及管理目标，基于统一的信息平台，以多种类智能化信息集成方式，形成的具有信息汇聚、资源共享、协同运行、优化管理等综合应用功能的系统。

另外，机房工程（Engineering of Electronic Equipment Plant）是为提供机房内各智能化系统设备及装置的安置和运行条件，以确保各智能化系统安全、可靠和高效地运行与便于维护的建筑功能环境而实施的综合工程。

智能化系统工程建设具体项目要视建筑物的性质和使用功能。现行国家标准《智能建筑设计标准》GB/T 50314—2015针对一般办公建筑、文化建筑、学校建筑、医院建筑、体育场馆等不同性质的建筑物应设置哪些智能化系统一一作了列写，参见附录1摘列部分建筑物应设智能化系统列表。有关详细规定，读者可自行查阅该标准。

3. 智能建筑技术基础及特点

智能建筑是建筑技术和信息技术相结合的产物，建筑是主体，智能化系统是信息技术在建筑中的应用，目的是赋予“智能”。

信息技术的主体技术是感测技术、通信技术、计算机技术和控制技术。感测技术获取信息，赋予建筑感觉器官（类比“人体眼睛、耳朵”）的功能；通信技术传递信息，赋予建筑神经系统（类比“人体神经网络”）的功能；计算机技术处理信息，赋予建筑思维器官（类比“人体大脑”）的功能；控制技术使用信息，赋予建筑效应器官（类比“人体手、脚”）的功能，使信息产生实际的效用。随着计算机技术的快速发展，计算机技术已渗透到控制技术和通信技术之中，而感测技术是控制系统的前端，因而智能建筑的技术基础是现代建筑技术、计算机控制技术及信息网络通信技术。

智能建筑具备建筑设备管理系统、公共安全系统、信息设施系统、信息化应用系统等智能化系统，为人们提供舒适便捷、安全、高效、节能等特点，主要体现如下：

（1）建筑设备管理系统提供健康、舒适便捷的办公、生活环境

智能建筑对建筑内的照明、空调、电梯可以实现智能调节与监控，为人们提供舒适便捷的工作生活环境。

（2）公共安全系统为建筑安全提供保障

智能建筑首先确保安全和健康，其防火与保安系统实现以安全状态监视为中心的防范及应急处理智能化。

（3）现代化的通信网络与信息化应用大大提高工作效率

智能建筑具备完善的通信网络系统以及各种信息化应用系统，不仅大大提升工作效率，作为智慧城市的节点，产生“智慧社区”“智慧校园”等各种“智慧＋”应用。

（4）建筑设备管理系统实现节能降耗、绿色建筑

能对建筑物内照明、电力、暖通、空调、给水排水、防灾、防盗、运输设备等进行智能化监控，在不降低舒适性的前提下达到节能、降低运行费用目的。

（5）能满足多种用户对不同环境功能的要求

智能建筑采用开放式、大跨度框架结构，允许用户迅速而方便地改变建筑物的使用功

能或重新规划建筑平面，室内办公所必需的通信与电力供应也具有极大的灵活性，通过结构化综合布线系统，在室内分布着多种标准化的弱电与强电插座，只要改变跳接线，就可快速改变插座功能，如变程控电话为计算机通信接口等。建筑物具有充分的适应性和可扩展性，它的所有功能随技术进步和社会需要而发展。

知识链接：智能建筑产生历史

1984年，在美国康涅狄格州（Connecticut）的哈特福德市，当时一座旧金融大厦出租率很低。于是，美国联合科技集团UTBS公司着手对大楼进行改造，采用综合布线技术和计算机网络技术对大楼的空调、电梯、照明设备进行监控，建立了防灾和防盗系统、通信及办公自动化系统等，首次实现了大厦内的自动化综合管理，不仅为大厦内的用户提供语言、文字、数据、电子邮件和资料检索等信息服务，而且使用户感到舒适、方便和安全。该大厦改造后定名为“都市办公大楼”（City Place Building）。这些改造大受办公用户欢迎，租金虽提高20%，大楼的出租率反而大为提高。由此世界上第一座智能建筑诞生，并显示了其极强的生命力。

自20世纪80年代中期后，智能建筑在美、日、欧及世界各地蓬勃发展。我国智能建筑于20世纪90年代才起步，但发展速度之快令世人瞩目。

知识链接：3A、5A等关于智能建筑的多种提法

3A智能建筑的提法是沿用《智能建筑设计标准》GB/T 50314—2000使用的3A称法，即建筑设备自动化系统（BAS）Building Automation System、通信网络系统（CNS）Communication Network System、办公自动化系统（OAS）Office Automation System。有的书将BAS中的火灾自动报警与消防联动控制系统（FAS）Fire Alarm System、安全防范系统（SAS）Security Automation System又划分出来，构成5A智能建筑。后续推出的《智能建筑设计标准》GB/T 50314—2006年、2015年标准均不再使用。

1.1.2 人工智能时代下对智能建筑的新认知

21世纪进入人工智能新时代，随着物联网、互联网、大数据、云计算等应用越来越广泛，对智能建筑4个基本要素（架构、系统、应用、管理）之间的关联有越来越多新的诠释。

1. 智慧平台提供多元化服务与管理需求

早期的智能建筑在设备系统管理数据与互联网、物联网等方面没有结合一体，多数是将建筑各子系统运行基本数据化动态呈现及简单控制，其结果就是重展示轻服务。现代智能建筑发展趋势是依托物联网、互联网、云计算、大数据、建筑信息模型化（BIM）等技术，构建智慧平台，使建筑实现在更高层次上的信息化、服务化、智慧化，它不仅是功能的拓展，更是服务的延伸。

现代写字楼领域的竞争，已经由硬件上升到软硬件并重，越来越多的开发商正在摆脱单纯拿地销售的角色，将开发、运营和服务三者捆绑，采用智能化系统配套全新开发模式，互联网+、大数据全新运营模式，以及服务线上化、流程标准化、人工智能化的全新服务意识，进而迅速提升产品竞争力，智慧平台的建设正是一个重要举措。

【例1-1】某商业办公建筑智慧平台提供多元化服务与管理解决方案

图1-2所示某商业办公建筑智慧平台提供多元化服务与管理解决方案示意图。从四个层面考虑，分别是智能建筑物业管理人员（包括园区管理员、物业维护人员、安保人员等）、智能建筑使用人员（包括工作在内的企业员工、外来访客人员等）、企业首席信息官（CIO）以及企业最高管理者。后两者智慧平台的服务功能主要为企业高层管理人员提供决策支持数据分析，人工智能时代下对智能建筑需求更多元化服务与管理，智能建筑更多的服务对象是前两类人员。

图1-2　某商业办公建筑智慧平台提供多元化服务与管理解决方案示意图

该商业办公建筑智慧平台建设主要功能两大方向：

（1）针对物业园区管理人员，以物联网设备为核心的数据（工单信息）、人、设备三位一体的设备设施运维管理平台；

（2）针对物业使用的企业员工，以APP互联网入口为核心，为员工、访客、租户提供全方位的商务办公服务。

2. 以设备为核心的设备设施运维管理平台、构建“设备—数据—人”三位一体

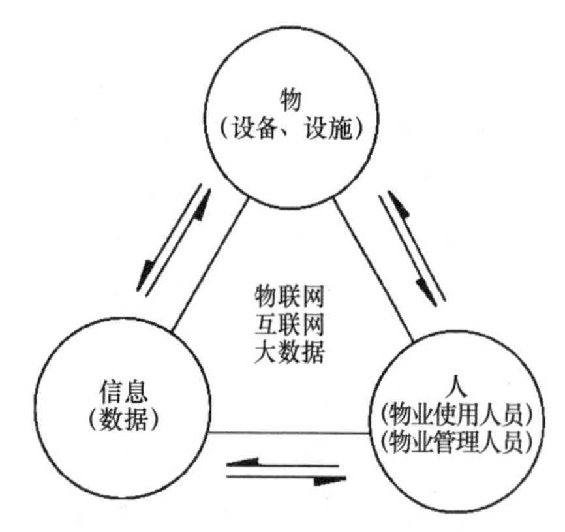

图1-3　智慧平台构建“设备—数据—人”三位一体示意图

对上述智能建筑定义的4个基本要素（结构、系统、应用、管理）之间的关联用通俗易懂解释就是，以建筑（结构）为平台，智能化系统如何为人应用服务，又如何得到更加智能化的管理。也就是说在物联网、互联网、大数据这个平台上统一解决“人与人、人与物、人与信息、物与信息、物与物、信息与信息”之间的问题，构建“物—信息—人”三位一体。

我们做一个较形象的示意图，如图1-3所示。图中“设备”表示图1-1中智能建筑所有子系统的设备设施。“数据”亦即信息，即包含物联网中设备设施信息，也包含互联网中管理人员和使用人员

的信息，当然最直接的表现是包括监控中心对设备采集与监控的信息。“人”在这里主要表示两大类，一类是智能建筑使用的人员，包括工作生活在建筑里的员工以及外来访客人员；另一类是智能建筑的物业管理人员，主要包括物业管理人员以及业主。所以图中的“人”既含义了服务与管理两大内容。

针对智能建筑的物业管理人员，传统物业设备设施管理依赖于人员现场管理，各设备设施系统都是单独、分散地进行管理；收集现场设备数据是监控中心职能之一，一旦现场设备出现故障，故障信息传到监控中心后，要靠人工派发工单，这是仅解决了设备—数据关系，而没有解决人—数据、人—设备的关系，人、工单与设备管理脱节，监控中心以靠人工传达的模式来保障设备设施的正常运行。

以系统为核心的设备设施运维管理平台通过物联网、互联网、云平台进行连接，利用大数据分析提供决策支持，其核心价值主要表现在系统可视化监管、降本增效、节能降耗，体现设备全生命周期管理，实现数据积累和知识沉淀，为项目管理者提供决策方面的数据支撑。

以图1-3示意举例，一旦现场设备出现故障，故障信息传到监控中心后，通过互联网APP向维保人员派发工单，维修后数据再通过手机APP实时传送。总之，以前我们是人找事，有了智慧管理平台，现在是事情会找到最合适的人，这样的管理模式目的是通过整合人员、场所、流程和科技，确保建筑智能化系统的高效运转。

3. 以APP互联网入口为核心的全方位生活办公服务平台

针对智能建筑的使用人员，以往人们使用的手机APP大多与建筑物内的设施无缘，通常进行的网上活动如购物、订票、订餐等，均是在互联网的范围使用，而建筑内设施基本都是被动使用。比如只能等待电梯，而不能预约呼梯；外来访客只能被动等待主人的开门等，互联网仅解决了“人—数据”关系，物联网才能解决“人—设备”的关系，传统管理模式中，人、约单与设备管理脱节，以靠人工操作的模式来运行。

以APP互联网入口为核心的全方位生活办公服务平台通过物联网、互联网、云平台进行连接，利用大数据分析提供决策支持，其核心价值主要表现在对于员工在享受互联网带来的服务外，还可以享受物业提供的多种网上服务；而对合作物业而言，通过平台注入的增值服务产品，可共享增值服务的增量收益。

知识链接：人工智能

人工智能（Artificial Intelligence AI），是计算机科学的一个分支，它研究、开发用于模拟、延伸和扩展人的智能的理论、方法、技术及应用系统的一门新的技术科学。该领域的研究包括机器人、语言识别、图像识别、自然语言处理和专家系统等。

人工智能从诞生以来，理论和技术日益成熟，应用领域也不断扩大，可以设想，未来人工智能带来的科技产品，将会是人类智慧的“容器”。人工智能可以对人的意识、思维的信息过程的模拟。人工智能不是人的智能，但能像人那样思考、也可能超过人的智能。人工智能研究的一个主要目标是使机器能够胜任一些通常需要人类智能才能完成的复杂工作。但不同的时代、不同的人对这种“复杂工作”的理解是不同的。

认知1.2　智能建筑设备设施及其分布

认知导入	智能建筑能够“高效运转”，靠的是有一个庞大的设备王国，为人们提供给水排水、空调、供电、照明、电梯、消防、安防、网络等，那么这些设备设施都有哪些呢？在大楼里又是如何分布的呢？本认知通过现场参观和模型展示分别阐述建筑设备组成及在大楼里的分布
 扫一扫看微课视频：走进智能建筑庞大设备王国 A1–2	
认知目的	通过现场参观及模型展示方式对智能建筑设备系统有基本认知，熟知智能建筑的设备设施组成及其在建筑内的分布。其目的是对智能建筑设备系统感性认知
 扫一扫看模型展示：智能建筑设备设施的分布 B1–2	

扫一扫看：本认知PPT课件
C1–2

扫一扫看：本认知教案设计
D1–2

1.2.1　认识智能建筑庞大设备王国

为了能满足各种使用功能和众多的服务要求，必须在建筑物中设置给水排水设备、通风空调设备、变配电设备、照明设备、电梯设备、消防、安防及网络等建筑设备。正是因为这些设备的使用和监控，才使得建筑物“活起来”，因此要了解智能建筑首先要知道这些设备设施在建筑中是如何分布的。

1. 智能建筑应具备的设备系统

建筑或物业设备既包括室内设备，也包括物业红线内的室外设备以及管线等设施，我们将这些设备、设施统称为系统。依据图1-1所示，按使用功能智能建筑应具备的设备系统可分为三大类。

（1）建筑设备系统

建筑设备系统主要包括为建筑提供能源的设备设施，如给水排水系统、供配电系统、燃气供暖系统；改善建筑环境的设备设施，如冷暖空调系统、通风系统、照明系统；提供建筑物内交通运输的设备设施，如电梯系统等。

（2）公共安全系统

公共安全系统主要包括防止和扑灭火灾的消防系统，如火灾自动报警系统、自动喷水系统、气体灭火系统等；人身财产安全防范系统，如入侵报警系统、视频监控系统、出入口控制系统等。

（3）信息设施系统

信息设施系统是为人们提供各种所需通信手段，主要包括电话、电视、广播、计算机网络等，还包括实现这些通信的建筑物内的综合布线系统。

2. 智能建筑设备系统在大楼分布

智能建筑设备系统在大楼的分布见示意模型图1-4所示。

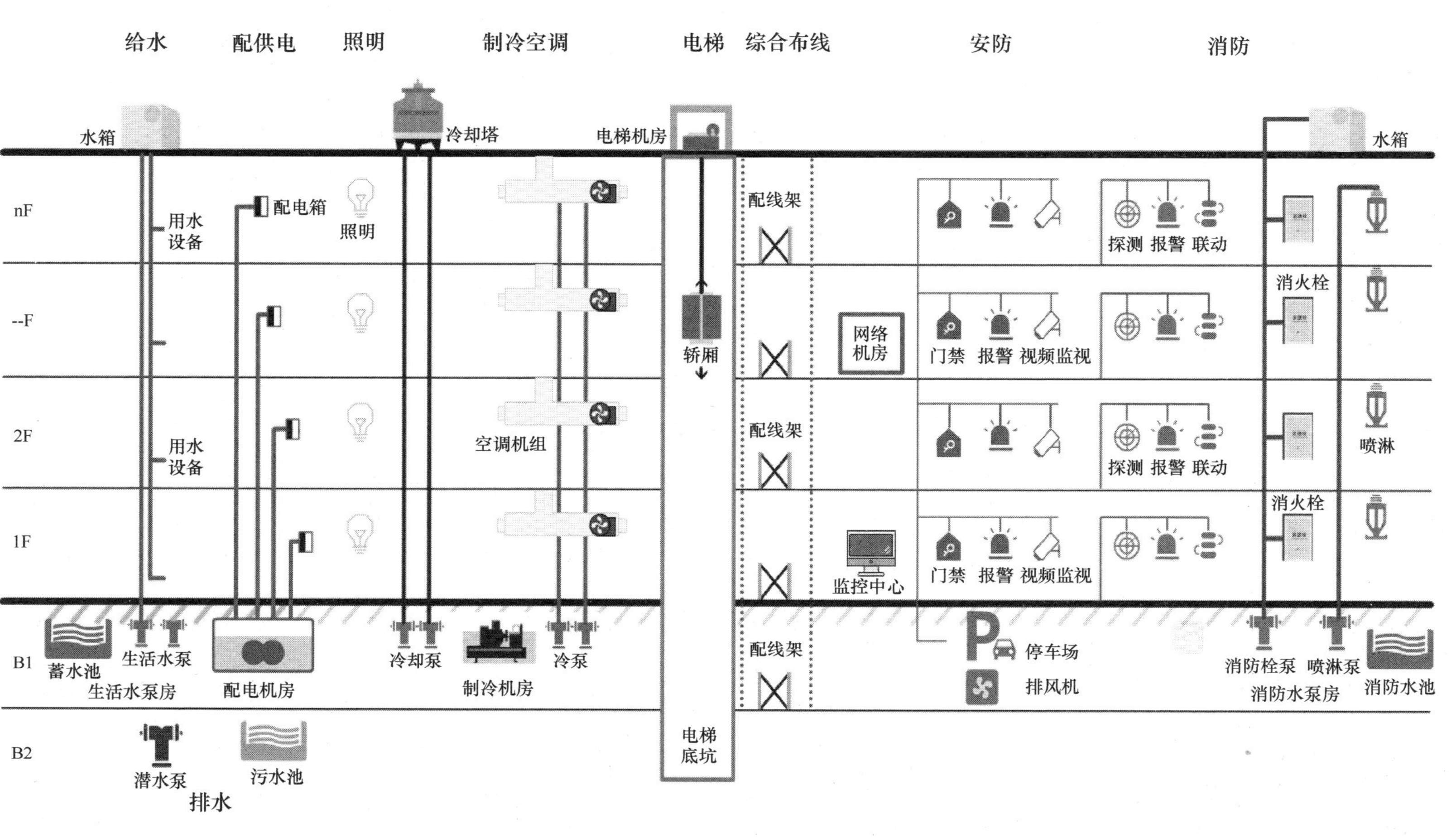

图 1-4　智能建筑设备分布示意模型图

1）建筑地下层。一般情况下，建筑物中动力负荷较大的设备集中放置在建筑物的地下层。在建筑物地下层设置机房及放置的设备有：生活给排水/消防给水泵房；放置主要设备设施有：蓄水池、生活给水泵、消防给水泵、水泵控制柜以及排水水泵和污水集水坑。变配电室，放置主要设备设施有：高压配电柜、变压器、低压配电柜、柴油发电机组。空调冷热源机房，放置主要设备设施有：制冷机组、冷水泵、冷却水泵、机组及水泵控制柜、集水器分水器以及热水锅炉设备等。

2）建筑各楼层。涉及人们生活、工作、安全以及创造舒适便捷室内环境的设备设施分布在各楼层需要的地方。包括：各类用水配水设施、照明、空调通风、电梯呼梯、消防探测报警设备、消防灭火及疏散设施、安防探测报警设备以及通信网络设施等。

3）建筑顶层。有些建筑设备设施必须放置在高位，在建筑物顶层放置的设备设施有：生活/消防给水水箱、制冷空调的冷却塔以及电梯牵引机房等。

随着建筑高度的增加，超高层建筑中，在中间层应增设动力设备机房。比如，水泵容量是随着建筑高度的增加而增大，层数较多时设置中间泵站以及续接水箱；而为了减少变配电系统的电能损失，采用变压器深入负荷中心的方式，对于超高层建筑，将变压器按上、下层配置或上、中、下层分别配置。

1.2.2　物联网下建筑设备监控管理功能

“监控”即表示监视（监测）与控制。由图1-4所示，智能建筑中所需设备数量庞大一幢大楼可有数百上千台各类设备，分布区域广，需要实时监测与控制的参数也有成千上万个，这就造成了运行操作与管理的困难。而且，各类设备运行工艺复杂程度不一，当多台设备构成一个系统时，运行状态往往产生互相影响与关联，如空调送风系统、电梯要和消防系统进行联动，以提高应急处理能力等。因此通过物联网对建筑设备智能化监控管理是必然趋势，其功能如下：

（1）对建筑设备实现以最优控制为中心的过程控制自动化。建筑设备管理系统对建筑设备按预先设置好的控制程序进行控制，根据外界条件、环境因素、负载变化等情况自动调节各种设备，使之始终运行在最佳状态，确保建筑设备能够稳定、可靠、经济地运行。如空调设备可以根据气候变化、室内人员多少自动调节到既节约能源又感觉舒适的最佳状态。

（2）实现以运行状态监视和计算为中心的设备管理自动化。对建筑设备的运行状态进行监视，自动检测、显示、打印各种设备的运行参数及其变化趋势或历史数据，对建筑设备进行统一管、协调控制，按照设备运行累计时间制定维护保养计划，延长设备使用寿命。

（3）实现以运行状态监视和灾害控制为中心的防灾自动化。对建筑内的人员和财产的安全进行有效的监视，及时预测、预警各种可能发生的灾害事件，当发生突发事件时，所有建筑设备能够实现一体化的协调运转，以使灾害的损失减到最小。

（4）实现以节能运行为中心的能量管理自动化。充分利用自然光和自然风来调节室内环境，根据大楼实际负荷开启设备，避免设备长时间不间断运行，最大限度减少能源消耗，自动进行对水、电、气等能耗的监测与计量，自动提供最佳能源控制策略，自动监测、控制设备的用电量以节约电能，实现能源管理自动化。

知识链接：物联网

物联网（Internet of Things，IoT）是指通过信息传感、识别等技术，对物体进行智能化识别、定位、跟踪、管理和控制的一种信息网络。物联网是“物物相连的互联网”，物联网的核心和基础仍然是互联网，即它是互联网的延伸和拓展，把任何物体与互联网相连接，进行信息交换和通信，以实现人与物和物与物的相互沟通和对话。在物联网技术范畴中，“物”一般要满足以下条件：要有相应的信息发送器和接收器；要有一定的存储功能和计算能力；要有专门的应用程序；要遵循物联网的通信协议；在网络中有可识别的唯一标识。

物联网把新一代信息技术充分运用在各行各业之中，具体地说，就是把感应器嵌入和装备到电网、铁路、桥梁、建筑、供水系统等各种物体中，然后将“物联网”与现有的互联网整合起来，实现人类社会与物理系统的整合，在这个整合的网络当中，存在能力超级强大的中心计算机群，能够对整合的网络内的人员、设备和基础设施实施实时的管理和控制，在此基础上，人类可以以更加精细和动态的方式管理生产和生活，达到“智慧”状态，提高资源利用率和生产力水平，改善人与自然间的关系。

认知 1.3　智能建筑设备监控系统结构

认知导入 扫一扫看微课视频： 建筑设备管理技术核心——监控系统结构 A1–3	建筑设备智能化监控系统的核心架构是什么？是属于自动控制系统范畴之一。智能建筑具备的给水排水、空调、供配电、照明、电梯、消防、安防、网络等设备系统监控均是遵循这个系统结构。因此本认知是本书后续任务的理论结构基础
认知目的  扫一扫看模型展示： 智能建筑设备监控系统结构 B1–3	通过对智能建筑设备监控系统结构的认知，熟知系统结构组成，以及结构中控制器、传感器、执行器的作用。其目的是为完成本书后续任务打下理论认知基础

扫一扫看：本认知PPT课件

C1–3

扫一扫看：本认知教案设计

D1–3

1.3.1　计算机控制系统基本结构

建筑设备计算机控制技术是工业控制技术在建筑领域的延伸。对机电设备运行过程实现智能监控是建筑设备监控管理系统的基本任务。因此，在深入学习建筑设备监控系统结构之前，有必要先了解自动控制和计算机控制方面的基础知识。

1. 自动控制系统框图

所谓自动控制，是指没有人直接参与的情况下，利用外加的设备或装置（称为控制装置或控制器），使机器、设备或生产过程（统称被控量）的某个工作状态或参数（即被控量）自动地按照预定的规律运行。

简单描述自动控制系统如图 1-5 所示，它由被控对象和自动化装置两大部分组成。其

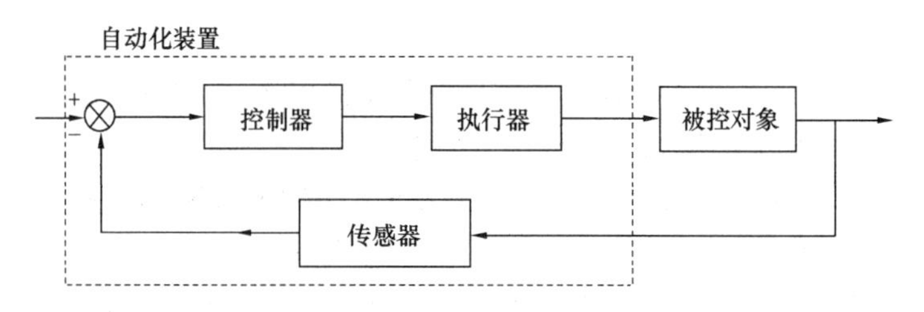

图1-5　自动控制系统框图

中，自动化装置包括测量传感器、控制器和执行器。比较机构实际上是控制器的一部分，为更清楚地表示其比较作业，图中以⊕表示。

（1）被控对象

在自动控制系统中，需要控制工艺参数的设备设施叫作被控对象。在建筑设备中水泵、风机、照明装置、电梯等设备或设备设施系统某一相应部分都可以是被控对象。

（2）测量传感器

又称测量变送器。传感器相当于自动化装置的“眼睛”，采集被控对象现场信息，传递给控制器。

（3）控制器

控制器相当于自动化装置的“大脑”，它把测量传感器送来的信号与工艺上需要保持的参数设定值相比较，再按预定的控制算法（或者说控制策略、控制逻辑、控制规律）进行运算后，输出相应的指令信息给执行器。

（4）执行器

执行器相当于自动化装置的“手脚”，它接收控制器的指令信息，实现对被控对象的调节或控制。

2. 计算机控制系统基本结构

用计算机来代替图1-5中的控制器，即可构成计算机控制系统，如图1-6所示。它以计算机系统（虚线框部分）作为控制器，执行控制算法或控制策略。由于计算机的输入和输出信号都是数字信号，因而系统中必须有将模拟信号转换为数字信号的A/D（模拟/数字）转换器，以及将数字信号转换为模拟信号的D/A（数字/模拟）转换器。

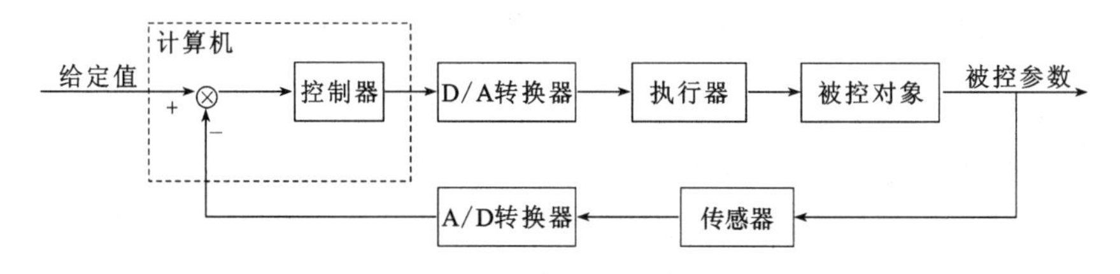

图1-6　计算机控制原理框图

计算机控制系统中的计算机是按工业生产特点和要求而设计的，故也称为工业控制计算机。与普通计算机相比，特别强调可靠性高、实时性好、环境适应性强、过程输入输出功能强的特点。与普通计算机相同，工业控制计算机也包括硬件和软件两个组成部分。

（1）硬件部分

硬件主要包括主机、过程输入输出设备、外围设备、人机联系设备和通信设备等。硬件组成框图如图 1-7 所示。计算机硬件的作用及功能见表 1-1 所示。

1）主机。由中央处理机（CPU）和内存储器（RAM、ROM）组成，主机是计算机控制系统的核心。它根据过程输入设备送来的反映生产过程的实时信息，按照内存储器中预先存入的控制算法，自动地进行信息处理与运算，及时地选定相应的控制策略，并且通过过程输出设备立即向生产过程发送控制命令。

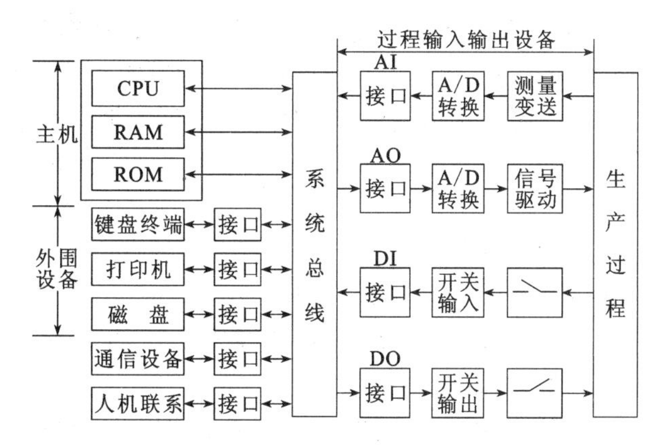

图 1-7 计算机控制系统的硬件组成框图

计算机硬件的作用及功能 **表 1-1**

硬件名称		主要部件	功能	作用
主机		CPU、只读存储器、随机存储器	输入过程实时信息；自动进行数据处理；发布控制指令及进行控制决策	计算机控制系统的核心部件，完成系统的信息采集与控制
过程输入输出设备	模拟量输入通道	传感器、测量变送器、A/D 转换器、接口电路	采集过程模拟量数据；进行数据变换、放大；进行模/数转换；采集数据送计算机	采集现场模拟量数据，并进行数据处理
	模拟量输出通道	D/A 转换器、执行驱动器	接受 CPU 发出的控制信息；进行数/模转换；完成信号放大、驱动；执行控制指令	对控制设备发出控制信息，并产生控制动作
过程输入输出设备	开关量输入通道	隔离器、缓冲器、接口电路	采集开关量设备数据；进行现场与控制系统隔离；开关量信息送计算机	采集现场开关量数据，并进行数据处理
	开关量输出通道	隔离器、驱动接口电路	接受计算机发出的开关量控制信号；进行现场与控制系统隔离；执行控制指令	对开关设备发出控制信息，并产生控制动作
人机交换设备		键盘、鼠标、打印机、扫描仪、磁盘	输入数据及控制信息；输出数据	人与计算机进行信息交流

2）过程输入输出设备。计算机与生产过程之间的信息传递是通过过程输入输出设备进行的，它在两者之间起到纽带和桥梁作用。过程输入设备包括模拟量输入通道（AI 通道）和开关量输入通道（DI 通道），AI 通道先把模拟量信号（如温度、压力、流量等）转换成数字信号再输入，DI 通道直接输入开关量信号或数字量信号。过程输出设备包括模拟量输出通道（AO 通道）和开关量输出通道（DO 通道），AO 通道把数字信号转换成模拟信号后再输出，DO 通道直接输出开关量信号或数字量信号。通过检测装置和执行装置才能和生产过程（或被控对象）发生联系。

3）外围及人机联系设备。常用外围设备如键盘、打印机、USB插口等。操作员与计算机之间的信息交换是通过人机联系设备进行的，工业用计算机的人机联系设备如显示器、专用的操作显示面板或操作显示台等；其作用有三：一是显示生产过程的状态；二是供生产操作人员操作；三是显示操作结果。人机联系设备也称为人机接口，是人与计算机之间联系的界面。

（2）软件部分

软件分为系统软件和应用软件两大类：

1）系统软件。一般包括操作系统、汇编语言、高级算法语言，过程控制语言、数据库通信软件和诊断程序等。

2）应用软件。一般分为过程输入程序、过程控制程序、过程输出程序、人机接口程序、打印程序和公共服务程序等，以及控制系统组态、画面生成、报表曲线生成和测试等工具性支撑软件。

在计算机控制系统中，常用的控制器有直接数字控制器（Direct Digital Controller，DDC)、可编程控制器（Programable Logic Controller，PLC)、工业控制计算机（Industrial Personal Computer，IPC，简称工控机)、单片机等。在工程实际中，选择何种控制器，应根据控制规模、工艺要求、控制特点和所完成的工作来确定。

3. 计算机控制系统工作过程

计算机控制过程通常可归结为下述两个步骤：

（1）数据采集

对被控参数的瞬时值进行检测，并输入给控制器。检测装置为各种传感器、开关、继电器辅助触点等。

（2）控制

对采集到的表征被控制参数的状态量进行分析，并按已定的控制规律决定控制过程，适时地对执行机构发出控制信号。

上述过程不断重复，使整个系统能够按照一定的动态品质指标进行工作，并且对被控参数和设备本身出现的异常状态及时监督，同时做出迅速处理。

特别提示：

给水排水、空调、供配电、照明、电梯等设备都是建筑设备智能化系统的被控对象。在工程实施中，这些被控对象由相应的专业人员来实施。作为建筑智能化专业人员，应在熟悉这些受控对象的工艺流程和工作原理的基础上，设计、配置、调试监控装置。只有熟悉工艺流程，才谈得上实现优化控制。

1.3.2　智能建筑设备监控系统结构

建筑设备监控管理系统实际上就是采用计算机控制系统对建筑设备进行智能化监控的系统，在实际工程中，采用的控制系统方式主要有集散式控制系统和现场总线式控制系统两大类。

1. 集散式控制系统

集散式控制系统又名分布式控制系统（Distributed Control Systems，DCS)，是采用集中管理、分散控制策略的计算机控制系统。它以分布在现场的控制器完成对被控设备的实时控制、监测和保护任务；又以监控管理计算机为代表的集中控制，进行数据处理、记录及显示报警等功能。建筑设备集散控制系统的结构如图 1-8 所示。

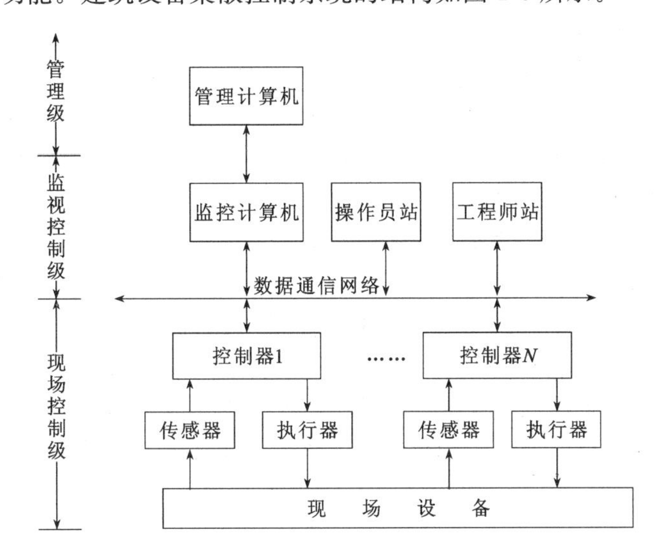

图 1-8 集散式建筑设备监控系统结构

(1) 现场控制级

现场控制级是由现场控制装置（现场控制器）、检测装置（传感器）、执行装置（执行器）及通信网络组成，可对单个或多个设备系统进行智能化监控。根据现场设备设施监控点数量，可设置多个监控系统。

现场控制级的主要组成有：控制器、传感器、执行器。

(2) 监控管理级

监控管理级由一台或多台通过网络相连的计算机构成。监控管理计算机主要由两类组成，一类是以监控为目的的监控计算机，主要功能是为管理人员提供人机界面，使操作员及时了解现场运行状态、各种运行参数的当前值、是否有异常情况发生等，并可通过输入输出设备（键盘或鼠标器）对运行过程进行控制和调节；另一类是以改进系统功能为目的，主要面向工程师管理人员，也可称为工程师站。主要功能是对分散控制系统进行离线配置和编程组态等。

(3) 管理计算机

管理计算机通过数据通信，实现系统的管理调度、事件处理和数据诊断等，为管理者提供决策支持。

在建筑物中，需要实时监测和控制的设备具有品种多、数量大和分布范围广的特点。几十层的大型建筑物，建筑面积多达十多万平方米，有数千台（套）设备分布在建筑物的内外。对于这样一个规模庞大、功能综合、因素众多的大系统，要解决的不仅是各子系统的局部优化问题，而是一个整体综合优化问题。若采用集中式计算机控制，所有现场信号都要集中于同一个地方，由一台计算机进行集中控制。这种控制方式虽然结构简单，但功能有限且可靠性不高，不能适应现代建筑物管理的需要。集散式控制以分布在现场被控设备附近的多台计算机控制装置完成被控设备的实时监测、保护与控制任务，克服了集中式计算机带来的危险性高度集中和常规仪表控制功能单一的局限性。集散式控制充分体现了集中操作管理、分散控制的思想，在建筑设备智能化监控管理中得到了广泛应用。

2. 现场总线控制系统

上述的集散控制系统，在一定程度上实现了分散控制的要求，可以用多个基本控制器作为现场控制器分担整个系统的控制功能，分散了危险性，但现场控制器本身仍是个集中式结构，一旦现场控制器出故障，影响面仍然比较大，人们向往控制结构的进一步分散化，得到更大的灵活性以及更低的成本。

现场总线控制系统（Fieldbus Control System，FCS）是适应智能仪表发展的一种计算机网络，它的每个节点均是智能仪表或设备，网络上传输的是双向的数字信号。随着微电子学和通信技术的发展，过程控制的一些功能进一步分散下移，出现了各种智能现场仪表。这些智能传感器、执行器等不仅可以简化布线，减少模拟量在长距离输送过程中的干扰和衰减的影响，而且便于共享数据以及在线自检。其中通信网络层通过适配器，可以是有线网，也可以是无线网，典型的现场总线式建筑设备监控系统结构如图1-9所示。

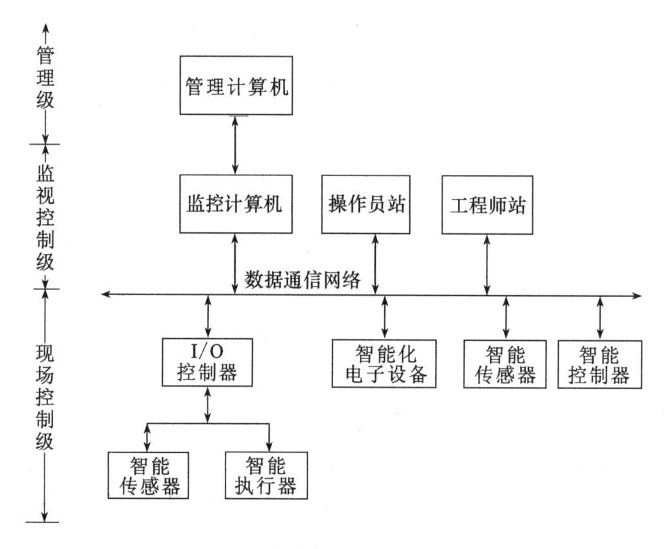

图1-9　现场总线式建筑设备监控系统结构

现场总线式系统可以说是集散控制系统更新换代产品，概括起来，现场总线技术具有如下一些特点：

（1）现场总线把处于设备现场的智能仪表（智能传感器、智能执行器）连成网络，使控制、报警、趋势分析等功能分散到现场级仪表，必将使控制结构进一步分散，导致控制系统体系结构的变化。

（2）每一路信号都需要一对信号线的传统方式被一对现场总线所代替，节约了大量信号电缆，简化了仪表信号线的布线工作，降低了电缆安装、保养费用；而且，传输信号的数字化使得检错、纠错手段得以实现，这又极大地提高了信号转换精度和可靠性。因此，现场总线具有很高的性能价格比。

（3）符合同一现场总线标准的不同厂家的仪表、装置可以联网，实现互操作，不同标准通过网关或路由器也可互联，现场总线控制系统是一个开放式系统。

特别提示：

目前工程应用中，建筑运行机电设备（给水排水、空调、供配电、照明、电梯等）监控大部分采用集散控制系统，而火灾自动报警及消防设备联动系统、安全防范系统以及总线式智能照明系统基本是采用现场总线式控制系统。因此建筑设备监控管理系统的体系架构往往不是纯粹单一的，而是将集散控制系统、总线控制系统和计算机网络等技术的相互融合。

认知 1.4　智能建筑设备监控系统硬件

 A1–4 **认知导入** 扫一扫看系列动画：建筑设备监控常用传感器：执行器3D介绍	如果把建筑智能化监控系统比作具备智能的人，哪些设备是“大脑”？哪些是“眼睛”？又有哪些是“手脚”？它们都长什么样？本认知分别介绍建筑设备监控系统中关键的硬件装置：控制器、传感器和执行器
B1–4 **认知目的** 扫一扫看工程产品案例：设备监控常用传感器、执行器	通过对智能建筑设备监控系统硬件装置的认知，熟知系统硬件组成，主要有 DDC 控制器、传感器、执行器的功能及技术参数。其目的是为完成本书后续任务打下理论认知基础

C1–4

D1–4

一个智能建筑其设备监控点通常有成百上千个点，这些设备点的监控由若干个现场监控系统完成，每一个监控系统就像一个“独立的人”，要具备“大脑”“眼睛”及手脚。我们以图 1-5 所示监控系统结构解释，就是要具备控制器、传感器、执行器。

1.4.1　建筑设备监控系统的“大脑”——控制器

控制器在系统中的作用是接收传感器采集的信息参量，将这些参量以及预设参量进行运算、比较及判断，输出执行指令给执行器。在自控系统中，控制器类似于人的“大脑”，是自动控制的核心枢纽器件。

建筑设备监控系统中的现场控制器一般采用直接数字控制器。

1. 什么是直接数字控制器（DDC）

直接数字控制器（Direct Digital Controller，DDC）。所谓直接数字控制是以微处理机为基础、不借助其他设备而将系统中的传感器信号直接输入到控制器中，经控制器按预先编制的程序计算处理后直接驱动执行器的控制方式，这种计算机称为直接数字控制器，简称 DDC 控制器。简单来说，就是将图 1-6 中的数字/模拟（D/A）、模拟/数字（A/D）转换器纳入到控制器内，就构成直接数字控制系统，其构成如图 1-10 所示。

图 1-10 中虚线范围视为 DDC 控制器，DDC 控制器接收各类检测传感装置的输入信号，并根据控制要求运行软件程序、分析处理输入信号，再输出指令给执行调节装置，使被控对象按程序要求动作。

DC 控制器具有可靠性高、控制功能强、可编写程序，既能独立监控有关设备，又可

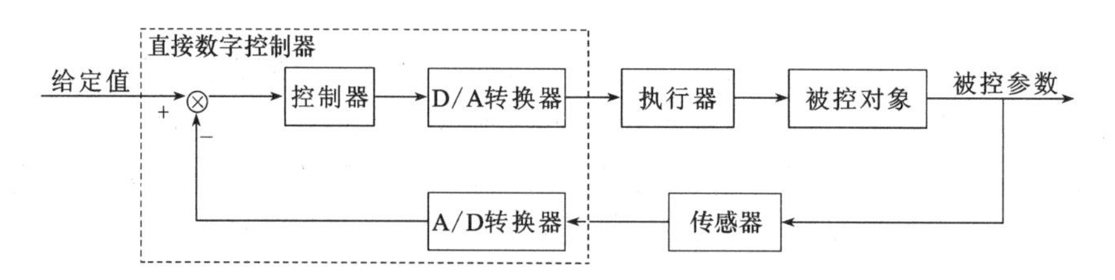

图1-10　直接数字控制（DDC）系统框图

通过通信网络接受中央管理计算机的统一管理与优化管理。典型DDC产品如图1-11所示。

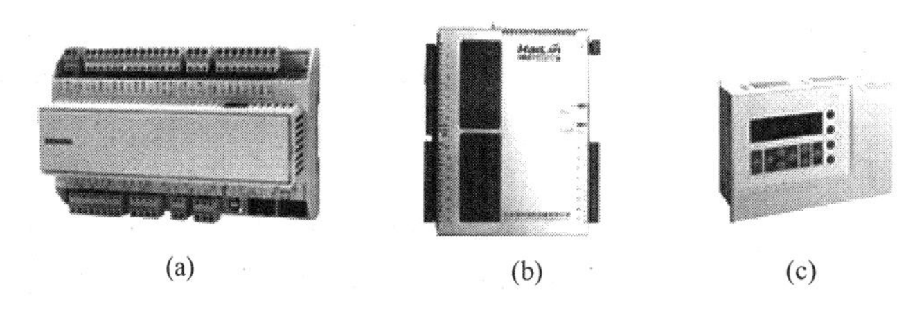

(a)　(b)　(c)

图1-11　典型直接数字控制器（DDC）产品实物图

2. 直接数字控制器（DDC）的输入输出

建筑设备监控系统中DDC控制器的使用，主要掌握其输入输出的连接。DDC的输入输出有4种类型：

（1）模拟量输入（AI）

模拟量即可连续变化的参量，如温度、压力、流量、液位等，这些物理化学量通过相应的测量传感器转变为标准的电信号。如：0～10V、0～20mA等。这些标准的电信号进入DDC的模拟量输入接口，经过内部的A/D转换器变成数字量，再由DDC计算机进行分析处理。

（2）数字量输入（DI）

数字量又称为开关量。DDC计算机可以直接判断DI通道上的开关信号，并将其转化成数字信号（通为“1”、断为“0”），DDC对外部的开关、开关量传感器进行采集，这些数字量经过DDC进行逻辑运算和处理。

（3）模拟量输出（AO）

DDC采集的外部信号，通过分析处理后再传送给模拟输出通道。当外部需要模拟量输出时，系统经过D/A转换器转换后变成标准电信号。如：0～10V、0～20mA等。电动执行器是通过DDC输出模拟量电信号直接控制，模拟量输出信号一般用来控制电动风阀或水阀。

（4）数字量输出（DO）

DDC采集的外部信号，通过分析处理后再传送给数字输出通道。当外部需要数字量输出时，系统直接提供开关信号驱动外部设备。外部设备可以是接触器、电磁阀、照明灯等。

【例1-2】某产品直接数字控制器（DDC）接线端口连接

以图1-11（c）所示小容量DDC控制器为例，该控制器是带人机操作界面，可通过人机操作界面或其他外部设备输入指定码进行选择。多数控制器不带人工操作界面，使用由特定软件建立和下载到控制器的应用程序。

该控制器有 8 个模拟输入（AI）、4 个模拟输出（AO）、4 个数字输入（DI）及 6 个数字输出（DO），其输入输出特性见表 1-2，接线端口图见图 1-12 所示。

典型 DDC 控制器输入输出特性　　表 1-2

类　型	特　性
8 个通用模拟输入	电压：0～10V 电流：0～20mA（需外接 499Ω 电阻） 电阻：0～10bit 传感器：NTC 20kΩ 电阻 −58～302℉（−50～150℃）
4 个数字输入	电压：最大 24V DC（小于 2.5V 为逻辑状态 0，大于 5V 为逻辑状态 1）
4 个通用模拟输出	电压：0～10V，最大 11V，±1mA 电阻：8bit 继电器：通过 MCE3 或 MCD3 控制
6 个数字输出	电压：每个晶闸管输出 24V AC 电流：最大 0.8A，6 个输出一共不能超过 2.4A

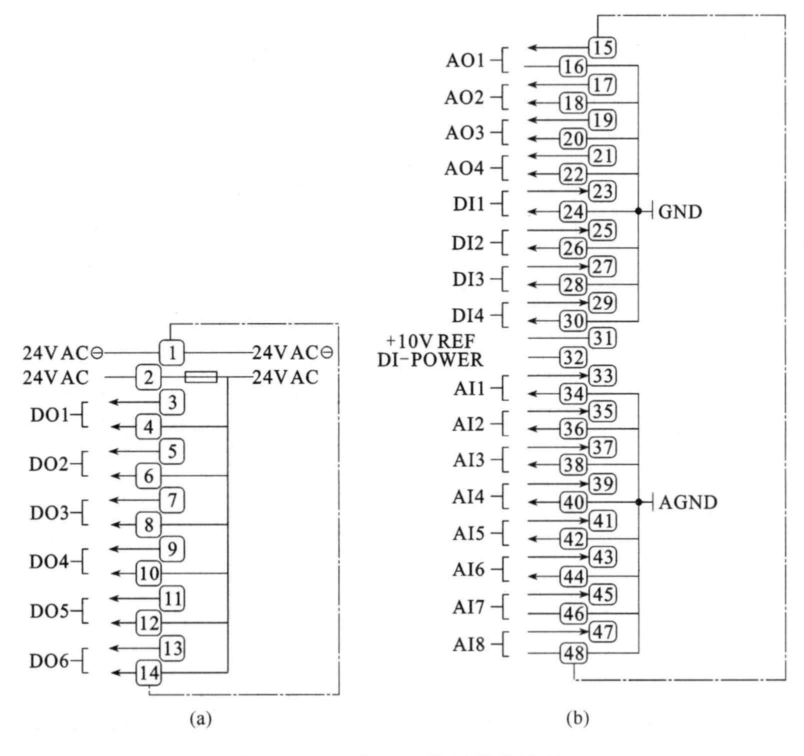

图 1-12　典型 DDC 控制器接线端口

（a）1～14 端口；（b）14～48 端口

控制器端口连接方式：

DO 点连接方式最简单，直接连接 3-4（DO1）、5-6（DO2）、7-8（DO3）、9-10

（DO4）、11-12（DO5）、13-14（DO6）即可。

AO点分是否需要外加电源。如果不需要外加电源，可直接连接15-16或15-1（AO1）、17-18或17-1（AO2）、19-20或19-1（AO3）、21-22或21-1（AO4）；如果需要外加电源，则按如下方法连接：15-2（AO1）、17-2（AO2）、19-2（AO3）、21-2（AO4）。

DI点则分无源还是有源点。若是无源触点，连接23-32（DI1）～29-32（DI4）；若是有源触点，则应连接23-24（DI1）、25-26（DI2）、27-28（DI3）、29-30（DI4）。

AI点最为复杂，有四种连接方式，一定要根据具体情况连接，否则很容易出错。对无源传感器，连接33-34（AI1）～47-48（AI8）；对有源传感器，则连接33-1（AI1）～47-1（AI8）；若是需要外加电源的有源传感器，连接33-2（AI1）～47-2（AI8）；当AI点用作DI点时，连接33-31（AI1）～47-31（AI8）。

3. DDC控制器的选用与布置

（1）DDC的选用

根据建筑设备监控点的密集场合选用不同处理能力的DDC，例如水泵房、空调制冷机房等监控点多且集中的场合，优先采用大型控制器，以减少故障率和控制器间的通信；对空气处理机、新风机、照明等分散安装的设备采用中小型控制器即可。

（2）DDC的布置

DDC控制器一般应安装在受控设备现场，宜与相应配电箱并列布置以利于布线。同一个机房内设备（冷冻站、热力站等）可以合用一个控制器；分散安装设备（新风机、照明等）可采用相邻楼层合用一个控制器。控制器的电源宜集中供应，可从UPS总电源引出，从受控设备现场引用电源的做法不值得推荐。

4. 控制器与传感器、执行器的连接方式

直接数字控制器（DDC）的4种类型接线点，分别对应连接传感器和执行器，见示意图1-13所示。中传感器的作用是采集信息，所采集的信息点作为输入端（I点）送入控制器的输入端，按传感采集的物理量分别接模拟输入端（AI）和数字输入端（DI）。控制器的输出端（O点）连接执行器，按调节控制的参量分别接模拟输出端（AO）和数字输出端（DO）。

图1-13　控制器与传感器、执行器连接示意图

特别提示：

用DO点控制强电设备时，需要借助继电器、接触器等辅助设备，如图1-14所示利用DO通道控制一盏220V指示灯的电气原理图。对于AI、AO、DI等输入输出点，也可能存在其所能接受或输出的信号与现场传感器、变送器、执行机构等的信号不匹配的情况，这时就需要其他辅助设备。但这些信号匹配问题一般在设备选型时就予以充分地考虑进行解决了。

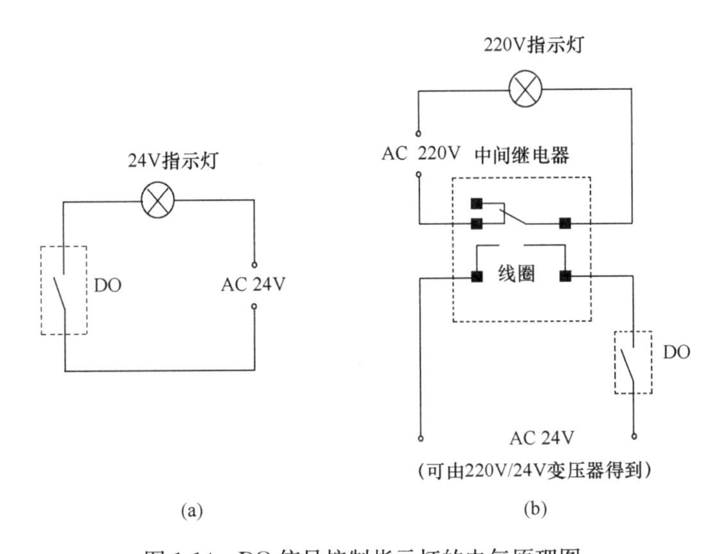

图 1-14　DO 信号控制指示灯的电气原理图

(a) DO 信号直接控制 24V 指示灯；(b) DO 信号通过中间继电器间接控制 220V 回路

1.4.2　建筑设备监控系统的“眼睛”——传感器

传感器在系统中的作用是采集现场被测对象的信息参量，将这些现场信息反馈给控制器。在自控系统中，传感器类似于人的“眼睛”，是自动控制的前端主要器件。

在建筑设备监控系统中，传感器安装在现场，将采集或检测的现场状态参数直接送到控制器的输入通道（AI 或 DI），控制器将接收的参量进行计算判断，再发出指令信息给执行器，由执行器执行控制动作。

1. 传感器认知

传感器亦可称作变送器，是一种能把特定的被测量信息（诸如非电量信息的温度、压力、流量、液位等，以及电流、电压、功率等电量信息）按一定规律转换成适于传输或测量电信号的器件。通俗点说，要对非电量参数进行检测，必须运用一定的转换手段，把非电量转换为电量，然后再进行检测。一般将非电量转换为适于传输或测量电信号的器件，通常称为传感器；而将电量转换为适于传输或测量电信号的器件，通常称为变送器。

所谓适于传输或测量电信号，通常是指电压、电流等电量信号，这些信号可以非常方便地进行传输、转换、处理和显示。建筑设备控制系统所用传感器传输的电信号一般情况下就是一个 0～5V 直流电压或 4～20mA 电流，它们都可以直接送给控制器 DDC 的 AI 输入端。

通常传感器由敏感元件和转换元件组成。其中，敏感元件是指传感器中能直接感受或响应被测量的部分；转换元件是指传感器中将敏感元件感受或响应的被测量转换成适于传输或测量的电信号部分。由于传感器的输出信号一般都很微弱，因此需要有信号调理与转换电路对其进行放大、运算调制等。随着半导体器件与集成技术在传感器中的应用，传感器的信号调理与转换电路可能安装在传感器的壳体内或与敏感元件一起集成在同一芯片上。此外信号调理转换电路以及传感器的工作必须有辅助的电源。传感器构成框图如图 1-15 所示。

传感器种类繁多，分类方法也有多种。按被测参数（即输入量）分类，有温度、压力、位移、速度等传感器；按工作原理分类，有应变式、电容式、磁电式等传感器；按构成敏感元件的功能材料分类，有半导体、陶瓷、光纤、高分子薄膜等传感器；按某种高技术、新技

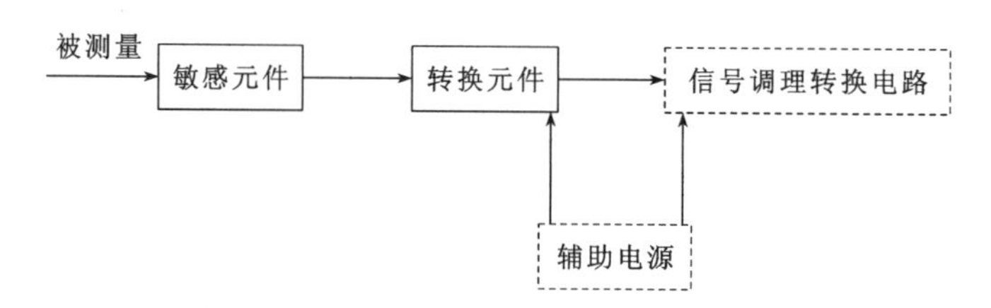

图1-15 传感器构成框图

术相结合而分类，有集成传感器、智能传感器、机器人传感器、仿生传感器等。

传感器的发展趋势是朝着小型化、多功能化及智能化方向发展。特别是含有微处理器的智能传感器具有数据处理功能、自诊断功能、软硬件相结合功能、人机对话功能、接口功能、显示和报警功能等，由此也带来了总线分布式计算机控制系统的发展。

特别提示：

针对学习本书建筑设备智能化监控系统中使用的传感器，特别关注传感器按输出信号的性质可分为开关量传感器和模拟量传感器。

（1）开关量传感器

开关量传感器根据被测量是否高于或低于阈值，输出一个二进制数信号（开或关）。开关量传感器也可以是利用敏感元件的物理运动使切换开关处于“开”或“关”的机械式装置，典型的机械式装置包括各类继电器、各类开关按钮、压力开关、水流开关等。

开关量传感器一般采用非屏蔽软线（如RVV2×1.0）与DDC控制器的DI通道连接，DDC将开或关转换成数字量“1”或“0”，进而对其进行逻辑分析和运算。

（2）模拟量传感器

在建筑系统中，反应建筑环境状态的参数，如温度、湿度、流量、电压、电流等，这类参数随时间连续变化，称为模拟量参数。测量这些参数的传感器就属模拟量传感器。模拟量传感器将生产过程中的模拟量参数转换为连续的电信号，然后经信号处理电路将该电信号变成0～10V或4～20mA等适于传输或测量的标准电信号。

模拟量传感器一般采用非屏蔽软线（如RVV2×1.0）与DDC控制器的AI通道连接，DDC接收这些信号，进行模拟/数字（A/D）转换后，进而对其进行策略分析和运算。

2. 建筑设备监控系统中常用传感器

建筑设备控制系统中常用传感器一般包括：给水排水监控系统采用液位传感器、水流开关等；冷暖空调系统采用风管式温湿度传感器、水管式温度传感器、流量传感器等；供配电系统采用电压、电流、功率等变送器；火灾报警系统采用感温、感烟探测器；入侵报警系统采用红外探测器、门磁开关等。在此，介绍几种典型传感器原理及性能。

（1）温度传感器

温度检测通常采用热电原理检测方式，传感器一般采用铂热电阻、铜热电阻、热敏电阻、热电偶等作为敏感元件。其基本原理是利用敏感元件的电阻随温度变化的特性，在一定范围内根据测量热电阻阻值的变化，便可以知道被测介质的温度变化。

在建筑设备监控系统中，对温度的检测主要用于：

1）室内气温、室外气温，范围在−40～45℃。

2）风道气温，范围在－40～130℃。

3）水管内水温，范围在 0～90℃。

温度传感器结构上有墙挂式、水管式、风管式等，如图 1-16 所示。

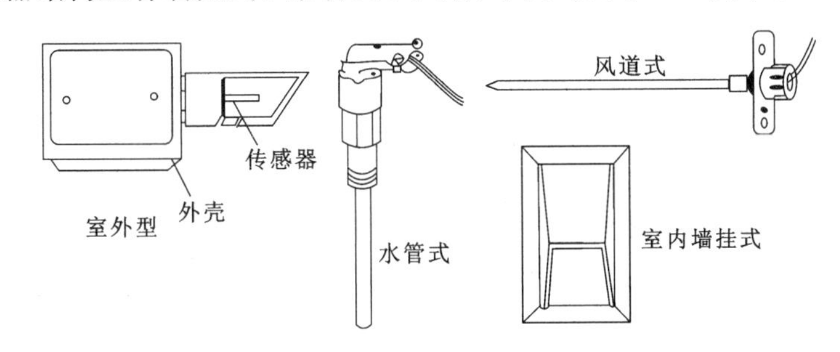

图 1-16　建筑设备监控系统中常用温、湿度传感器示意图

（2）湿度传感器

常用的电容式相对湿度传感器元件是利用极板电容器容量的变化正比于极板间介质的介电常数，如果介质是空气，则其介电常数和空气相对湿度成正比，因此，电容器容量的变化与空气相对湿度的变化成正比，在一定范围内根据测量电容值的变化，便可以知道被测介质的湿度变化。

在建筑设备自动化控制系统中对湿度的检测主要用于室内室外的空气湿度、风道的空气湿度的检测。温度传感器结构上有墙挂式、风管式等，如图 1-16 所示。

（3）压力传感器

压力传感器是通过弹性元件将（压）力变换成位移，此位移虽然是一个曲线运动，但在位移量不大时可近似认为是直线运动，且位移大小与压力成正比。该位移经过电容或电感式位移检测器变换成电量。

常用的弹性元件如图 1-17 所示。弹簧管是最常用的一种弹性测压元件，可以是单圈的，也可以是螺旋弹簧形状。波纹管是将金属薄管折皱成手风琴风箱形状而成的，它比弹簧管能得到较大的直线位移，即灵敏度高，其缺点是压力—位移特性的线性度不如弹簧管好，因此经常将它和弹簧组合使用。

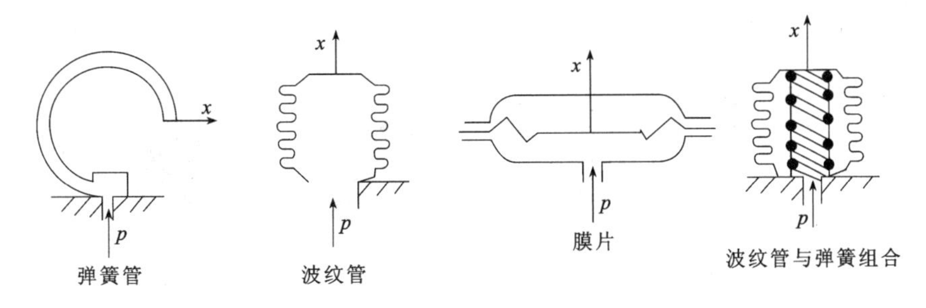

图 1-17　常用弹性元件结构

在建筑设备监控系统中对压力的检测主要用于风道静压、供水管压、差压的检测，大部分的应用属于微压测量，量程在 0～5000Pa 。

（4）液位传感器（液位开关）

在建筑设备监控系统中，经常需要测量各种容器或设备中两种介质分界面的位置，如给水箱中水的高度等，一般以容器的底部作为参考点来确定液面与参考点间的高度，即液位。液位是属于机械位移一类的变量，因此把液面位置经过必要的转换，测量长度和距离的各种方法原则上都可以使用，通常有浮标式、电容式和光纤式等。

（5）流量传感器

检测流量也有多种方法，有节流式、容积式、涡轮式、电磁式等。以常用的涡轮流量计为例，涡轮流量计涡轮的轴装在导管的中心线上，流体轴向流过涡轮时，推动叶片，使涡轮转动，其转速近似正比于液体流量。在不导磁的管壳外放着一个套有感应线圈的永久磁铁，因为涡轮叶是导磁材料制成的，故涡轮旋转，每片叶片经过磁铁下面时，不断改变磁路的磁阻，使通过线圈的磁通量发生变化，感应输出电脉冲。瞬时流量，可通过检测脉冲信号的频率而得。

（6）电压、电流变送器

电参数的测量的主要是对电压、电流、功率、频率、阻抗和波形等参数的测量。在电参数的测量中，被测电量的特点是：电压和电流的范围广，从纳伏级到数百千伏的高压；从纳安到数百千安的电流。因此被测交流电压、电流经互感器变换到一定的量程范围，然后经交—直流变换电路，将交流信号的有效值转变为一个直流电压值，经量程变换后达到标准的电压范围，如0～5V或0～10V。这个标准的电压范围信号可直接送给DDC控制器的AI输入，DDC内部经A/D转换器将此电压信号转变成一个数字量，最终将此数字量乘以放大器放大或衰减系数即得被测交流电压、电流的有效值。其原理框图如图1-18所示。

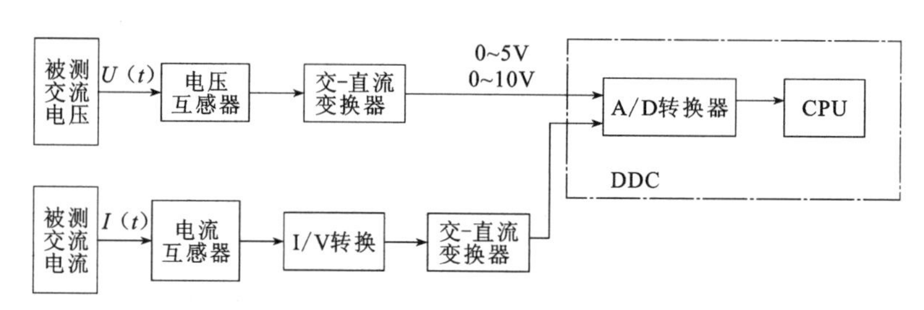

图1-18　正弦交流电压、电流的测量原理

建筑设备监控系统中常用传感器如图1-19所示。此外还有消防、安防中应用的感温

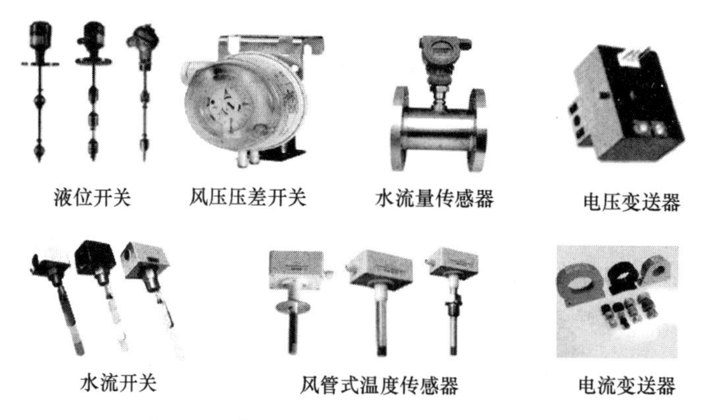

图1-19　建筑设备监控系统中常用传感器

感烟传感器、红外传感器、门磁开关等等，具体介绍可参见本书各任务应用中。

3. 传感器与控制器的接口连接

传感器作为信息采集设备，安装在被监控设备现场，其采集的信息点送入控制器的输入端（I 点）。如果采集的信息量是模拟连续量，如温度、湿度、压力、流量、电流、电压等，则接入直接数字控制器（DDC）的模拟输入端（AI）；如果采集的信息量是数字开关量，如按钮、接触器触点、继电器触点等，则接入直接数字控制器（DDC）的数字输入端（DI）。

参见示意图 1-13 所示。

1.4.3　建筑设备监控系统的“手脚”——执行器

执行器又称执行调节装置，在系统中的作用是执行控制器的命令，直接控制被测对象的输送量。在自控系统中，执行器类似于人的“手脚”，是自动控制的终端主控器件。

在建筑设备监控系统中，控制器经逻辑运算后产生的控制信号，通过输出通道（AO 或 DO）送入执行器，由执行器执行控制动作。执行调节装置根据控制装置（控制器）发来的控制信号的大小和方向，开大或开小调节阀门而改变调节参数的数值。

1. 执行器认知

按使用的能源分类，执行调节装置有气动、电动和液动等类型，建筑设备监控系统中通常采用电动执行器。控制的对象多为电动机或电磁阀，执行装置主要包括电动机和电磁阀的配电控制箱；调节的对象多为装于水管的阀门和装于风管的风门，这类执行装置主要包括各种电动水阀门或电动风门。

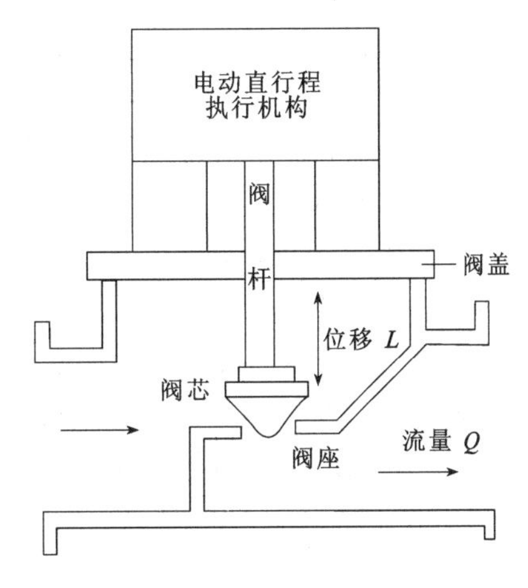

图 1-20　电动调节阀原理

图 1-20 所示是直线移动的电动调节阀原理，阀杆的上端与执行机构相连接，当阀杆带动阀芯在阀体内上下移动时，改变了阀芯与阀座之间的流通面积，即改变了阀的阻力系数，其流过阀的流量也就相应地改变，从而达到了调节流量的目的。

特别提示：

根据控制系统输出信号的不同，DDC 控制器输出给电动执行器的信号有连续模拟信号和非连续数字开关信号两种，因此类同传感器分类方式，也将执行器按接收信号的性质可分为开关量执行器和模拟量执行器。

开关量执行器接收的是 DDC 输出的二进制数信号（开或关），这个开关信号施加到接触器、继电器等电气设备控制线圈吸合电压上，即可执行控制相应机械式装置动作。典型的控制包括电动机类负载如水泵、风机的启停控制、照明装置开关控制等。DDC 控制器通过非屏蔽软线（如 RVV2×1.0）经 DO 接口连接到执行器。

模拟量执行器我们也可看作是电动调节器，因为它接收 DDC 控制器的连续输出信号，需要执行器实现连续调节动作。典型的电动调节装置如电动风门、电动调节水阀门等。DDC 控制器通过非屏蔽软线（如 RVV2×1.0）经 AO 接口连接到执行器。

2. 建筑设备控制系统中常用执行器

电动执行器根据使用要求有各种结构。驱动和控制阀门的装置有：电磁阀、电动调节水阀、电动调节风门等。建筑设备控制系统中常用执行器如图 1-21 所示。

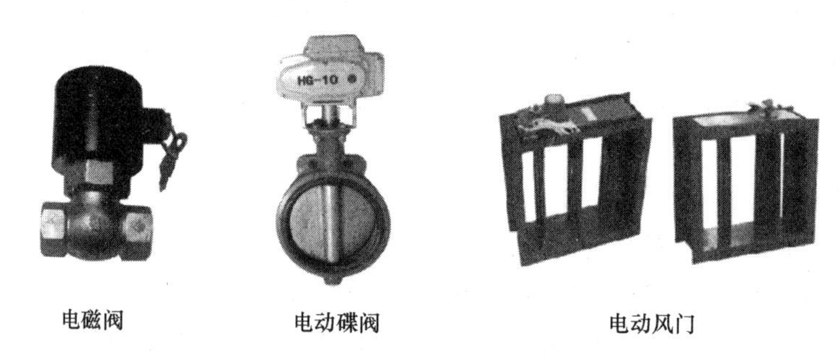

图 1-21　建筑设备控制系统中常用执行器

（1）电磁阀

电磁阀是常用电动执行器之一，它利用电磁铁的吸合和释放对小口径阀门作通、断两种状态的控制，其结构简单，价格低廉。它是利用线圈通电后，产生电磁吸力提升活动铁心，带动阀塞运动控制气体或液体流量通断。直动式电磁阀的活动铁心本身就是阀塞，通过电磁吸力开阀，失电后，由恢复弹簧闭阀。

（2）电动调节阀

电动调节阀是以电动机为动力元件，将控制器输出信号转换为阀门的开度，它是一种连续动作的执行器。其控制原理参见图 1-20，电动机通过减速器变为转角，控制阀杆行程来改变阀门的开度，阀行程直接能反映阀门的开度。电动执行机构根据配用的调节机构不同，输出方式有直行程、角行程和多转式三种类型，分别是同直线移动的调节阀，旋转的蝶阀，多转的感应调节器等配合工作。在智能楼宇的空调冷水调节中，常用电动蝶阀调节。

（3）电动风门

电动风门（又称电动风阀）实际上是把电动调节器、连杆机构及风阀阀体组装在一起的一个风路附件。在智能楼宇的空调、通风系统中，用得最多的执行器是风门，风门用来控制风的流量，是以电动机为动力元件，将控制器输出信号转换为风门的开度。它可以是执行通断动作的执行器，也可以是执行连续动作的执行器。

3. 执行器与控制器的信号连接

执行器作为执行命令的动作设备，安装在被监控设备现场，其命令由直接数字控制器的输出端（O 点）送出，接到执行器的信息接点。如果执行的是连续调节指令，如连续调节水流的大小、连续调节风门改变进风量等，则连接直接数字控制器（DDC）的模拟输出端（AO）；如果执行的是开/关，或启/停的指令，如电动机的启/停控制、电磁阀的开/关控制、灯具的开/关控制等，则连接直接数字控制器（DDC）的数字输出端（DI）。参见示意图 1-13 所示。

认知 1.5　智能建筑设备监控系统软件

 A1-5 **认知导入** 扫一扫看操作视频：典型DDC控制系统编程软件介绍	任何一个控制系统光有硬件不行，还要有软件。软件是什么？就是“大脑”控制器的运算判断编程能力。本认知介绍智能建筑设备监控系统中的编程软件，也是本书后续任务实现的技术基础
 B1-5 **认知目的** 扫一扫看工程案例：典型建筑设备监控软件组态界面	通过对智能建筑设备监控系统编程软件的认知，熟知系统软件作用，了解监控系统常用编程软件的使用。其目的是为完成本书后续任务打下理论认知基础

扫一扫看：本认知PPT课件

C1-5

扫一扫看：本认知教案设计

D1-5

1.5.1　建筑设备监控系统软件使用方式

任何一个计算机控制系统都是由硬件和软件两大部分组成，单纯只有硬件的系统集合体对实际应用来说毫无意义，必须要有软件系统。智能建筑设备监控管理系统也不例外，通常厂商的建筑设备监控产品都提供强大的软件平台，可以通过良好的用户界面或人机界面，相当方便地实现建筑设备监控系统的网络、数据库、控制器的配置，以及系统监测与管理。

1. 建筑设备监控系统常用控制规律

在工程实际中，应用最为广泛的调节器控制规律为比例、积分、微分控制，简称 PID 控制，又称 PID 调节。建筑设备自动化系统作为一种计算机控制系统，其现场控制调节装置的调节方式主要采用 PID 调节方式。

(1) 比例 (P) 控制

比例控制是一种最简单的控制方式。其控制器的输出与输入误差信号成比例关系。当仅有比例控制时系统输出存在稳态误差。比例式调节的作用是按比例反应系统的偏差。系统一旦出现了偏差，比例调节立即产生调节作用以减少偏差。比例越大，可以加快调节，减少误差，但是过大的比例，容易使系统的稳定性下降，甚至造成系统的不稳定。

(2) 积分 (I) 控制

在积分控制中，控制器的输出与输入误差信号的积分成正比关系。积分调节作用是使系统消除稳态误差，提高无差度。如果有误差，积分调节就进行，直至无误差，积分调节停止，积分调节输出一常值。因此，比例+积分 (PI) 控制器，可以使系统在进入稳态后无稳态误差。

(3) 微分 (D) 控制

在微分控制中，控制器的输出与输入误差信号的微分（即误差的变化率）成正比关系。微分调节作用是反映系统偏差信号的变化率，具有预见性，能预测误差变化的趋势，因此能产生超前的控制作用，比例+微分 (PD) 控制器能改善系统在调节过程中的动态特性。

2. 建筑设备监控系统软件编程方式

建筑设备监控系统的编程方式一般分为三类：

（1）图形或符号格式编程。图形格式编程环境提供了图形化编程界面及函数库，函数库提供常用的函数模块，用于执行特定程序的计算，如积分、差分、PID函数等，通过选择适当的函数模块，并根据控制逻辑把它们正确地连接起来，控制程序编程就完成了。再简单地连接相应输入信道获得控制程序需要的测量点，并将程序框图特定出口简单地连接到相应输出信道，便可送出控制决策。

这种利用图形格式的编程方式又可称为组态方式，所谓“组态”（Configuration），即组织、构成的意思，建筑设备监控系统软件常采用组态形式。应用这个组态方式，不需要对程序语言有很多的专门培训就可以实现控制器编程。这个组态环境给相当复杂的控制逻辑编程提供了较好的灵活性，然而，对非常复杂和精细的控制程序，该组态方式不是很有效。

（2）模板或表格格式编程。当控制器是专用于某个控制功能或某些控制逻辑可以被汇总成通用格式的建筑设备系统的控制时，特定设备的应用程序可以通过定义或调整通用表格或模板的参数来实现。这种情况下，一个更简单的程序形式，即模板或表格格式编程工具就可以胜任。

（3）文档格式高级语言编程。这种编程方法采用过程控制语言，可利用文本编辑器编写程序。当控制逻辑非常精细复杂时，用这种格式的控制器编程的优点很明显，程序员在掌握这种格式下特定的编程工具之前，需要更多的培训。

特别提示：

目前工程应用中，建筑设备监控系统软件编程方式因不同厂商提供的产品不同而有很大的差别，要视产品而言。但基本体现如下：

图形格式编程，即组态形式适用于建筑运行机电设备（给水排水、空调、供配电、照明、电梯等）监控系统。组态软件是一些数据采集和过程控制的专用软件，它是在自动控制系统监控层一级的软件平台和开发环境，能以灵活多样的组态方式（而不是编程方式）提供良好的用户开发界面和简捷的使用方法。

模板或表格格式编程更适用于火灾自动报警及消防设备联动系统、安全防范系统以及总线式智能照明控制系统等，这种方式对控制器的编程，提供的编程自由度是有限的。

文档格式高级语言编程与通常的计算机高级编程语言（Basic，C，Fortran等）相似，甚至相同。虽然这对专门训练过的程序员有了很大的自由度和灵活性，但一般不用于建筑设备监控系统。

1.5.2 建筑设备监控系统组态软件功能

组态软件形式因具有直观的图形界面，使用简单，适用于建筑运行机电设备（给水排水、空调、供配电、照明、电梯等）监控系统。因厂商产品表达形式不同，本小节以某典型建筑设备监控系统组态软件为例，该软件以图形图表的组态方式，针对建筑运行设备监控系统进行介绍。

1. 组态软件控制功能

建筑设备监控系统组态软件提供的主要控制功能有：

（1）建立受控设备系统原理图

对于每一个受控设备系统，首先要建立监控原理图，其目的是在原理图中表示监控点的数量、特性及选用监控设备。有关各种建筑设备监控原理图的设计在项目 2 详细介绍。图 1-22 所示为在某产品组态软件环境下建立的空调系统监控原理图。

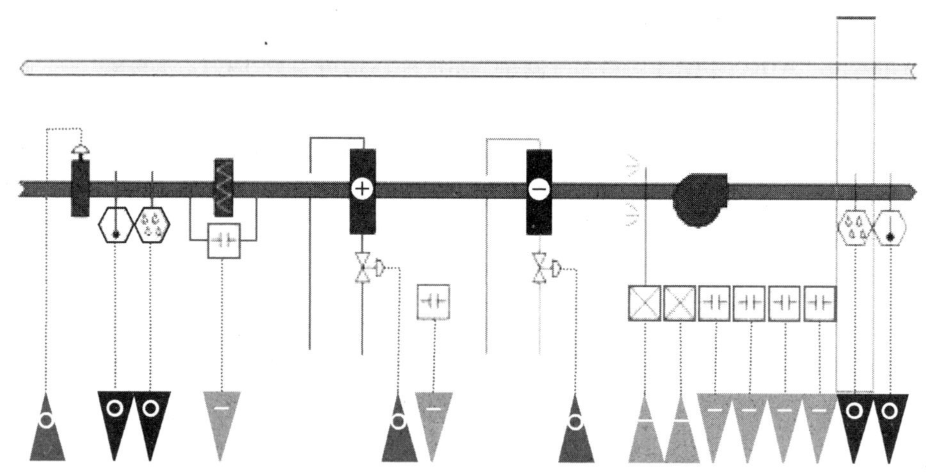

图 1-22　组态软件环境下建立的空调系统监控原理图

（2）开关量逻辑控制

在建筑物中，有大量的风机、冷冻机、水泵等电动机驱动设备，需要频繁地启动、停止控制，这些机电设备的启/停控制是通过设备的配电控制箱内接触器、继电器等电器触点的合分进行。这些触点的共同特性是要么处于闭合状态（On 或 1，如果是模拟点表示真），要么处于打开状态（Off 或 0，如果是模拟点表示假），因此又将这类数字量称为开关量。

风机、水泵等设备的启/停控制就属于开关量逻辑控制。当一系列的条件满足时，可将数字点或模拟点设定为某一特定值或状态，也可加入时间延时。组态软件提供的数字控制的环境工具通常以开关量表示。

【例 1-3】某组态软件产品典型开关逻辑控制表

开关表由行和列组成，每一行包含点或输出的条件、用户地址、数值和开关状态。表中的第一行总是指定所需的输出结果。附加行实现 AND 逻辑，附加列实现 OR 逻辑。数字点只占一行，但模拟点占两行，模拟点的第一行指定用户地址和比较类型（如大于或等于），第二行指定测试值和偏差，最后一列的开关状态则适用于两行。图 1-23 所示某组态软件产品典型开关逻辑控制表示方式。

RET_FAN		1
STATUS_FAN_SUP	Te=30s	1
DISCH_AIR_TEMP	>=	1
68.0	3.0	

(a)

RET_FAN		1	
STATUS_FAN_SUP	Te=30s	1	–
DISCH_AIR_TEUP	>=	–	1
68.0	3.0		

(b)

图 1-23　典型开关逻辑控制表示方式

（a）AND 逻辑；（b）OR 逻辑

图1-23（a）中，第1行表示输出结果，控制点“RET _ FAN”结果为1，其余行为条件行，行与行之间的关系是“与”（AND）的关系。表示STSTUS _ FAN _ SUP打开30s并且DISCH _ AIR _ TEUP≥68F（20℃）时，启动RET _ FAN。最后一行第二列中的3.0表示68F的偏差，防止RET _ FAN频繁启动。

图1-23（b）中，附加列表示“或”（OR）的关系。表示STSTUS _ FAN _ SUP打开30s或DISCH _ AIR _ TEUP≥68F，偏差为3F是，均可打开RET _ FAN。

（3）模拟量策略控制

在设备监控系统中，通常对被控过程实施控制，如空调系统的温、湿度自动调节等，这种调节是连续的模拟量调节，采用的调节控制装置有电动水阀、电动风门等。建筑设备监控系统模拟量策略控制就是为模拟点提供标准的控制功能，通过检测控制回路和调节设备操作来维持环境的舒适水平。

组态软件提供的模拟量控制策略是由控制回路组成，控制回路是由一系列的表示事件顺序的控制图标组成，每一个控制图标具有预编程和运算法功能。例如PID控制图标具有PID运算功能，利用该功能通过调节空调冷水阀门开度，达到调节室内温度的目的。

表1-3所示组态软件部分控制图标及功能。

某组态软件部分控制图标及功能　　**表1-3**

控制图标	功能名	图标名	功能描述
[+]	加法	ADD	两个以上的模拟点输入求和
[−]	减法	DIF	两个以上的模拟点输入求差
	选通开关	SWI	根据一个数字量，选通不同的控制回路
AVR	平均值	AVR	计算多个（2～6）模拟量输入点的平均值
	串级控制	CAS	串级控制器
EOV	优化空调启停	EOV	为启停空调设备计算最优值
EOH	优化加热启停	EOH	为启停加热系统计算最优值
	PID	PID	PID控制器

（4）时间程序

组态软件可建立与容量相符的控制设备启/停的时间程序。例如制冷空调系统中，冷却塔、风机、水泵等设备的顺序启动和停止。除此之外，还可以定义设备工作日常时间表，如工作日、周末、假期等。

（5）系统监控界面

在建筑设备系统监控主界面中有给水排水系统、空调系统、冷热源系统、供配电系统、照明系统等子系统的监控界面链接，点击即可进入。部分监控子系统的界面如图1-24所示。

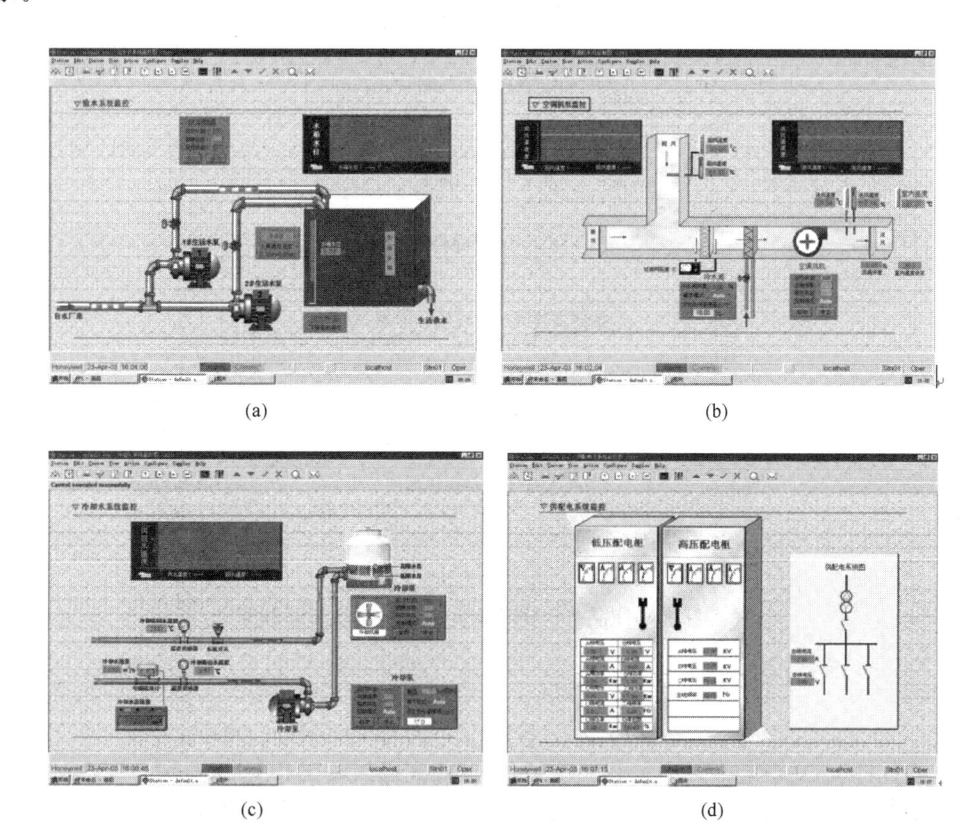

(a)　(b)

(c)　(d)

图 1-24　某建筑设备部分子系统监控界面

（a）某建筑给水系统监控界面；（b）某建筑空调系统监控界面；（c）某建筑冷却水系统监控界面；（d）某建筑供配电系统监控界面

2. 组态软件运行流程

建立软件组态前，首先要新建一个项目（Project）。一个项目可以含有多个 DDC 控制器，可以组态多个设备系统（Plant）。一个 DDC 控制器也可以包含多个设备系统，但同一个设备系统不能分配给多个控制器。

设备控制系统经过软件组态完成之后，进行编译、下载，即可在线测试控制器的运作情况。典型软件组态的步骤和流程框图如图 1-25 所示。

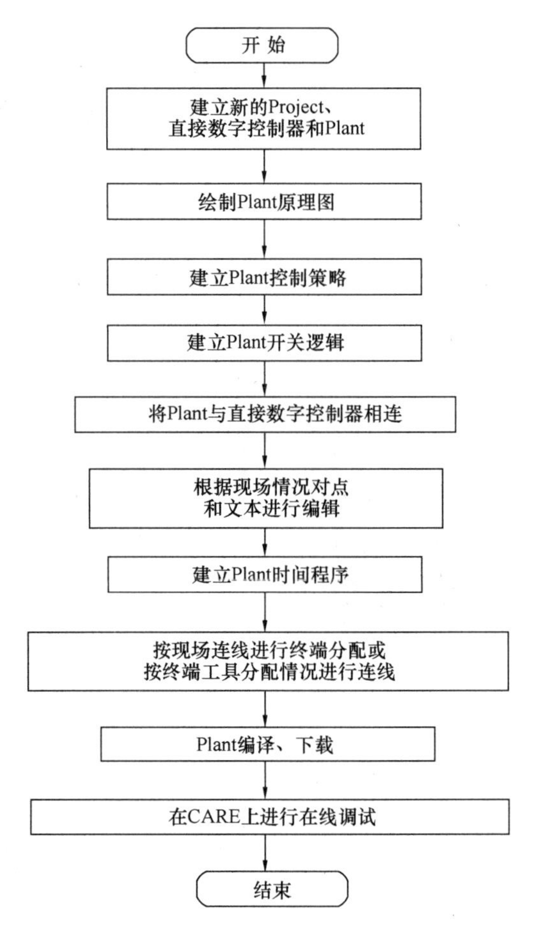

图 1-25　某产品（CARE 软件）软件组态流程框图

项　目　小　结

本项目是学习建筑智能化技术应具备的入门知识，重点掌握建筑智能化系统组成，该组成系统的论述是全书内容。掌握建筑设备监控系统结构、硬件组成以及软件平台等知识，这是全书的基础，本书后面各项目均是在此基础上对各个组成系统的阐述，因此本项目具有极为重要的意义。

技能训练 1　某智能建筑设备设施信息调研

一、实训目的

1. 通过参观对建筑设备具备感性认识，包括空调、供配电、给水排水、电梯、消防、安防、通信等设备；

2. 了解设备及设备房在建筑内布置，了解智能建筑中央监控中心；

3. 填写设备信息统计表。

二、实训所需场地、内容

1. 参观某大厦水泵房、配电室、空调机房、电梯房，填写设备信息表；
2. 参观某大厦消防、安防、设备监控中心，填写设备监控功能。

三、实训报告

某智能建筑设备设施调研表

设备房	设备名称	设备数量	备注
水泵房			
中央空调制冷机房			
配电房电梯房			
消防、安防中央监控中心			
通信网络机房			

备注：本书所附12个技能训练均以同一个大楼为实例。

技能训练2　建筑设备智能化监控系统演示操作

一、实训目的

1. 能够操作智能建筑设备管理系统；
2. 熟悉智能建筑设备管理系统功能，了解监控设备系统构成。

二、实训所需场地、设备

1. 具有模拟智能建筑设备监控中心；
2. 具备至少一套设备监控管理系统软件；
3. 监控系统可监控给排水、空调、供配电、照明、电梯系统模拟装置。

三、实训内容、步骤

1. 教师演示操作并讲解该设备管理系统功能；
2. 学生提问并操作，填写实训报告。

四、实训报告

楼宇设备智能化监控功能表

设备系统	监控功能	备注
给水排水系统		
暖通空调系统		

续表

设备系统	监控功能	备注
供配电系统		
照明、电梯		

习题与思考题

一、单选题

1. 建筑设备智能监控系统中，相当于人的“大脑”具有运算、判断功能的设备是(　　)。

A. 传感器　　B. 控制器　　C. 执行器　　D. 计算器

2. 建筑设备智能监控系统中，相当于人的“眼睛”具有采集、检测功能的设备是(　　)。

A. 传感器　　B. 控制器　　C. 执行器　　D. 计算器

3. 建筑设备智能监控系统中，相当于人的“手脚”具有控制、调节功能的设备是(　　)。

A. 传感器　　B. 控制器　　C. 执行器　　D. 计算器

4. 建筑设备监控系统结构，采用控制管理策略是(　　)。

A. 集中控制　　B. 分散管理

C. 集中控制＋分散管理　　D. 集中管理＋分散控制

5. 建筑设备在建筑中的分布是(　　)。

A. 只分布在楼层中　　B. 只分布在地下层

C. 只分布在楼顶　　D. 以上部位都有

二、多选题

1. 智能建筑在服务与管理方面，可为人们提供：(　　)。

A. 安全　　B. 高效　　C. 节能　　D. 舒适便捷

2. 智能建筑主要组成系统有(　　)。

A. 建筑设备管理系统　　B. 公共安全系统

C. 信息设施系统　　D. 信息化应用系统

3. 直接数字控制器（DDC）的输入输出接口接有4种信号，它们分别是(　　)。

A. AI模拟量输入　　B. AO模拟量输出　　C. DI数字量输入　　D. DO数字量输出

4. 建筑设备智能监控系统中，常用传感器有(　　)。

A. 液位开关　　B. 风管式温湿度传感器

C. 水流开关　　D. 按钮开关

5. 建筑设备智能监控系统中，常用执行器有(　　)。

A. 电磁阀　　B. 电动调节阀　　C. 接触器　　D. 继电器

三、简答题

1. 简述建筑设备集散式控制系统结构。

2. 建筑设备监控管理系统对设备监控具体内容。

项目 2　智能建筑设备监控管理系统

本项目要点：建筑设备监控管理系统是对智能建筑内部设备运行、能源使用、建筑环境等进行监测、控制和管理，以提供一个既舒适便捷，又节约能源的工作或居住环境。学习本项目要求掌握建筑给水排水、中央空调、供配电、照明、电梯智能化监控系统组成、工作原理等知识，能够做出建筑设备各监控系统基本的施工图表，掌握基本的建筑设备监控系统硬件接线及软件编程。

线上、线下教学导航

<table>
<tr><td rowspan="5">教</td><td>重点知识</td><td>1. 建筑给水系统监控实施流程。
2. 制冷空调系统监控点功能及其设置。
3. 建筑设备监控系统监控原理图及监控点表的编制</td></tr>
<tr><td>难点知识</td><td>1. 建筑给水排水、空调、供配电、电梯系统组成及工作原理。
2. 使用 DDC 控制器组态软件，编制控制策略</td></tr>
<tr><td>推荐
教学方式</td><td>对重点知识处理：
1. 线下重点指导学生参照附录 2 确定建筑设备系统监控功能。
2. 参照图 2-13 工程实施工作过程，系统讲解建筑给水监控系统设计施工过程及图表的编制，其余系统过程类同。
3. 本项目所有任务监控原理与图 1-8 对应讲解，使学生概念清楚。
4. 参照本书工程实例 1，完成技能训练项目 2、3、4。
对难点知识处理：
1. 指导学生线上预习，通过微课视频、动画了解建筑给水排水、暖通空调、供配电、电梯工作原理与设备。
2. 实训室实操 DDC 控制器软件组态，典型的给水系统水泵控制和空调冷水阀调节，该两例重点让学生掌握</td></tr>
<tr><td rowspan="2">建议学时
(18 学时)</td><td>理论 12 学时：参照线上学习资源，项目 2 微课、课件、自主测试等</td></tr>
<tr><td>实践 6 学时：参照本书技能训练 2、3、4</td></tr>
<tr><td rowspan="3">学</td><td>推荐
学习方法</td><td>1. 线上学习，通过微课视频、动画了解建筑给水排水、暖通空调、供配电、电梯工作原理与设备。
2. 阅读附录 2，掌握设备监控系统原理图，编制监控点表。
3. 线上自主测试，巩固知识概念，通过技能训练，掌握建筑设备监控系统基本知识与技能</td></tr>
<tr><td>必须掌握的
理论知识</td><td>1. 熟悉并掌握建筑给水排水、暖通空调、供配电、照明、电梯监控系统监控功能分析及监控点设置。
2. 熟悉并掌握上述各设备监控点的类型分析，并能选择相关控制器、传感器及执行器</td></tr>
<tr><td>必须掌握
的技能</td><td>1. 能绘制建筑设备各监控系统原理图，并编制监控点表。
2. 能使用 DDC 控制器组态软件，编制基本逻辑控制及模拟调节策略</td></tr>
</table>

认知 2.1　建筑设备管理系统

 认知导入 扫一扫看微课视频：智能建筑需要什么样的设备管理系统 A2-1	智能建筑庞大设备王国少则几百多则几千甚至上万个设备信息点，分布在大楼上上下下、方方面面各个地方，如何管理？如何监控？本认知告知读者智能建筑设备管理系统应该具备哪些功能
 认知目的 扫一扫看工程案例：建筑设备智能化集成系统案例 B2-1	首先了解建筑设备管理系统内容，主要是对建筑机电运行设备实施监控管理。其目的是对设备的统一管理、协调控制，不仅提高工作效率，减少运行人员及费用，达到降本增效，同时实现对设备进行全生命周期管理

扫一扫看：本认知PPT课件
C2-1

扫一扫看：本认知教案设计
D2-1

2.1.1　建筑设备管理系统认知

传统的建筑设备管理就是以前的纸笔记录方式进行巡检，完成巡检后对结果进行汇总，而智能设备管理系统是采用现代技术对巡检的过程进行全程跟踪并对巡检结果进行科学的统计和分析。现代建筑设备管理系统是对建筑设备监控系统和公共安全系统等实施综合管理的系统。

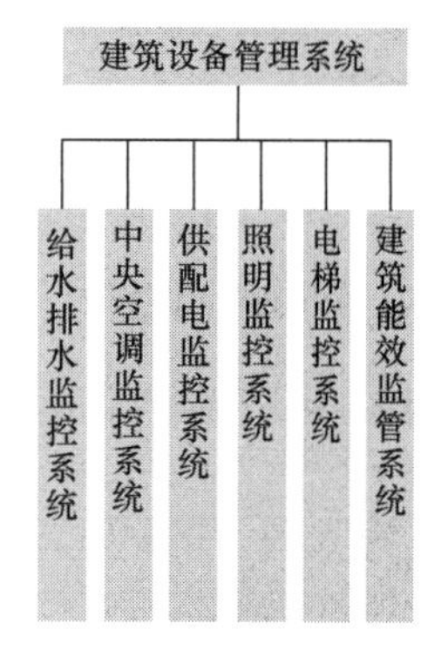

图 2-1　建筑设备管理系统组成内容

1. 建筑设备管理系统内容

建筑设备管理系统是建筑智能化系统的重要组成部分，参见图 1-1。其设备管理系统主要用于对建筑内的各种运行设备设施进行自动控制与远程监视，也称其为建筑设备监控管理系统，这些运行设备设施主要包括给水排水、暖通空调、供配电、照明、电梯等机电运行设备系统的监控。参照图 2-1 所示。

建筑设备监控管理系统通过对这些机电运行设备设施的监控管理，随时监测、显示其运行参数；监视、控制其运行状态；根据外界条件、环境因素、负载变化情况自动调节各种设备，使其始终运行于最佳状态；自动实现对电力、供热、供水等能源的调节与管理；提供一个安全、舒适、高效而且节能的工作环境。

一般情况下，上述设备监控管理系统应与消防与安全防范系统建立通信联系，以便灾情发生时，能够按照约定实现操作转移，进行一体化的协调控制。

2. 建筑设备监控管理系统结构

建筑给水排水、暖通空调、供配电、照明、电梯等机电运行设备系统由于设备复杂、系统庞大，其设备监控理系统多采用集中管理、分散控制策略的计算机控制系统，参见图 1-7 所示，它以分布在现场的控制器完成对被控设备的实时控制、监测和保护任务，由中央监控计算机集中管理，具有强大的数据处理、显示、记录及显示报警等功能。为了清楚简便，我们将图 1-7 建筑设备管理系统的结构简化如图 2-2 所示。

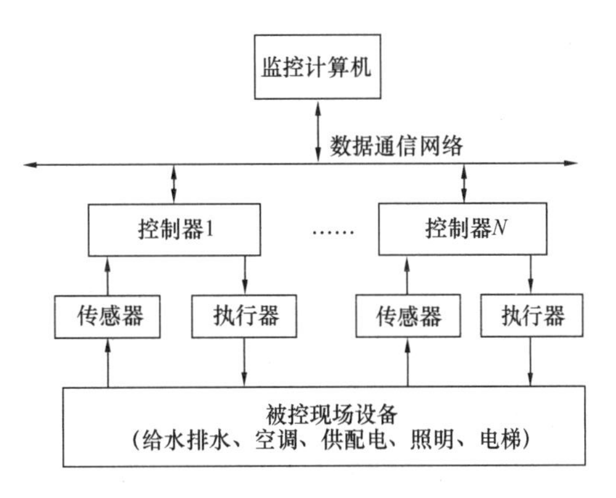

图 2-2　简化的集散式建筑设备监控系统结构

3. 建筑设备监控管理系统功能

建筑设备监控管理系统具备功能如下：

（1）实现设备远程可视化监控与管理

建筑设备监控管理系统能够对建筑物内的各种建筑设备实现远程监视与控制。对设备监视的内容如对水泵、风机等电动机型设备的运行状态监测（是否运行、是否故障、手动/自动状态等）、对空调风管内的温湿度检测、对水箱液位的检测等。对设备控制的内容如对水泵、风机的启停控制、对电动水阀的调节控制等。

建筑设备监控管理系统可实现设备远程可视化监控与管理界面，对管理、操作人员有直观、友好的界面，例如电梯系统的可视化监控管理界面见图 2-3（a）所示。例如与建筑信息模型（BIM）结合展示设备（如本图的风机盘管）运行状态界面如图 2-3（b）所示。

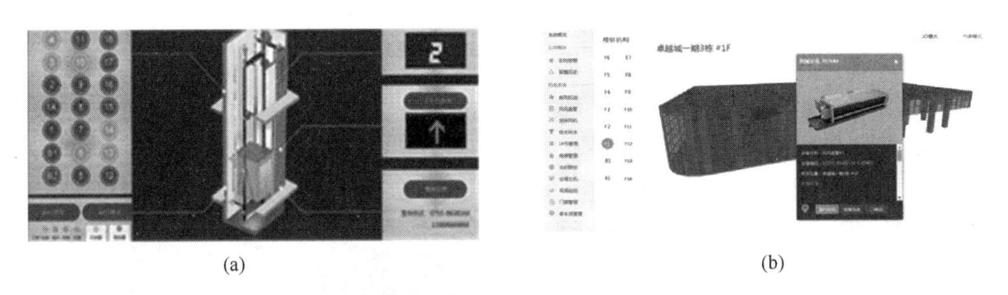

(a)　　(b)

图 2-3　建筑设备远程可视化监控与管理界面

（a）电梯运行系统可视化监管；（b）与 BIM 结合展示设备运行状态

（2）降本增效、设备全生命周期管理

建筑设备监控管理系统能够对建筑物内的各种建筑设备实现远程监控之外，同时提供设备运行管理，包括维护保养及事故诊断分析、调度及费用管理等，这种对建筑设备的统一管理、协调控制，不仅提高工作效率，减少运行人员及费用，达到降本增效，同时实现对设备进行全生命周期管理。可参见 6.2.1。

（3）节能降耗、实现设备运行节能控制

在现代建筑物内部，实际运行的工作环境大多是人工环境，如空调、照明等，使得建筑物的能源消耗非常巨大。据有关数据显示，建筑物的能耗达国家总能耗的 30%以上。而建筑物的能耗则体现在建筑设备的能耗上，对大型公共建筑物而言，中央空调是最大能耗，其次是照明等其他设备。

建筑设备监控管理系统在充分采用了最优化设备投运台数控制、最优启停控制、焓值控制、工作面照度自动化控制、公共区域分区照明控制、供水系统压力控制、温度自适应设定控制等有效的节能运行措施后，建筑物可以减少约 20%的能耗。这具有十分重要的经济与环境保护意义。建筑物的生命周期是 60～80 年，一旦建成使用后，主要的投入就是能源费用与维修更新费用，应用建筑设备监控管理系统有效降低运行费用的支出，其经济效益是十分明显的。

2.1.2　智慧设备设施管理

智慧设备设施管理是在建筑设备监控管理系统基础上，通过“互联、物联、云、大数据、人工智能”等技术的场景化应用，构建系统管理平台，实现建筑设备管理的信息化、智能化。

1. 与传统管理相比，智慧设备设施管理系统优势

传统物业设备设施管理内容主要包括设备资料管理、运行管理、维护维修及更新改造管理等，主要是通过人工巡视管理、人工维护维修、计算机录入资料等模式，在这样的模式中，“设备—数据—人”三者关系是分散独立的。智慧设备设施管理系统平台通过物联网、互联网、大数据、人工智能等现代化技术手段将设备、人、数据有机结合一体，实现“设备—数据—人”三位一体现代化管理，与传统管理相比优势体现为：

(1) 设备基础资料管理信息化；

(2) 设备运行管理远程监控智能化；

(3) 设备维护维修管理智能诊断数据化。

以图 1-3 示意举例，针对智能建筑的物业管理人员，传统物业设备设施管理依赖于人员现场管理，各设备设施系统都是单独、分散的进行管理；收集现场设备数据是监控中心职能之一，一旦现场设备出现故障，故障信息传到监控中心后，要靠人工派发工单，而智慧管理则可通过互联网 APP 向维保人员派发工单，维修后数据再通过手机 APP 实时传送。这样的管理模式目的是通过整合人员、场所、流程和科技，智慧平台构建“设备—数据—人”三位一体，确保建筑系统的高效运转。见示意图 2-4。因此设备设施管理作为应用和管理科学，致力于成熟科技的场景化应用，对企业管理者的决策和绩效产生价值，最终达到企业智慧设施管理升级。

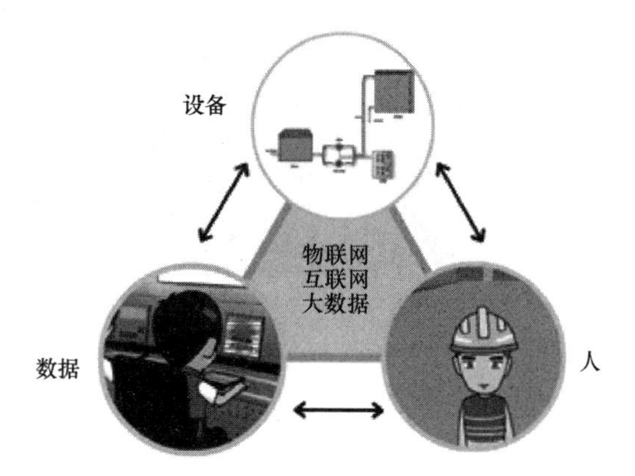

图 2-4　智慧设备管理平台构建“设备—数据—人”三位一体示意图

特别提示：

智慧设备设施管理同后续介绍的智慧消防、智慧安防类同，均是在相应设备设施基础上的信息化应用系统平台，是物联网、互联网、大数据、人工智能、云计算等技术的场景化应用，为政府、企业、用户提供决策分析与管理服务。

2. 建筑能效监管系统

建筑能效监管系统是建筑设备管理系统的子系统（见图 1-1 所示），建筑能效是指建筑物中的能量在转化和传递过程中有效利用的状况。建筑能效监管系统是以建筑内各用能设施基本运行为基础条件，应用智能化集成技术、信息采集处理技术，对建筑内各用能设施的能耗信息予以采集、显示、分析、诊断、维护、控制及优化管理，通过资源整合形成

具有实时性、全局性和系统性的能效综合管理系统。它依据各类机电设备运行中所采集的反映其能源传输、变换与消耗的特征，通过数据分析和节能诊断，明确建筑的用能特征，发现建筑耗能系统各用能环节中的问题和节能潜力，通过建筑设备管理系统实现对智能建筑内所有的空调机组设备、冷热源设备、给水排水系统、照明设备等的运行优化管理，提升建筑用能功效，实现能源最优化，达到“管理节能”和“绿色用能”。

建筑能效监管系统采用分层分布式计算机网络结构，一般分为三层：现场层、网络层和管理层。其系统结构如图 2-5所示。

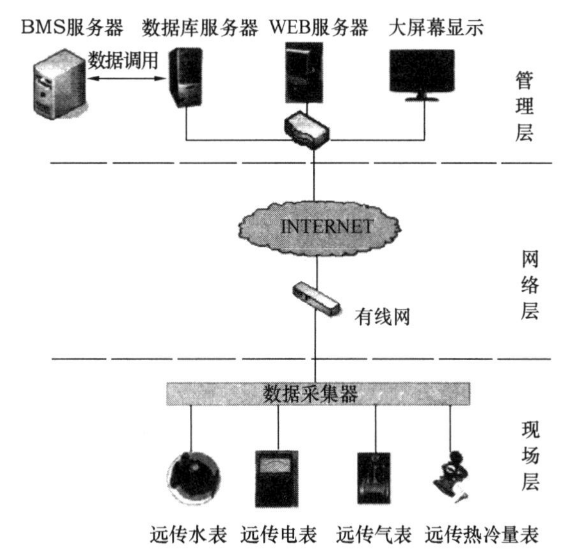

图 2-5　建筑能效监管系统结构

现场层：由各种计量仪表和数据采集器组成，测量仪表负担着最基层的数据采集任务，数据采集器实时采集测量仪表采集到的建筑能耗数据并向数据中心上传。

网络层：由网络设备和通信介质组成，完成数据信息交换的功能。

管理层：由系统软件和必要的硬件设备组成，是系统管理人员的人机交互窗口，主要实现信息集中监视、报警及处理、数据统计和存储、文件报表生成和管理、数据管理与分析等。

建筑能效监管系统的功能如下：

(1) 对建筑能耗实现精确的计量、分类归总和统计分析，建立科学有效节能运行模式与优化策略方案，实现对建筑进行能效监管，提升建筑设备系统协调运行和优化建筑综合性能，实现能效系统管理的精细化和科学化。典型建筑节能数据分析如图 2-6 所示。

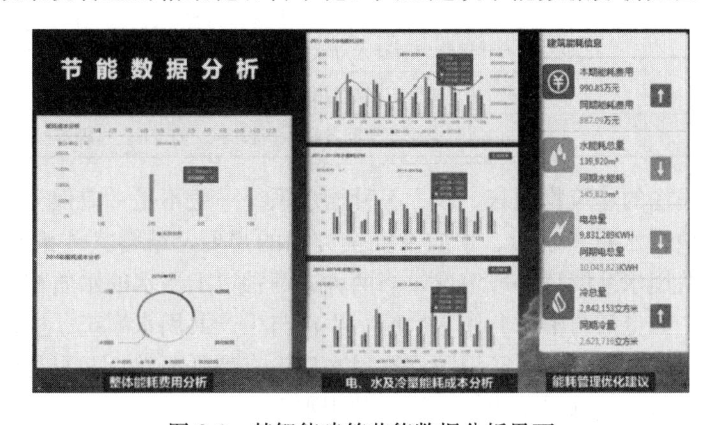

图 2-6　某智能建筑节能数据分析界面

(2) 实现对能源系统的低效率、能耗异常的检测与诊断，查找耗能点，挖掘节能潜力，提高能源系统效能。

任务 2.2　建筑给水排水系统及其监控

A2-2-1

任务导入

扫一扫看系列动画：建筑给水系统如何实现智能监控

看着鳞次栉比的高楼大厦，人们不仅会想，我们的日常用水是怎样提供上来的？是如何达到 24h 不间断供给的？一旦供水环节出现了故障，又是通过什么方式第一时间找出问题原因的？本任务解决建筑给水系统是如何做到智能化的“监控”，及其工程实施过程

B2-2(1)

任务目标

扫一扫看工程案例：建筑给水排水监控系统案例

通过对智能建筑给水系统监控任务实施，熟知给水系统的监视及控制功能，掌握实施过程流程，能做出一个简单给水系统监控原理图和监控点表，并能完成基本的控制器接线及软件组态

扫一扫看：本任务PPT课件

C2-2

扫一扫看：本任务教案设计

D2-2

2.2.1　建筑给水系统认知

建筑内部给水系统的任务是将室外给水管网的水经济合理、安全可靠地输送到安装在室内不同场所的各个配水龙头、生产用水设备或消防用水设备等处，并满足用户对水量、水压和水质的要求。

1. 给水系统的类型

目前，我国绝大多数建筑内部给水系统，是根据给水用途进行系统划分和布置的。一般可分为表 2-1 所列出的三种类型。

给水系统的类型　　**表 2-1**

系统名称	用　　途
生活给水系统	供给建筑物内所有人员饮用、烹调、盥洗、洗涤、淋浴等方面用水
消防给水系统	供应用于扑灭火灾的消防用水
生产给水系统	供应工业企业车间各种生产设备、生产工艺过程等所需用水

对某一特定用途的建筑物而言，以上三种给水系统一般不是一应俱全。传统的建筑内部给水系统常常根据水量、水压、水质及安全方面的需要，结合室外给水系统的布局情况，组成不同的共用水系统。一般情况，当两种或两种以上用水的水质相近时，通常采用共用的给水系统。如生活与消防共用水系统、生活与生产共用水系统、生产与消防共用水系统、三合一共用水系统等。由于消防用水对水质没有特殊要求，又只是在发生火灾时才使用，所以民用建筑一般都采用生活与消防共用水系统。

2. 建筑给水系统设备设施组成

建筑内部给水系统如图 2-7 所示，一般组成如下：

1）给水管道：给水管道包括引入管、干管、立管和配水支管。引入管是将水从室外给水管网引入室内给水系统；干管将引入管送来的水转送到立管；立管将干管送来的水沿

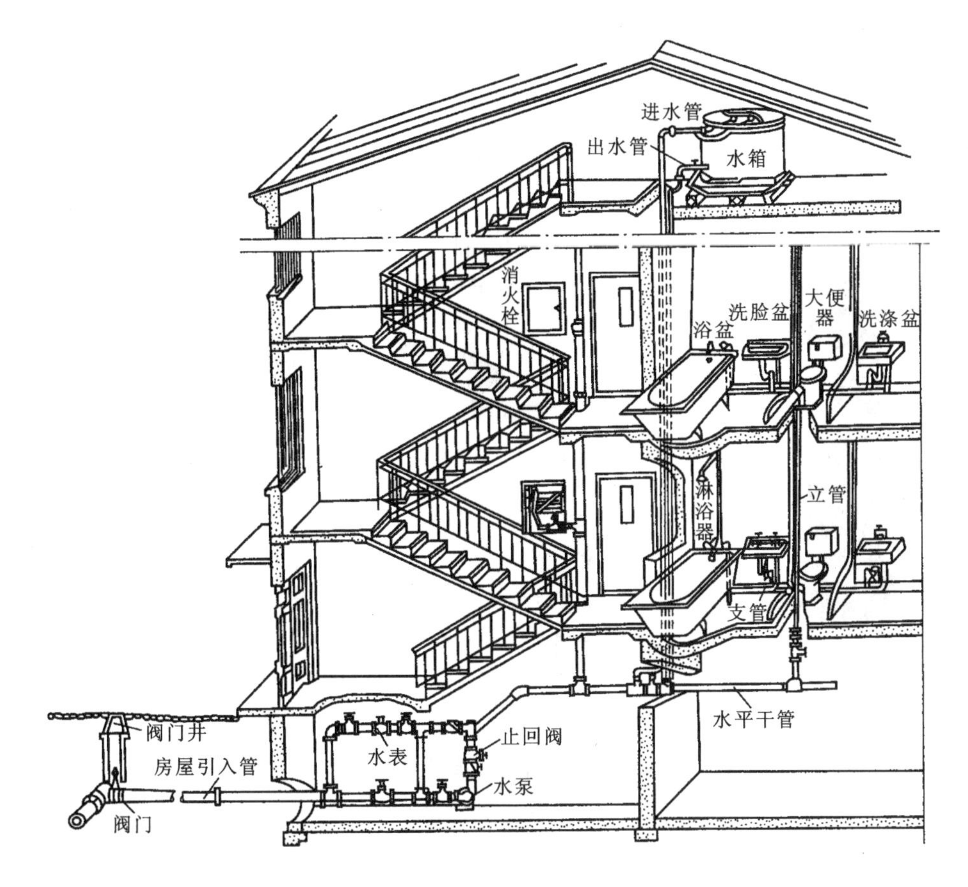

图 2-7　建筑内部给水系统的组成

垂直方向输送到各楼层的配水支管；配水支管再将水输送到各个配水龙头或用水设备等处。目前给水管道常用塑料管，有硬聚氯乙烯（UPVC）管材、聚乙烯（PE）管材等。

2）水表：用于计量建筑用水量，水表前后的阀门用于水表检修、拆换时关闭管路。常用的水表为流速式，具备“三表（电表、水表、燃气表）”远传功能的现代化住宅小区采用智能水表，由流量传感器等电子检测控制系统组成。

3）给水附件：安装于给水管路上，用于调节水量、水压及关断水流的各类阀门。给水排水工程中常用的有球形阀、闸阀、止回阀、浮球阀及安全阀等。

4）配水装置和用水设备：配水装置指各类卫生器具和用水设备的配水龙头；用水设备包括消防设备，即消防给水系统中的消火栓和自动喷水灭火装置。

5）升压和储水设备：给水排水系统主要以水泵作为升压设备（图 2-8 所示），并设置水池、水箱等储水设备。

在建筑室内给水系统中，一般采用离心式水泵。离心式水泵靠叶轮旋转产生的离心作用使水获得能量，从而压力升高，将水输送到需要的地点。见图 2-7。给水泵通常采用两台或以上构成水泵机组，水泵机组一般设置在专门的水泵房内。很多情况下，水泵直接从管网抽水会使室外管网压力降低，影响对周围其他用户的正常供水，因此许多城市都对直接从管网抽水加以限制。当建筑内部水泵抽水量较大、不允许直接从室外管网抽水时，需要建造蓄水池，水泵从蓄水池中抽水。

水箱设在建筑的屋顶上，具有存储水量，调节用水量变化和稳定管网压力的作用。目前常用玻璃钢制作组合式矩形水箱，施工和维护均十分便利。

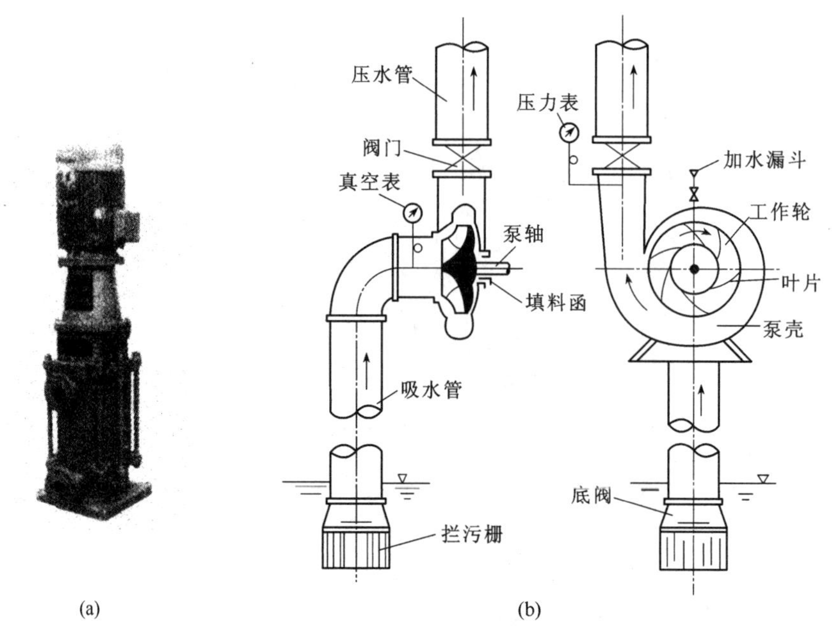

图 2-8　离心水泵及其构造

(a) 立式离心泵；(b) 离心水泵结构图

3. 常用建筑给水方式

建筑室内给水系统的给水方式根据用户对水质、水压和水量的要求，室外管网所能提供的水质、水量和水压情况，卫生器具及消防设备等用水点在建筑物内的分布以及用户对供水安全要求等条件来确定。常用室内给水系统给水方式如图 2-8 所示，主要有如下几种。

(1) 直接给水方式

直接给水方式见图 2-9 (a) 所示，是水经由引入管、给水干管、给水立管和给水支管由下向上直接供到各用水或配水设备，中间无任何增压设备、储水设备，水的上行完全是在室外给水管网的压力下工作。这种供水方式的特点是构造简单、经济、维修方便，水质不易被二次污染，但直接给水通常只能达到 15～18m 的建筑高度，适用于低层或多层建筑。

(2) 水泵—水箱给水方式

大多数的智能建筑属于高层建筑，高层建筑供水必须使用增压设备，目前应用最广的是水泵—水箱联合给水方式，见图 2-9 (b)。水泵向高位水箱供水，水箱的水靠重力提供给下面楼层用水。水箱采用液位自动控制，可实现水泵启停自动化，即当水箱中水用完时，水泵启动供水；水箱充满后，水泵停止运行。这种方式供水可靠性高，但缺点是由于设置了储水池、水箱等设施，占用建筑面积且水质易被二次污染。

(3) 分区供水的给水方式

高层建筑由于建筑层数多，给水系统必须进行竖向分区，由此避免建筑物下层的管道

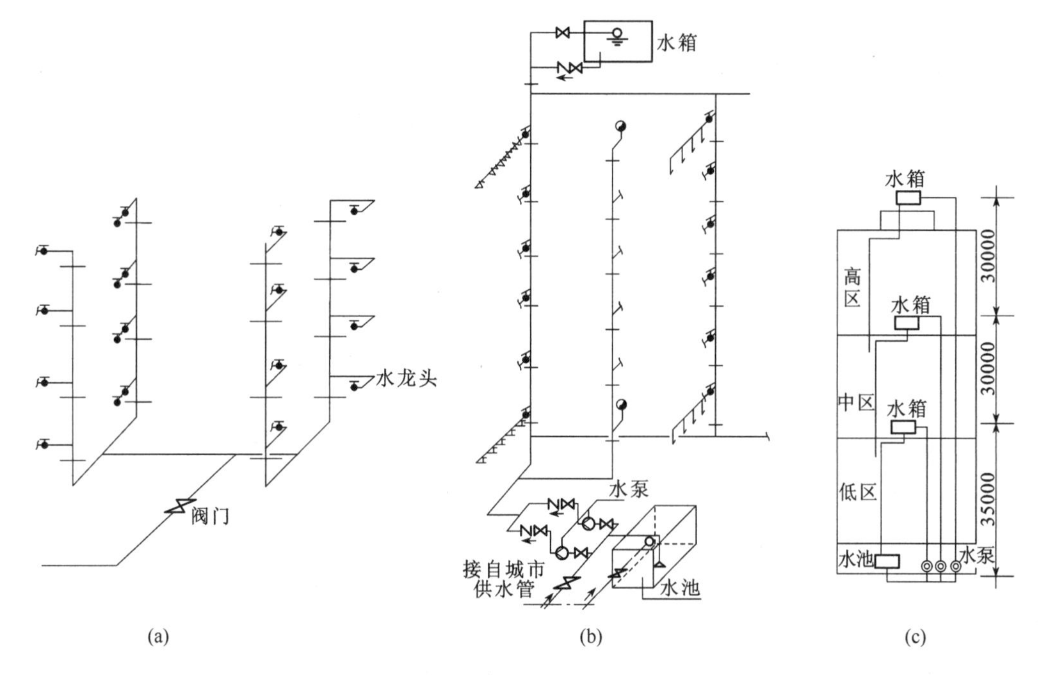

图 2-9　建筑内部给水方式

(a) 直接给水方式；(b) 水泵—水箱联合给水方式；(c) 高层建筑分区给水方式

设施压力过高。如图 2-9（c）所示分区给水方式。

（4）变频调速恒压供水

高位水箱给水系统的优点是预储一定水量，供水直接可靠，但水箱自重很大，会增加建筑物的负荷，占用建筑面积且水质易被二次污染。目前的发展趋势是利用变频调速装置控制水泵直接从市政供水管网中抽吸水，根据管网压力的变化自动控制变频器的输出频率，调节水泵电机的转速，使管网的压力恒定在设定的压力值上，无论用户用水量大与小，管网的压力始终保持恒定，这种供水方式称为恒压供水。变频调速恒压供水既节能又节约建筑面积，且供水水质好，具有明显的优点，是智能建筑供水的发展趋势。

特别提示：

1. 设计建筑给水系统监控的前提是具备给水系统的相关知识，能理解相关专业给出的技术资料，特别是读懂建筑给水系统图，能统计出被监控设备（如水泵、水箱）的数量，只有读懂了给水排水系统的图纸，才能根据业主需求和设计标准进行建筑给水排水系统监控的点位分析与设计。

2. 变频调速恒压供水设备多为成套产品，通常由控制器完成监视、控制、安全保护等功能，故建筑设备监控系统可以采取类似对冷水机组的处理方式，与其自带的控制系统实现通信，而一般不直接控制。

知识链接：建筑消防给水系统

对于建筑物中一般物质的火灾，利用室内消防给水设备是最经济有效的扑灭方法。一般建筑物或厂房内，常常是消防给水与生产或生活给水组成的联合系统。

室内消防给水系统包括消火栓给水系统、自动喷淋灭火系统和水幕消防系统。消火栓灭火系统需敷设消火栓水管网，是目前各类建筑普遍采用的消防给水系统。自动喷水灭火系统是由喷头喷水灭火，是全自动化系统，需敷设喷淋水管网，是目前广泛采用的固定灭火设施。对于消防给水的监控，按照我国现行的消防管理要求，由消防系统统一监控管理（参见本书项目 3），不直接纳入到建筑设备监控管理系统中。

2.2.2 建筑给水系统监控及实施

为保证供水的可靠性，智能建筑必须采用加压供水的方式，而加压供水方式主要有两种，一种是设置升压设备的水泵—水箱联合给水方式，另一种是水泵变频调速恒压供水。变频调速恒压供水设备多为成套产品，建筑设备自动化监控系统可以与其通信，所以本任务只对水泵—水箱联合给水系统监控进行分析。

1. 水泵—水箱给水系统的监控思路

对给水系统监控功能设置思想如下：

（1）高位水箱的水位决定水泵的自动启停

在高位水箱设置两个水位开关，分别是启泵水位和停泵水位。当水箱中水位达到停泵水位时，水泵接收到停泵信号，水泵停止向水箱供水；当水箱中的水被用到较低水位时，需要水泵再次启动向水箱供水。水箱采用液位自动控制，可实现水泵启停自动化，保证24h不间断供水。为此，在水箱内应设置水位传感器，向现场控制器 DDC 传送水位控制信号。

（2）高位水箱的极限报警水位监测

除去提供启动/停止水泵的水位信号外，高位水箱还要通过安装水位传感器设置极限高低水位报警信号，以防止水箱溢流或储水量过少。一旦系统出现故障，水箱达到报警水位，报警水位开关将信号送给 DDC 控制器，控制器又将报警信号送给中央控制中心管理电脑，工程人员得到信息及时进行故障处理。

（3）水泵的常规监视及故障报警

对水泵的常规监控主要有：水泵的启停控制、水泵运行状态（是否运行）的监测、水泵过载的报警监测、水泵工作模式（手动/自动）的监测。此外，在管道上安装水流开关，通过监测管道的水流状态，从而监测水泵是否发生故障。如果水泵运转信号一切正常，但管道内无水流过，说明是水泵本身发生故障。

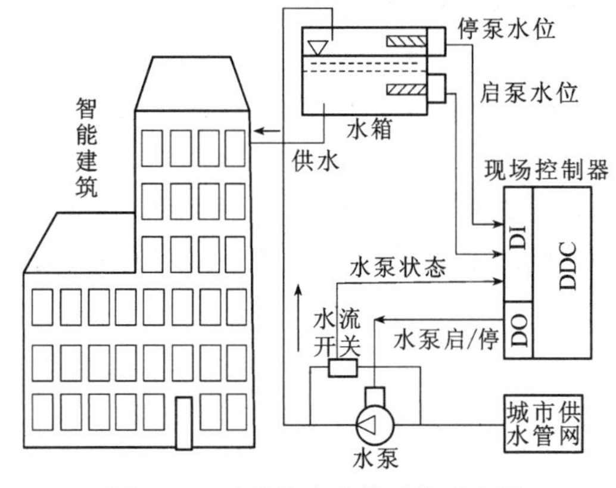

图 2-10 建筑给水监控系统示意图

如果系统中还有地下蓄水池，对地下蓄水池的水位监测主要包括：监测高低水位报警信号，以防止溢流和蓄水量过少。

图 2-10 所示为建筑给水监控系统示意图。

2. 建筑给水系统常用监控设备

建筑给水系统监控设备包括各类传感器、执行器以及控制器，常用设备介绍如下。

（1）水位开关

也称液位开关，液位传感器，顾名思

义，是随液位变动而改变通断状态的有触点开关。常用的浮球式液位开关应用最广泛，如图 2-11 所示连杆浮球式和电缆浮球式液位开关，是利用微动开关或水银开关做接点零件，当电缆浮球以重锤为原点上扬一定角度时（通常微动开关上扬角度为 28°±2°，水银开关上扬角度为 10°±2°），开关便会有“ON”或“OFF”信号输出。

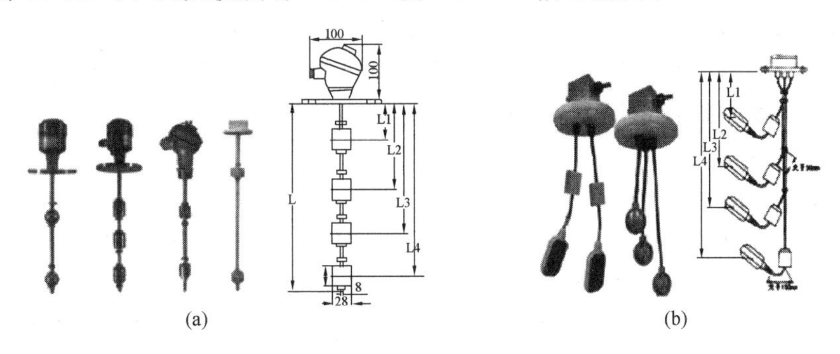

图 2-11　常用液位开关

（a）连杆浮球式液位开关；（b）电缆浮球式液位开关

（2）水流开关

也称流速开关，主要用于检测管道内流体的流动状态，如图 2-12 所示。水的流动使传感部件产生位移，克服弹簧弹力推动微动开关闭合。当流速低到不足以克服弹簧弹力时，微动开关断开。风速开关也是类似的原理。比如，水流开关用于检测水泵启停后管路中的水是否开始流动。又如，在冷水机组的冷水侧和冷却水侧安装水流开关可以检测水流状态，若水流正常则冷水机组可以启动，若水流异常（水流很小或停止）则冷水机组应停机。

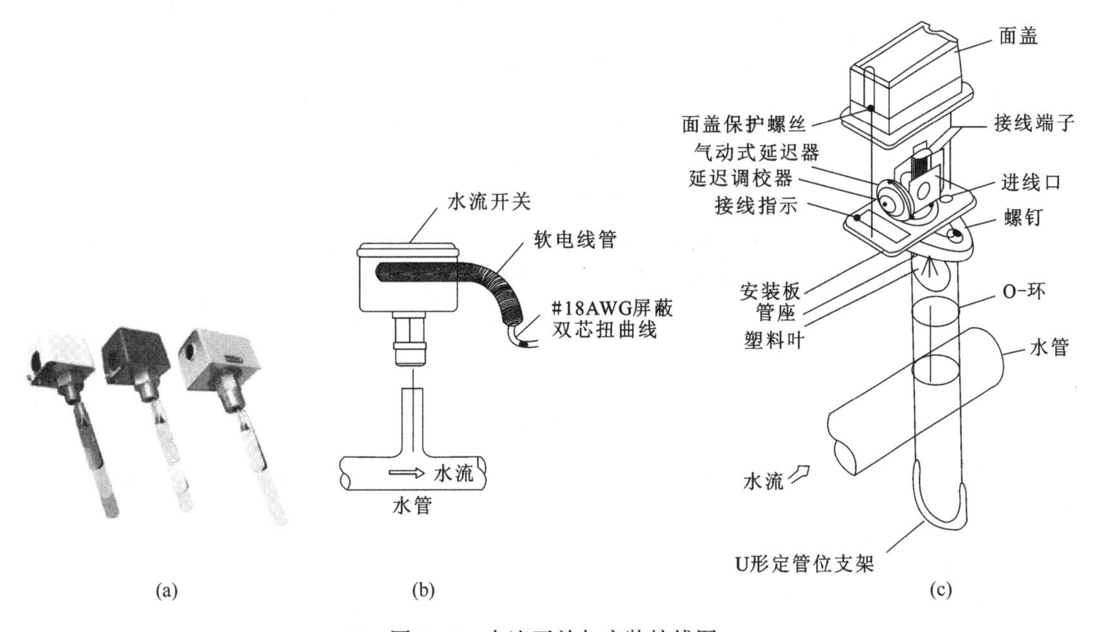

图 2-12　水流开关与安装接线图

（a）常用水流开关传感器实物图；（b）水流开关安装位置；（c）水流开关的安装

（3）水泵电气控制箱（柜）

在建筑设备监控系统中，最常见的受控设备是水泵、风机等电动机负载类设备，而这些设备是通过水泵或风机的电气控制箱与DDC控制器的输入输出接口实现通信的，用以实现水泵或风机的常规监视及故障报警。对水泵等电动机类负载的常规监控主要有：水泵的启停控制、水泵运行状态（是否运行）的监测、水泵过载的报警监测、水泵工作模式（手动/自动）的监测。连接DDC的这些监控点引自水泵电气控制箱中的接触器、继电器等电器设备，水泵控制箱与DDC控制器的二次接线图具体阐述参见2.2.3。

（4）DDC控制器

控制器是整个监控系统的核心，它的作用就像人体的大脑，接收各类传感器的检测信号，经过控制器运算，发出控制信号给水泵等执行装置。在建筑设备监控系统中，最常用的是直接数字控制器（DDC控制器），DDC有4种信息接口，其中传感器采集信息按物理量类别分别接到DDC的模拟量输入（AI）和开关量输入（DI），而DDC的输出控制指令按模拟量输出（AO）和开关量输出（DO）分别接到受控执行装置。DDC控制器的具体阐述参见1.4.1。

3. 建筑给水系统监控实施

任何一个系统工程都要经过严谨的工作过程，即准备工作—设计阶段—施工阶段。首先前期做大量准备工作，包括了解客户业主需求、工程招标书的规定、相关国家规范、现有设计资料的了解等，然后才能进入设计施工阶段。

建筑给水系统监控实施按实际工作过程，遵循如图2-13所示流程，而且本项目后续介绍的建筑排水、空调、供电、照明等系统监控实施均遵守该流程图。

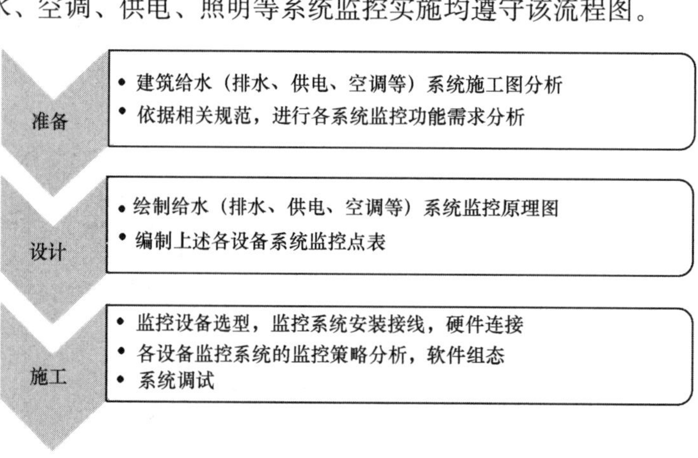

图2-13 建筑给水（排水、空调、供电等）系统监控实施流程图

本任务针对建筑给水系统监控，按照实际工作过程实施步骤，以一个基本系统为例，工程实施步骤如下。

（1）现有的建筑给水工程图纸分析

设计前，先收集设计单位提供的给水排水专业图纸、设计说明等资料。以某建筑给水为例，其给水排水专业提供的给水系统图如图2-14（a）所示。该系统属于设有水泵、水箱的给水方式，它以城市管网作为水源，经引入管储存在储水池中，经水泵加压后送至高位水箱，通过重力作用经配水管网给用户供水。为保证供水的连续性，高位水箱中应始终

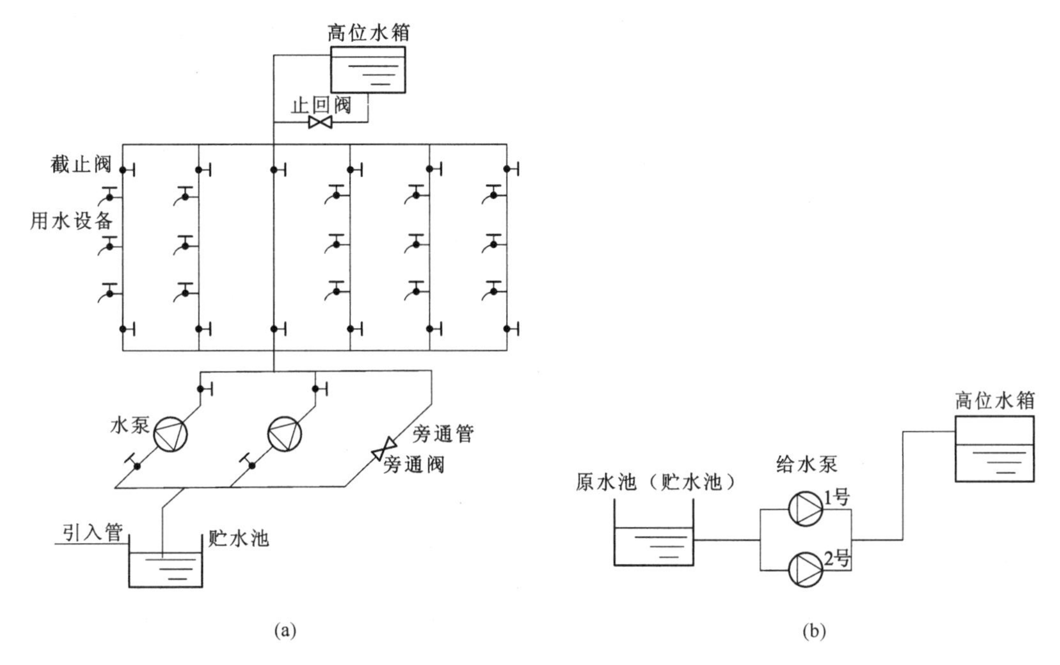

图 2-14　建筑给水系统图
(a) 建筑给水系统图；(b) 建筑给水系统运行示意图

有水，但应防止向水箱的供水过量而引起溢出，因此水箱的液位应控制在一定的范围内。两台水泵可一用一备、自动轮换。

经分析可知，该建筑给水系统监控的给水设备有：给水泵、高位水箱等。因此，可以将图 2-14（a）进一步抽象化，图 2-14（b）即为抽象简化的结果。图 2-14（b）是建筑给水系统监控分析设计的基础，也是后面系统监控原理图绘制基础。

通过图纸分析，确定受监控设备设施的数量，如图 2-14（b）中，有 2 台水泵、1 个高位水箱，1 个储水池。

(2) 依据相关规范，进行监控需求分析

监控系统应具备哪些功能，依据主要有业主的需求、工程招标书中规定及《智能建筑设计标准》GB 50314—2015 等相关标准。参见附录 2。

表 2-2 列出对该给水系统的监控要求功能有如下功能。

给水设备监控功能分级表　　**表 2-2**

设备名称	监控功能	甲级	乙级	丙级
给水系统	1. 水泵运行状态显示	√	√	√
	2. 水流状态显示	√	×	×
	3. 水泵启停控制	√	√	√
	4. 水泵过载报警	√	√	×
	5. 水箱高、低液位显示及报警	√	√	√

特别提示：

本书附录 2：建筑设备系统监控功能分级表，是选自《智能建筑设计标准 GB/T 50314—

2000》，虽已是废弃的规范标准，现行的《智能建筑设计标准 GB/T 50314—2015》已不再使用功能分级，但对初学者而言，附录 2 作为学习参考，其功能分级表明其重要性排序。

（3）确定监控点位，绘制建筑给水设备系统监控原理图

确定给水系统监控功能后，按上述分析实现该功能采取的措施是：水箱水位监测采用水位开关；水泵的监控利用水泵控制箱内接触器、继电器触点作为监控信号传递；对于监测管道水流状态，采用水流开关。具体监控点位设置如下：

DDC 对每个水泵有 1DO、3DI 点位：DDC 占用 1 个 DO 通道控制水泵的启停；3 个 DI 分别是一个 DI 检测水泵的运行状态（是不是在运行），另一个 DI 检测水泵电机的过载故障报警，此外还增设一个 DI 检测手/自动状态。

DDC 对水箱每个水位开关需有 1 个 DI 点位。高位水箱有 4 个水位开关，故 DDC 对高位水箱的 4 个液位（LT1～LT4）的监测共需点位 4DI。

DDC 对水流开关 FS 的监测占有 1DI。水流开关通过检测水泵两端水流压差，监测水泵是否出现故障，并将故障报警信号送到 DDC 控制器，属开关输入量 DI。

总结以上分析，现场控制器 DDC 对每个水泵有 1DO、3DI 点位，现有 2 台水泵，故共计 2（即 1×2）个 DO，6（即 3×2）个 DI，这些点由水泵的配电控制箱接线端子引至 DDC；1 个高位水箱有 4 个水位监测点，分别用 4 个水位开关（即 1×4）LT1-LT4 接到 DDC 的 DI 接口；另外通过在管道安装水流开关 FS 检测水流状态，用以判断水泵实际运行情况，1 个 DI。合计：11DI，2DO。

典型建筑给水系统监控原理图如图 2-15 所示。

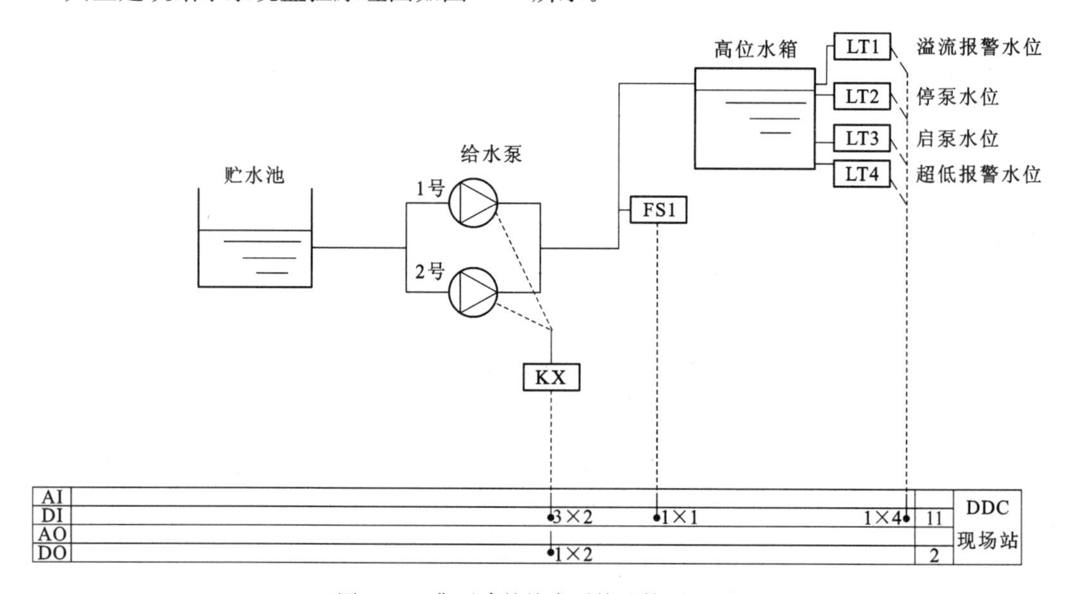

图 2-15　典型建筑给水系统监控原理图

特别提示：

水位开关与水位传感器、压差开关与压差传感器检测得到的信号分别是数字信号和模拟信号，对现场控制器来说，分别对应于 DI 和 AI 通道。水位开关的成本远低于可以直接测出水位的水位传感器，并且比水位传感器可靠耐用。建筑给水系统监控中重点关注的

是几个固定水位点的采集，建议使用水位开关，不提倡选择昂贵的可连续输出的水位传感器。

（4）编制建筑给水设备系统监控点表

任何一个智能建筑设备系统监控点少则几百个，多则上千个，每一个点的连接走向都要清楚明了，以便系统的维护维修。因此仅有监控原理图还不能直接指导施工接线，需要依据建筑给水系统监控原理图编制 DDC 的监控点表，明确 DDC 与监控设备之间的对应连接。依据监控原理图编制的建筑给水系统监控点表见表 2-3。

典型建筑给水系统监控点表　　　　**表 2-3**

序号	监控点描述	DDC 连接的监控设备	监控点类型				DDC 接线端	备注
			AI	DI	AO	DO		
1	1 号水泵运行状态显示	水泵电气控制箱 KX（接点参见图 2-18）		√			DI1	
2	1 号水泵启停控制					√	DO1	
3	1 号水泵过载报警			√			DI2	
4	1 号水泵手/自动状态显示			√			DI3	
5	2 号水泵运行状态显示			√			DI4	
6	2 号水泵启停控制					√	DO2	
7	2 号水泵过载报警			√			DI5	
8	2 号水泵手/自动状态显示			√			DI6	
9	水流状态显示	水流开关 FS		√			DI7	
10	水箱溢流报警水位	水位开关 LT1		√			DI8	
11	水泵停泵水位	水位开关 LT2		√			DI9	
12	水泵启泵水位	水位开关 LT3		√			DI10	
13	水箱超低报警水位	水位开关 LT4		√			DI11	

至此，对建筑给水系统的监控设计这一基础工作基本结束，之后的工作就是选购监控设备、安装接线、软件编程组态以及调试竣工。硬件产品以及相应软件因不同品牌、型号而应用不同，具体要参照产品说明书。

（5）设备选型，给水监控系统的安装接线，硬件连接

由上述监控图表分析可知，该给水监控系统需要 4 个水位开关、1 个水流开关，以及至少具有 11 个 DI 点 2 个 DO 点接口的现场控制器 DDC。实际工程中，DDC 容量的选取是依据监控设备的总点数，多个系统可共用一台 DDC。典型 DDC 接线端口可参见图 1-12。

（6）给水监控系统的监控策略分析，软件编程组态

建筑给水监控系统硬件实施后，接下来是软件组态。如何组态编程主要考虑两点，一是报警点需设置，如本任务中水箱溢流报警水位、超低报警水位等，按软件说明书设置；二是监控原理图中所有的控制调节输出点（DO 或 AO 点）需组态，本任务的监控原理图中只有一种类型控制点，即水泵启停点（DO 点），属于开关逻辑控制，本书分析使用软件参见 1.5.2 介绍。其组态分析如下：

1）给水泵启/停控制

水泵的启动是由水箱启泵水位 LT3 决定，而水泵连续运转则是由水泵运行状态做保持。

编制逻辑控制组态之前，先自行确定各个逻辑点的状态。典型的水泵启停运行逻辑控制逻辑如表 2-4 所示，该逻辑控制利用某软件编制组态图如图 2-16 所示。

水泵启停运行逻辑控制逻辑示意表　　　　**表 2-4**

监控点描述	逻辑状态描述（1/0）	逻辑控制结果	
主用给水泵启动控制	启动/停止	1	
水箱启泵水位 LT3	水位达到/未达到或浸过	1	—
水箱溢流报警水位 LT1	溢流报警/正常	0	0
水箱超低报警水位 LT4	低水位报警/正常	0	0
水箱停泵水位 LT2	水位达到/未达到或浸过	—	0
主用给水泵运行状态	运行/不运行	—	1

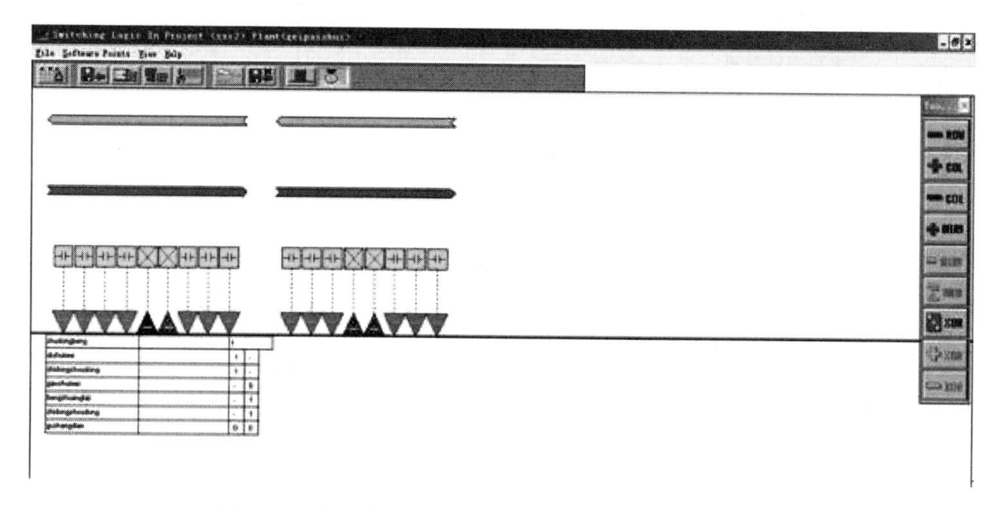

图 2-16　典型建筑给水系统水泵运行开关逻辑组态截图

2）检测及报警

设置的报警点有：水箱液位达到溢流水位报警、达到超低水位报警以及水泵过载报警。出水干管上设水流开关 FS，水流状态信号通过 DI 通道送入 DDC，以监视供水系统的运行状况。

3）设备运行时间累计、用电量累计

通过软件设置，对设备运行时间累计、用电量累计。累计运行时间为定时维修提供依据，并根据每台泵的运行时间，自动确定作为运行泵或是备用泵。

（7）系统调试

最后进行整体系统调试。为方便设备管理，监控级计算机要具备友好的人机管理界面。图 2-17 所示某大厦给水系统电脑监控界面，其监控功能操作如下：当水位达到上线溢流水位，则“溢流水位报警”显示红色；当水位达到下线最低水位，则“最低水位报警”显示红色；实时显示出当前水箱水位状况；对水泵启/停操作；显示水泵的运行状况，通常“运行状态”指示灯绿色为运行，红色为停止；当“故障状态”指示灯为红色时，表示该台水泵发生故障。

至此，对给水系统的建筑设备监控系统实施工作基本结束。

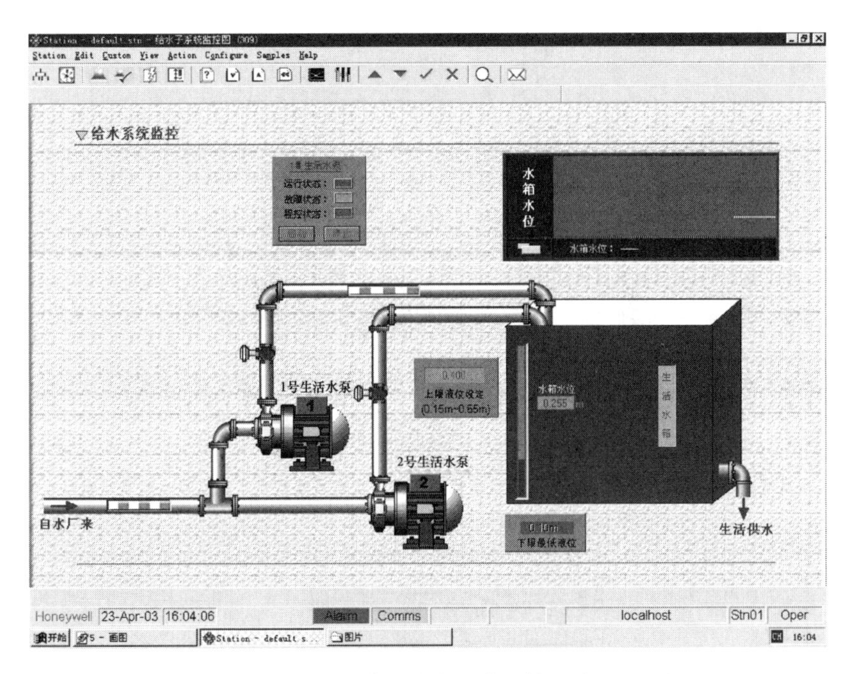

图 2-17　典型建筑给水系统监控电脑界面

2.2.3　DDC 控制器与电机类动力设备监控二次接线

在建筑设备中存在大量水泵、风机等电动机驱动的动力设备，直接数字控制器（DDC）对这些设备的监控原理基本相同，其监控内容一般包括启停控制、运行状态监视、过载故障报警监视、手/自动控制状态监视等，其监控点一般都直接取自设备配电控制箱内电气控制线路接线端子。设备控制箱二次接线图表达了这一连接的方法，如图 2-18所示。

以本任务给水水泵为例。水泵作为建筑设备自动化系统的受控设备是通过配电控制箱与现场控制器 DDC 的输入、输出接口实现通信的，控制箱二次接线图表达了这一连接的方法，如图 2-18 所示。下面对该图作一一分析。

1. 转换开关对手动、自动、停止三档控制形式的选择

图 2-18 中的转换开关实现“手动”、“自动”、“停止”三档的选择。当转换开关转向“手动”档时，则水泵的控制电路是一般的电气控制电路。此时水泵不受建筑设备自动化系统控制，而需通过手动按钮 SF 和 SS 实现对水泵的启动和停止操作。当转换开关转向“自动”档时，则水泵受建筑设备自动化系统监控，而手动按钮 SS、SF 的操作无效。当转换开关转向“停止”档时，则手动操作和自动化系统对水泵都不能控制。

下面就转换开关在“自动”档是建筑设备自动化系统对水泵的监控进行分析。其 XT 端子排接线见表 2-5 所示。

2. DDC 对水泵的监控点位

参见图 2-15。对于一台水泵，DDC 的监控点位有 4 个，即 1 路 DO 通道实现对水泵的启停控制，1 路 DI 通道实现对水泵运行状态的监测，1 路 DI 通道实现对水泵故障状态的监测，1 路 DI 通道实现对水泵手动/自动状态的监测。

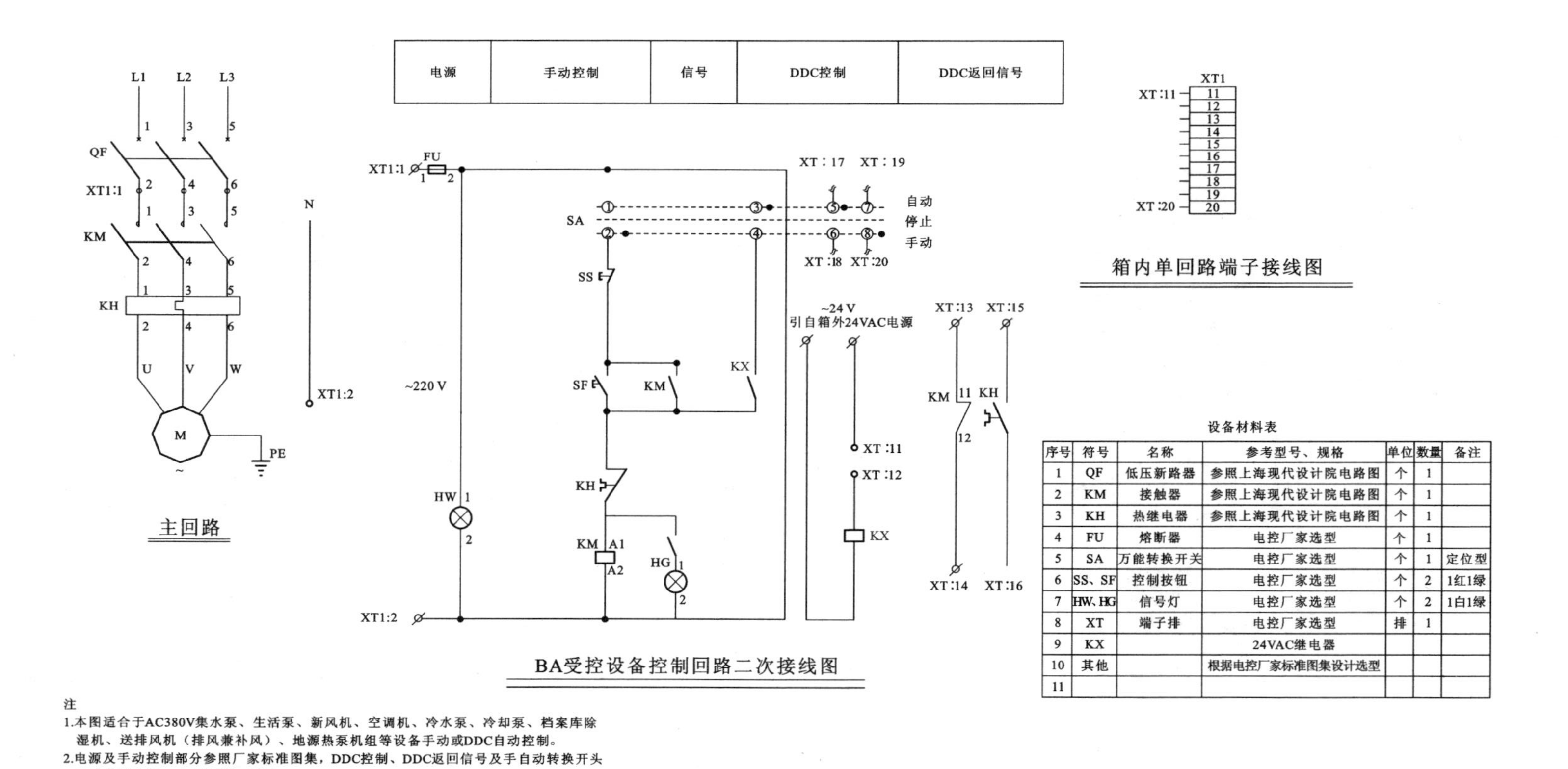

设备材料表

序号	符号	名称	参考型号、规格	单位	数量	备注
1	QF	低压断路器	参照上海现代设计院电路图	个	1	
2	KM	接触器	参照上海现代设计院电路图	个	1	
3	KH	热继电器	参照上海现代设计院电路图	个	1	
4	FU	熔断器	电控厂家选型	个	1	
5	SA	万能转换开关	电控厂家选型	个	1	定位型
6	SS、SF	控制按钮	电控厂家选型	个	2	1红1绿
7	HW、HG	信号灯	电控厂家选型	个	2	1白1绿
8	XT	端子排	电控厂家选型	排	1	
9	KX		24VAC继电器			
10	其他		根据电控厂家标准图集设计选型			
11						

注

1.本图适合于AC380V集水泵、生活泵、新风机、空调机、冷水泵、冷却泵、档案库除湿机、送排风机（排风兼补风）、地源热泵机组等设备手动或DDC自动控制。

2.电源及手动控制部分参照厂家标准图集，DDC控制、DDC返回信号及手自动转换开头要求参照本图，由厂家统一出图。

3.为保证自控功能实现，电控箱、动力箱生产厂家的二次接线图须经弱电设计单位认可。

4.电控箱、动力箱应满足设备启停控制（24VAC）、手自动转换状态反馈、运行状态反馈及故障报警要求。

5.电控箱、动力箱中每个受控设备回路都按此图要求制作，到货后及时通知弱电施工单位验收。

图 2-18　水泵、风机等受控设备配电控制箱二次接线图

3. DDC 输出信号控制水泵启停——DO 信号连接

XT：11、XT：12 端子是中间继电器 KK 线圈回路上引出的接线端子，与 DDC 的一路 DO 端口相接，供现场控制器用作传输控制命令以控制水泵的启停。当 DDC 发出启动命令后，XT：11、XT：12 接通，中间继电器 KX 的线圈得电，KX 的常开触点闭合，使得交流接触器 KM 得电，则水泵的主回路和控制回路上的 KM 触点动作，水泵运行，运行指示灯亮。当 DDC 发出停止命令后，XT：11、XT：12 断开，中间继电器 KK 的线圈失电，KK 的常开触点重新断开，使得交流接触器 KM 失电，则水泵的主回路和控制回路上的 KM 触点动作，水泵停止运行，运行指示灯不亮。

4. 输入 DDC 信号监测水泵状态——DI 信号连接

XT：13、XT：14 是水泵主电路上交流接触器一个单独的辅助触点上引出的接线端子，与 DDC 的一路 DI 端口相接，供现场控制器监测水泵的运行状态。该路 DI 信号是一个无源信号。当水泵在运行时，则 KM 上的这一常闭触点必然断开；当水泵停止时，则该触点恢复常态，闭合。DDC 以此来判断水泵的运行状态。

XT：15、XT：16 是水泵主电路上热继电器一个单独的辅助触点上引出的接线端子，与 DDC 的另一路 DI 端口相接，供现场控制器监测水泵的过载故障状态。该路 DI 信号是一个无源信号。当水泵在运行时，则 KH 上的这一常开触点保持断开；当水泵过载时，则热继电器动作，该触点闭合。DDC 以此来判断水泵的过载故障状态。

水泵电控箱端子排 XT 与 DDC 控制器接线表　　表 2-5

XT 端子排序号	连接设备	功能	DDC 接点类型	备注
XT：11	KX 继电器	水位控制自动启停水泵	DO	
XT：12				
XT：13	KM 接触器	水泵运行状态显示	DI	
XT：14				
XT：15	KH 热继电器	水泵运行状态显示	DI	
XT：16				
XT：17	SA 转换开关	自动控制状态显示	DI	
XT：18				
XT：19	SA 转换开关	手动控制状态显示	DI	
XT：20				

特别提示：

图 2-18 适用于常用建筑设备系统中的给水泵、排水泵、新风机、空调机、冷水泵、冷却泵、除湿机、送排风机、地源热泵机组等设备手动或自动控制，为此后续排水系统、制冷空调系统、电梯系统的监控电气控制箱二次接线均采用此线路，本书不再重复。

 A2-2-2 **任务导入** 扫一扫看系列动画：建筑排水系统如何实现智能监控	什么样的建筑物才需要排水监控系统呢？随着地下工程（地铁、地下商城、地下停车场等）广泛应用，如何将地下污水及时、可靠地排出？一旦发生故障如何及时报警？本任务解决建筑排水系统是如何做到智能化的“监控”，及其工程实施过程
 B2-2(2) **任务目标** 扫一扫看工程案例：建筑给水排水系统监控案例	通过对智能建筑排水系统监控任务实施，熟知排水系统的监视及控制功能，掌握实施过程流程，能做出一个简单排水系统监控原理图和监控点表，并能完成基本的控制器接线及软件组态

2.2.4　建筑排水系统认知

建筑内部排水系统的作用，是收集建筑内部人们日常生活和工业生产中使用过的水，并及时通畅地排到室外，保证生活和生产的正常进行及满足室内环境保护的要求。

1. 建筑排水系统设备设施组成

建筑内部排水系统如图 2-19 所示，一般组成如下：

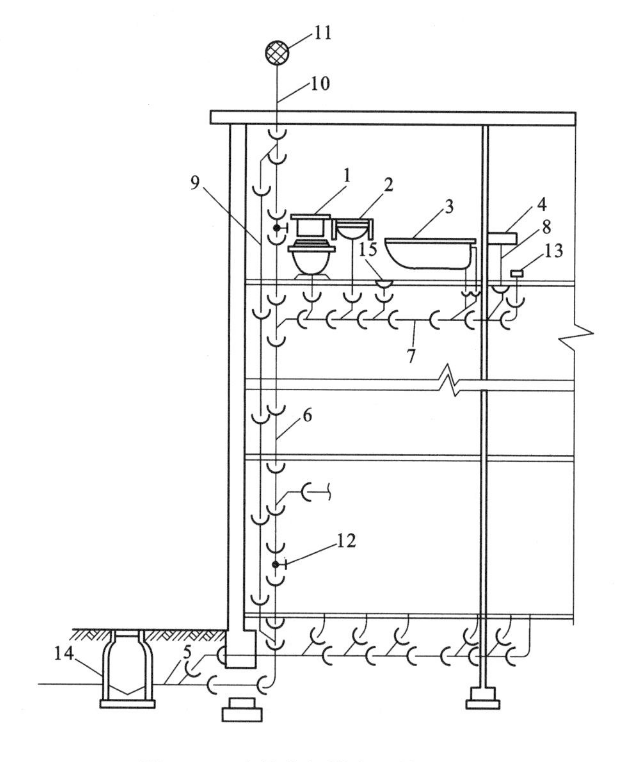

图 2-19　建筑内部排水系统的组成

1—大便器；2—洗脸盆；3—浴盆；4—洗涤盆；5—排水管；6—立管；7—横支管；8—支管；9—专用通气立管；10—伸顶通排气管；11—网罩；12—检查口；13—清扫口；14—检查井；15—地漏

（1）卫生器具：是建筑内部排水系统的起点，用于满足人们日常生活或生产过程中各种卫生要求，并收集和排出污废水的设备。主要指盥洗、沐浴以及便溺用卫生器具。

（2）排水管道：包括器具排水管、横支管、立管、埋地干管和排出管。建筑内部排水管材主要采用硬聚氯乙烯塑料管，常用于一般的生活污水、雨水和工业废水的排水管道。

（3）通气管道：建筑内部排水系统是水气两相流动，当卫生器具排水时，需向排水管道内补给空气，以减小气压变化，使水流通畅，同时也需将排水管道内的有毒有害气体排放到屋顶上空的大气中去。

（4）清通设备：为疏通建筑内部排水管道，保障排水畅通，常需设检查口、清扫口或埋地横干管上的检查井等。

（5）局部抽升设备：工业与民用建筑的地下室、人防建筑物、地下铁道、立交桥等地下建筑物的污废水不能自流排至室外时，常需设水泵等抽升设备。

（6）污水局部处理构筑物：当建筑内部污水未经处理不能排入其他管道或市政排水管网时，需设污水局部处理构筑物，如化粪池、沉淀池、中和池等。

2. 室内排水方式

建筑内部排水方式分为分流制和合流制两种。

建筑内部分流排水是指居住建筑和公共建筑中的粪便污水和生活废水；工业建筑中的生产污水和生产废水各自由单独的排水管道系统排除。该方式适用于两种污水合流后会产生有毒有害气体情况、医院污水中含有大量致病菌或所含放射性元素超过标准时、公共饮食业厨房含有大量油脂的洗涤废水时、建筑中水系统需要收集原水时等。

建筑内部合流排水是指建筑中两种或两种以上的污、废水合用一套排水管道系统排除。该体制适用于生产污水与生活污水性质相似，且城市有污水处理厂，生活废水不需回收利用。

从上面分析我们看出，一般建筑物排水依靠污水自身重力沿排水管道直接流入地下排污管网，一般不需要设置排放设备。但高层建筑物一般都建有地下室，有的深入地面下2～3层或更深些，地下室的污水通常不能以重力排除，在此情况下，污水集中于污水集水坑（池），然后用排水泵将污水提升至室外排水管中，在智能建筑中这样的排水系统就要采用智能化监控。

2.2.5　建筑排水系统监控及其实施

没有地下室的建筑物，污废水依靠重力直接排放至地下市政排污管道，一般不需要设置排放设备。但高层建筑物一般都建有地下室，地下室的污水通常不能以重力排除，在此情况下，污水集中于污水集水坑（池），然后用排水泵将污水提升至市政污水管网。

1. 排水系统的监控思路

对排水系统的监控主要是对污水坑（池）、集水坑（井）、排水泵/潜污泵的监控。当坑中水位达到上限时，排水泵启动排水，当水位下降到下限时，排水泵停止工作。集水坑除设置水泵启停水位开关外，还应设置污水溢流报警水位开关。

除此之外，对排水泵/潜污泵应有其他常规监控，其监控内容包括：水泵启停控制及状态监视；水泵过载故障报警监视；水泵的手/自动控制状态监视等。目前，许多工程中潜水泵的启停控制由水泵生产厂商通过与液位开关联动自行实现，在此情况下楼宇自控系统只需对其运行及故障状态进行监控即可。

2. 排水系统监控实施

建筑排水系统监控实施实际工作过程是准备工作—设计阶段—施工阶段，分析方法与给水系统监控一致，见图 2-13。分析如下。

（1）建筑排水工程图纸分析

设计前，先收集设计单位提供的给水排水专业图纸、设计说明等资料。以某建筑排水为例，其给排水专业提供的排水系统图如图 2-20（a）所示。该系统排水泵采用潜水泵，属于设有潜水泵、污水集水坑的排水方式，集水坑内污水由水泵加压后送至市政污水管网。为防止污水过量而引起溢出，集水坑的液位应控制在一定的范围内。两台潜水泵一用一备、自动轮换。图 2-20（b）为简化的排水系统运行图。

（2）依据相关规范，进行监控需求分析

参见附录 2，查阅并列出建筑排水系统设备监控功能。

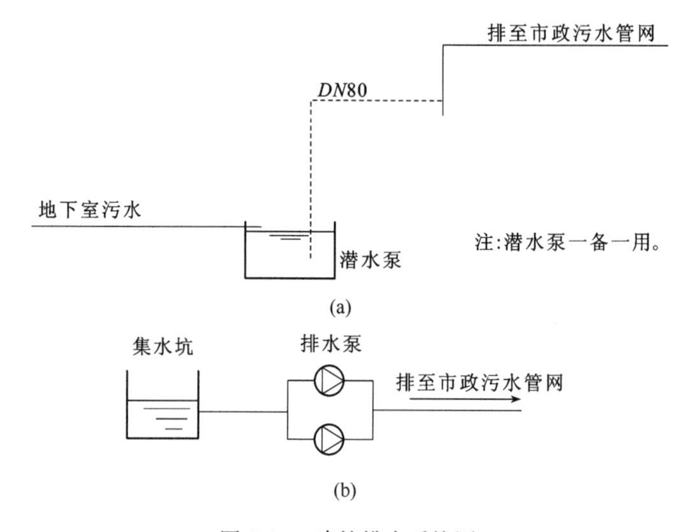

图 2-20　建筑排水系统图

（a）建筑排水系统图；（b）建筑排水系统运行示意图

（3）绘制建筑排水设备系统监控原理图

建筑排水设备系统监控原理图如图 2-21 所示。图中主要监控设备有：

水位开关 LT。安装在污水集水坑上，3 个水位点分别是停泵水位、启泵水位、溢流报警水位。

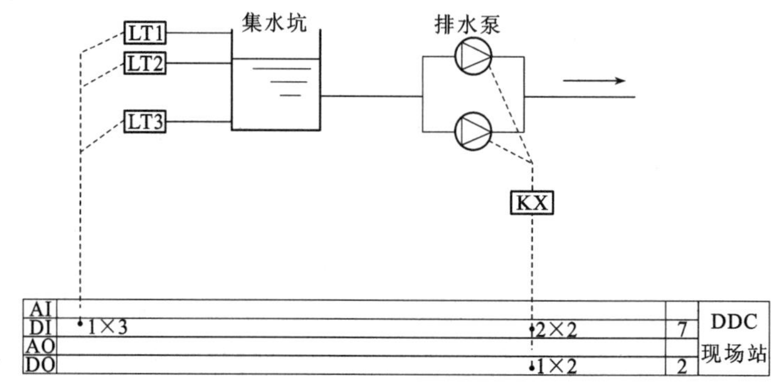

图 2-21　典型建筑排水系统监控原理图

排（潜）水泵配电控制箱 KX。将控制箱内接触器等触点信号引至 DDC，接线可参见图 2-18。其中检测水泵的运行状态和过载状态的 2 个监测点属开关输入量 DI，由 DDC 送出信号控制水泵启停的属开关输出量 DO。

DDC 控制器。整个监控系统的核心。接收各检测设备的监测点信号，经过控制器运算，发出控制信号给潜水泵等执行装置。

现场控制器对每个排水泵有 1DO、2DI 点位，现有 2 台排水泵，故共计 2（即 1×2）个 DO，4（即 2×2）个 DI，这些点由水泵的配电控制箱接线端子引至 DDC；集水坑有 3 个水位监测点，分别用 3 个水位开关（即 1×3）LT1-LT3（溢流水位 LT1、启泵水位 LT2、停泵水位 LT3）接到 DDC 的 DI 接口。合计：7DI，2DO。

特别提示：

排水系统监控中使用的传感器类设备如水位开关等，与给水监控设备类似；排水泵/潜污泵受控设备与 DDC 的二次接线图设计也与给水系统类似，在此不再赘述。

任务 2.3　中央空调系统及其监控

<table>
<tr><td>任务导入

扫一扫看系列动画：中央制冷空调系统如何实现智能监控
A2–3</td><td>炎炎夏日，大楼里凉爽宜人；凛冽寒风，大楼里温暖如春。中央空调是如何为人们提供这样的建筑环境？偌大建筑物一旦某个环节出现了故障，又是通过什么方式第一时间找出问题原因的？本任务解决建筑中央空调系统是如何做到智能化的“监控”，及其工程实施过程</td></tr>
<tr><td>任务目标

扫一扫看工程案例：中央空调监控系统案例
B2–3</td><td>通过对智能建筑中央空调系统监控任务实施，熟知空调系统的监控及调节功能，掌握实施过程流程，能做出一个基本中央空调系统监控原理图和监控点表，并能完成基本的控制器接线及软件组态</td></tr>
</table>

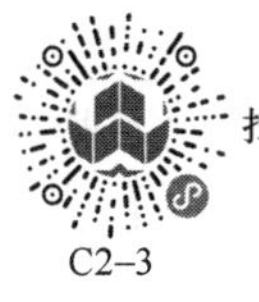
扫一扫看：本任务PPT课件
C2–3

D2–3

2.3.1　中央空调系统认知

空调是供冷、供暖、通风和空气调节系统的总称。在通风系统上加设一些空气处理设施，通过除尘系统，净化空气；通过加热或冷却，加湿或去湿，控制空气的温度或湿度，通风系统就成为冷暖空气调节系统，简称空调系统。

1. 衡量空气环境的主要指标

空调系统的被控参数是以空气环境指标做参照，一般来说衡量空气环境的主要指标有：

（1）温度：温度是衡量空气冷热程度的指标，通常以摄氏温度（℃）表示。人体舒适的室内温度冬季宜控制在 20～24℃，夏季控制在 22～27℃。

（2）湿度：湿度是指空气的潮湿程度，通常用相对湿度来表示，相对湿度是指单位容积空气中含有水蒸气的质量。湿度值越小，空气越干燥，吸收水蒸气的能力就越强。湿度值越大，表示空气越潮湿，吸收水蒸气的能力就越弱。通常令人舒适的相对湿度为 40％～60％。

（3）清洁度：空气的洁净度是指空气中的粉尘和有害物的浓度。在不易通风、人多的室内环境中，必须采用通风方式不断地以室外的新鲜空气来更换室内的污浊空气。

2. 中央空调系统工作组成

大型建筑中，因空调的冷、热媒是集中供应的，称之为集中式空调系统或中央空调系统。建筑物中央空调系统的组成分为两大部分：空气处理及输配系统、冷（热）源系统，如图 2-22 所示。

空气处理及输配系统是空调系统的核心，所用设备为空调机。它完成对混合空气（室外新鲜空气和部分返回的室内空气）的除尘、温度调节、湿度调节等工作，将空气处理设备处理好的空气，经风机、风道、风阀、风口等送至空调房间。

冷（热）源系统是空调系统工作所需的冷量和热量是由冷源和热源提供的。冷源设备包括制冷机、冷水系统和冷却水系统；热源设备包括锅炉机组（城市热网）、热交换器等，可作为空调、供暖、生活热水的供应设备。

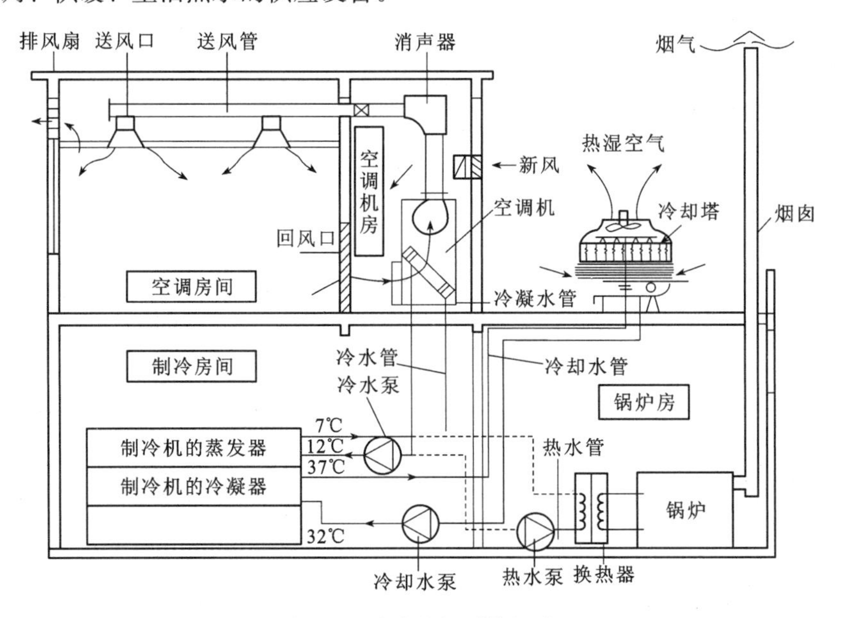

图 2-22　中央空调系统组成

3. 中央空调系统工作原理

中央制冷空调系统的组成及工作原理可以用四个循环来解释，见图 2-23 所示。

（1）空气处理循环系统

从室外引进到室内的新鲜空气，称为新风；室内一部分空气用于再循环，称为回风，回风与新风混合，经处理后再送入房间，通过空气过滤器处理空气中的杂质及有害物，再经过表冷器对空气进行冷却，经过冷却的空气经送风机送入房间。

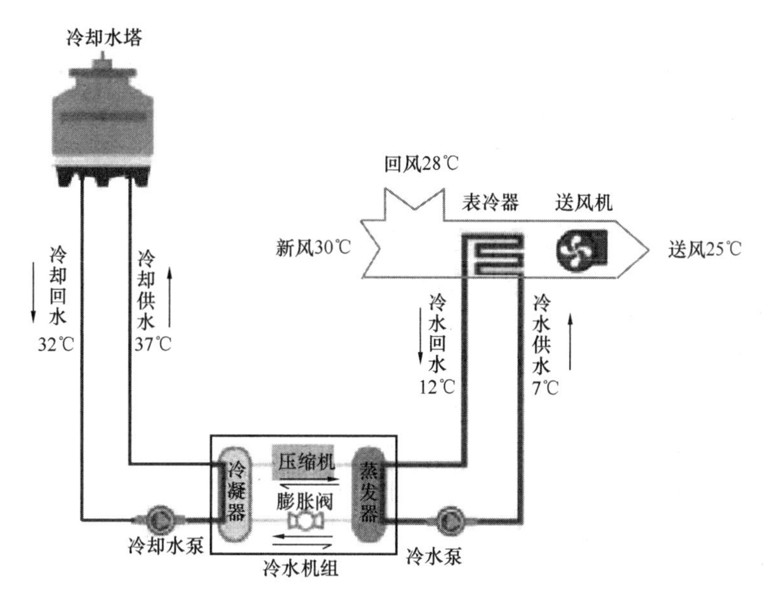

图 2-23　中央制冷空调组成的四个循环系统

（2）冷水机组中的冷媒循环系统

用来制冷的设备通常称为制冷机或冷水机组。压缩式制冷机利用“液体气化时要吸收热量”这一物理特性方式制冷，它由压缩机、冷凝器、蒸发器等主要部件组成，构成一个封闭的循环系统，其工作过程如下：

压缩机将蒸发器内所产生的低压低温的制冷剂（如氟利昂 R22、R123 等）气体吸入汽缸内，经压缩后成为高压、高温的气体被排至冷凝器。在冷凝器内，高温高压的制冷剂与冷却水（或空气）进行热交换，把热量传给冷却水而使本身由气体凝结为液体。高压的液体再经膨胀阀节流降压后进入蒸发器。在蒸发器内，低压的制冷剂液体的状态是很不稳定的，立即进行汽化并吸收蒸发器水箱中水的热量，从而使冷水的回水重新得到冷却，蒸发器所产生的制冷剂气体又被压缩机吸走。这样制冷剂在系统中要经过压缩、冷凝、节流和汽化四个过程才完成一个制冷循环。

（3）冷水循环系统

冷水系统负责将制冷装置制备的冷水输送到空气处理设备，通常是指向用户供应冷、热量的空调水管系统，其作用是将风管道空气制冷。冷水系统一般由水泵、膨胀水箱、集水器、分水器、供回水管道等组成。见图 2-23，经由蒸发器的低温冷水（7℃左右）送入空气处理设备，吸收了空气热量的冷水升温（12℃左右），再送到蒸发器循环使用，水循环系统靠冷水泵加压。

冷水系统的特点是系统中的水是封闭在管路中循环流动，与外界空气接触少，可减缓对管道的腐蚀，为了使水在温度变化时有体积膨胀的余地，闭式系统均需在系统的最高点设置膨胀水箱，膨胀水箱的膨胀管一般接至水泵的入口处，也有接在集水器或回水主管上的。为了保证水量平衡，在总送水管和总回水管之间设置有自动调节装置，一旦供水量减少而管内压差增加，使一部分冷水直接流至总回水管内，保证制冷装置和水泵的正常运转。

（4）冷却水循环系统

冷却水系统是水冷制冷机组必须设置的系统，作用是用温度较低的水（冷却水）吸收制冷剂冷凝时放出的热量，并将热量释放到室外。冷却水系统一般由水泵、冷却塔、供回水管道等组成。见图 2-23，经由冷凝器升温的冷却水（37℃左右）通过管道送入冷却塔，使其冷却降温（32℃左右），再送到冷凝器循环使用，水循环系统靠冷却水泵加压。冷却塔的作用是将室外空气与冷却水强制接触，使水散热降温。

上述四个循环系统中，如果冬天使用热源空调系统，需要以热水（通常 32℃左右）进入空调处理机（或风机盘管），空气加热后送入室内。可参见图 2-22。

4. 空调系统常用设备与设施

空调系统常用设备设施如下。

（1）空气处理机

又称空气调节器，见图 2-24 所示。中央空调系统是将空气处理设备集中设置，组成空气处理机，空气处理的全过程在空气处理机内进行，然后通过空气输送管道和空气分配器送到各个房间。

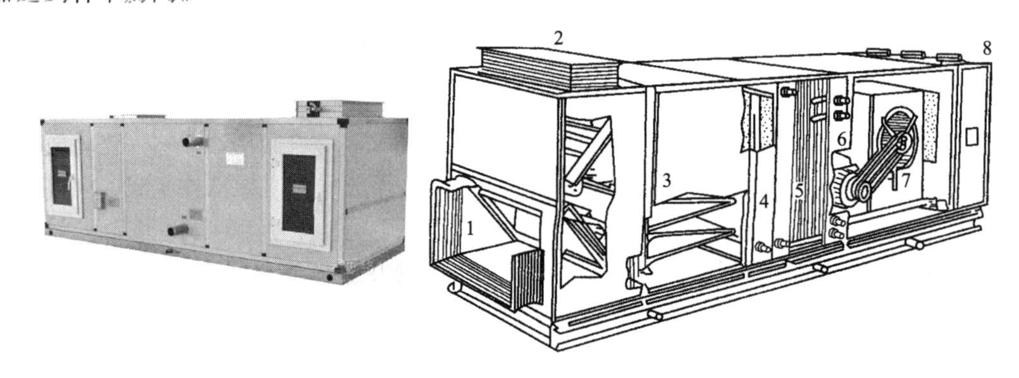

图 2-24　大型空气处理机组

1、2—新风与回风进口；3—空气过滤器；4—空气加热器；5—空气冷却器；6—空气加湿器；7—离心风机；8—空气分配室及送风管

（2）风机与送风管道

风机是通风系统中为空气的流动提供动力以克服输送过程中的阻力损失的机械设备，在通风工程中应用最广泛的是离心风机。如图 2-25 所示。离心式风机的叶轮在电动机带动下随机轴一起高速旋转，叶片间的气体在离心力作用下由径向甩出，同时在叶轮的吸气

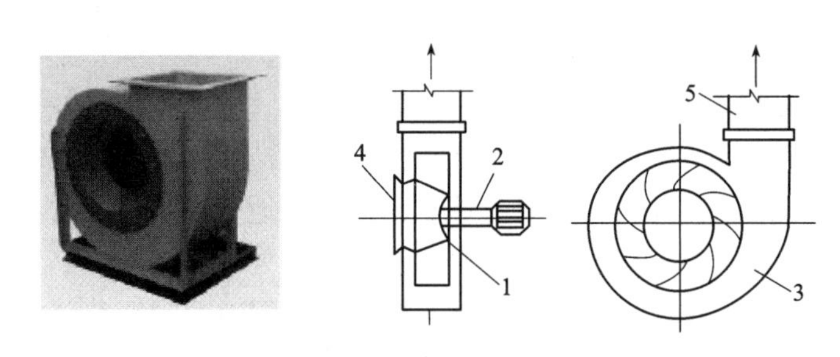

图 2-25　离心式风机

1—叶轮；2—机轴；3—机壳；4—吸气口；5—排气口

口形成真空，外界气体在大气压力作用下被吸入叶轮内，以补充排出的气体，由叶轮甩出的气体进入机壳后被压向风道，如此源源不断地将气体输送到需要的场所。

送风管道主要采用矩形截面，常用的风管材料有薄钢板、铝合金板或镀锌薄钢板等。

(3) 离心式冷水机组

把整个制冷系统中的压缩机、冷凝器、蒸发器、节流阀等设备，以及电气控制设备组装在一起，称为冷水机组，主要为空调机和风机盘管等末端设备提供冷水。图 2-26 所示为离心式冷水机组示意图。

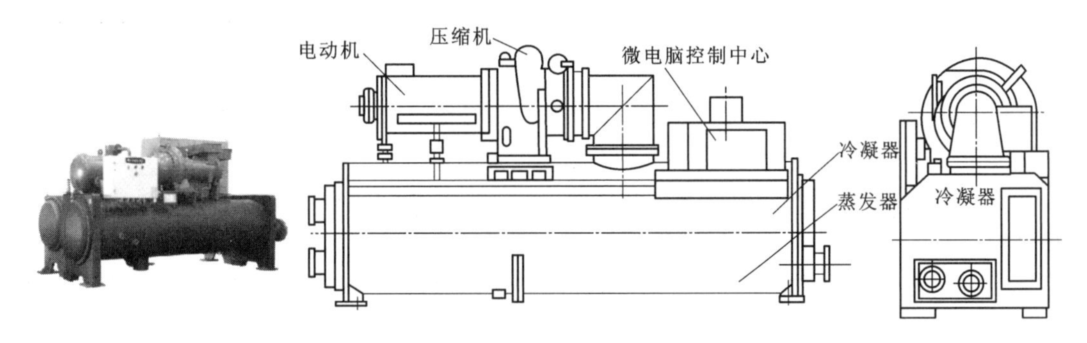

图 2-26　离心式冷水机组

(4) 冷却塔

冷却塔的作用是将室外空气与冷却水强制接触，使水散热降温。典型的逆流式圆形冷却塔（简称逆流塔）如图 2-27 所示。它主要由外壳、轴流式风机、布水器、填料层、集水盘、进风百叶等组成，冷却水通过旋转的布水器均匀地喷洒在填料上，并沿着填料自上而下流落；同时，被风机抽吸的空气从进风百叶进入冷却塔，并经填料层由下向上流动，当冷却水与空气接触时，即发生热湿交换，使冷却水降温。

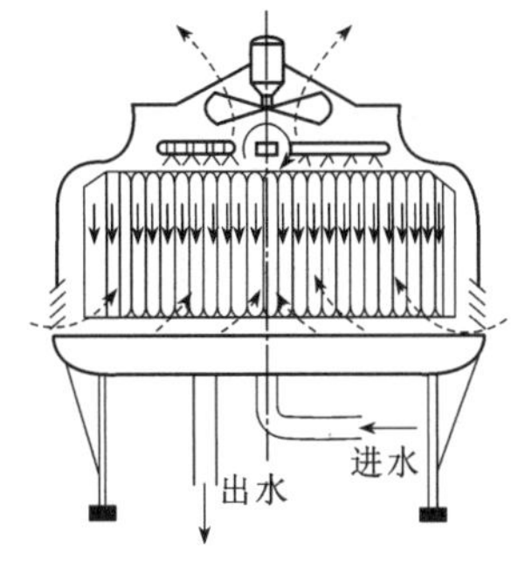

图 2-27　逆流式冷却塔

知识链接：空调系统的分类

根据空气处理设备的集中程度，空调系统有如下分类：

(1) 集中式空调系统

集中式空调系统的冷热源集中设置在冷冻站和热力站，并且所有的空气处理设备及通风机也都集中在空调机房，空气通过集中处理后，再送往各个空调房间。如图 2-21 所示典型的集中式空调系统。

(2) 半集中式空调系统

半集中式空调系统的冷热源集中设置在冷冻站和热力站，但空气调节由分散在各个房间的空调末端设备（如风机盘管）来就地实施。全水系统、空气—水系统、水源热泵系统、诱导器系统、风机盘管系统等均属此类。

(3) 分散式空调系统

把空气处理设备、风机及冷热源集中在一个箱体内，分散安装在各个房间，就地进行空气调节，此即为分散式空调系统。常用的有窗式空调器和柜式、壁挂式空调器等。

2.3.2 空气处理系统监控

1. 空气处理系统监控思路

空调机组必须与相应的风管配送网络及末端设备配合才能组成完整的空调风系统，因此完整的空调风系统除空调机组外，由送风机、回风机、风道系统、风口，以及风量调节阀、防火阀、消声器等配件组成。对空气调节系统监控功能设置思想如下：

(1) 空气的温、湿度调节及风量控制

空气温度调节采用电动冷水阀（热水阀）调节盘管内冷水或热水的流量，通过改变制冷（加热）量来改变送风温度。同样，空气湿度调节通过加湿调节阀，风量调节通过风门调节。空气的温、湿度及风量调节是随设定值的连续调节，向现场控制器DDC传送的是模拟量控制信号。

(2) 电动机类设备的常规监控

暖通空调系统中电动机类设备包括冷水机组、水泵、冷却塔风机等，对这些设备的常规监控主要有：启停控制、运行状态监测、过载报警监测、工作模式（手动/自动）的监测。

(3) 各类参量的监测及报警

空气调节系统中对空气温度、湿度、压力监测，压差检测及报警；冷热源系统中对水的温度、压力、流量等参量的监测。

2. 空气处理系统常用监控设备介绍

空气调节系统监控设备中，控制器仍然采用DDC控制器，且通风机的电气控制箱于DDC连接同水泵类负载，可参见2.2.3。除此之外，空气调节系统监控常用传感器、调节执行器如下。

(1) 风管式温、湿度传感器

管道式温湿度传感器非常适合测量如风道、烟气管道、中央空调进出风口等适于管道安装的各种场所的温湿度测量。一般此类温湿度传感器带有管状探头。传感器可将管道内的温度和湿度值以电压信号、电流信号等方式输出。参见图2-28(a)。

(2) 空气压差开关

压差开关是依据相互部件间的压力差值并依靠电信号进行信息传递控制开关闭合或打开的一类开关，总的来说就是利用两条管道的压差来发出电讯号。气体压差开关适用于探测气体压力、压差的设备，如检测过滤网阻塞报警装置，检测空调机组中风机启/停状态，通风管道中气体监测等。其原理是：可调设定点的压差开关安装在过滤器两端，当过滤器脏堵时，其两端的压差超过设定值，压差开关自动发出信号，提示用户清洗过滤器。参见图2-28(b)。

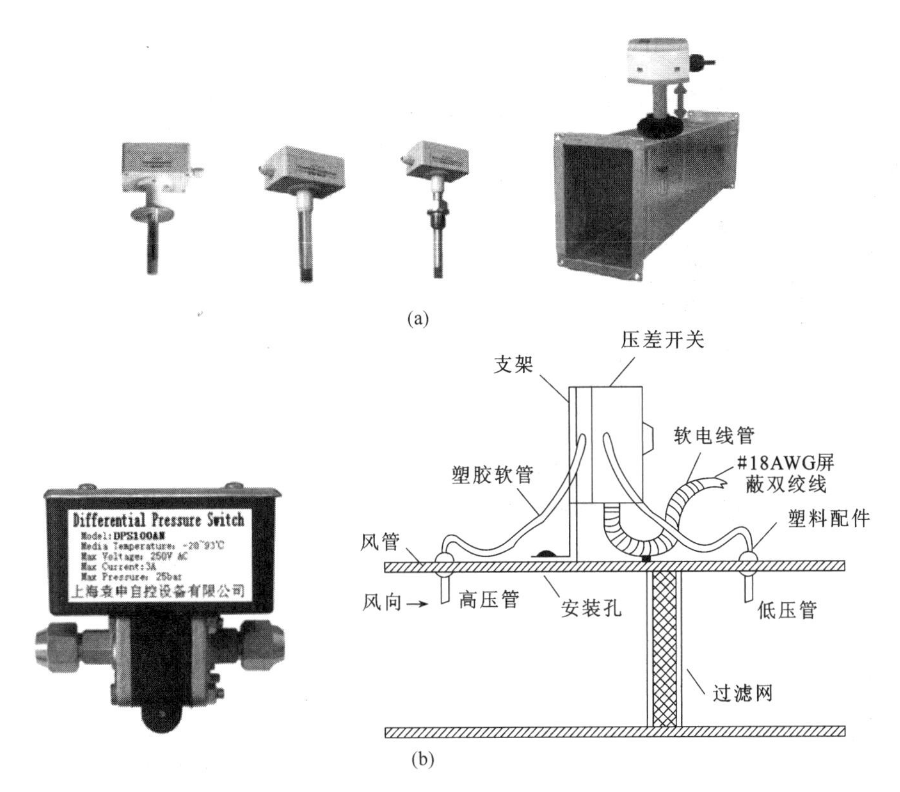

图 2-28 空气调节系统监控常用传感器

(a) 风管式温湿度传感器及安装示意图；(b) 空气压差开关及安装示意图

特别提示：

温度、湿度传感器常常装配成一体，这在产品选型时应加以注意。其检测信号是模拟量信号，对 DDC 控制器对应 AI 通道。

压差开关和压差传感器检测得到的信号分别是数字信号和模拟信号，对 DDC 来说分别对应于 DI 和 AI 通道。压差开关可靠耐用，其成本远低于可以直接测出压差的压差传感器，因此在暖通空调系统监控中建议采用压差开关。

(3) 电动调节风门

电动调节风门是以电动机为动力元件，将控制器输出信号转换为风门的开度，用以调节风量，它是一种连续动作的执行器。电动风门实际上是把电动执行器、连杆机构及风阀阀体组装在一起的一个风路附件。在智能建筑的空调、通风系统中，用得最多的执行器是风门，风门用来控制风的流量，其结构原理如图 2-29 (a) 所示。当叶片转动时改变流道的等效截面积，即改变了风门的阻力系数，其流过的风量也就相应地改变，从而达到了调节风流量的目的。

(4) 电动调节水阀

电动调节水阀是以电动机为动力元件，将控制器输出信号转换为阀门的开度，用以调节流体的流量。它是由电动执行机构（也称为阀门驱动器）和阀门（也称为阀体）两部分组成。常用电动调节水阀如图 2-29 (b) 所示。在智能楼宇的空调系统中，电动调节阀依

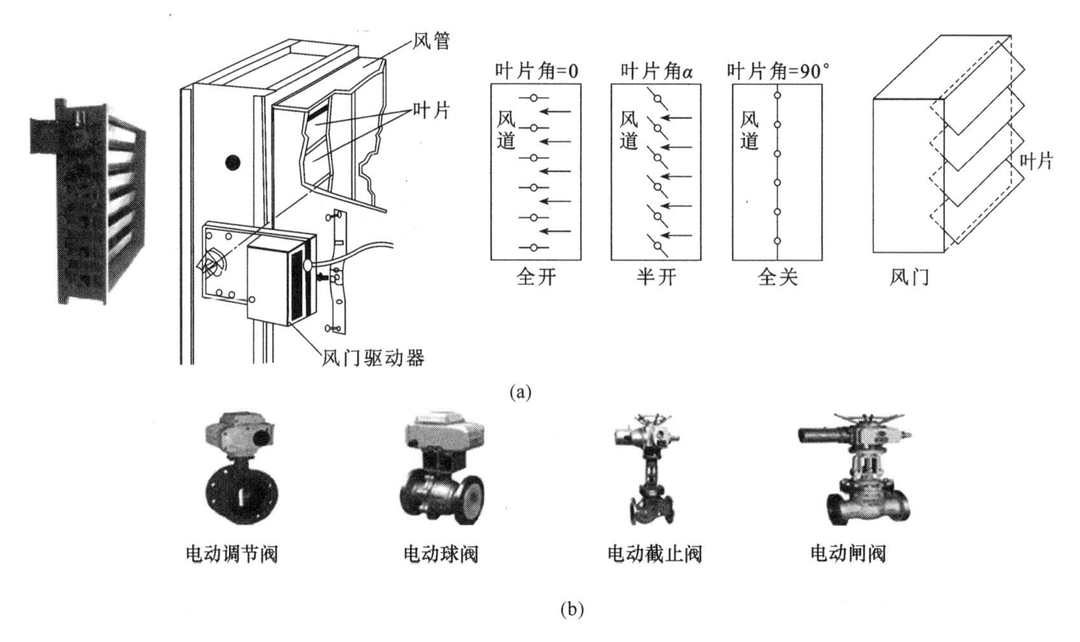

图 2-29 空气调节系统监控常用执行器

(a) 电动风门及风门结构示意图；(b) 各种类型电动调节水阀门

据现场 DDC 输出的 AO 信号大小控制蝶阀的开度，从而调节冷水（热水）流量，达到空气温度的调节。

特别提示：

在结构上，风门驱动器（或阀门驱动器）和风门（或阀门）可以组装成整体式的电动调节风（阀）门，也常常单独分装以适应各方面的需要，这在产品选型时应加以注意。连续调节风（阀）门开启角度的电动执行器，其接收 DDC 控制器输出指令，是模拟量信号，对 DDC 控制器对应 AO 通道。如果仅控制风门（或水阀门）开启/闭合开关量信号的电动执行器，对 DDC 控制器对应 AI 通道。

3. 空气处理系统监控实施

同给水排水系统监控一样，设计实施工作过程流程见图 2-17 所示。空气处理系统监控实施首先前期做大量准备工作，包括了解客户业主需求、工程招标书的规定、相关国家规范、现有设计资料的了解等，然后才能进入设计施工阶段。本任务针对集中式空气处理系统监控，按照实际工作过程实施步骤，阐述实施步骤如下。

(1) 暖通空调工程图纸分析

以空调机组为例，其控制调节的对象是房间内的温湿度，而新风机组控制的是送风温湿度。空调机组有回风（不同于新风机组系统），新回风比可以变化。空调机组要求房间的温湿度全年均处于舒适区范围内，同时还要研究系统节能的控制方法。设计前，先收集设计单位提供的暖通空调专业图纸、设计说明等资料，统计全套系统共有多少个空调机组，确定控制对象。

(2) 依据相关规范，进行监控需求分析

监控系统应具备哪些功能，依据主要有业主的需求、工程招标书中规定及《智能建筑设计标准》GB 50314—2015 等相关标准。参见本书附录 2，列出对空气处理系统的设备监控功能。

(3) 绘制空气处理系统监控原理图，编制系统监控点表

确定空气处理系统监控功能后，具体监控点位设置如下：

DDC 对管道温、湿度传感器监测占有 5AI。风管式温湿度传感器分别检测送风和回风处的温度、湿度，以及 CO_2 传感器检测室内 CO_2 浓度，送到 DDC 控制器，属模拟输入量 AI。

DDC 对每个风机有 1DO、3DI 点位：DDC 占用 1 个 DO 通道控制风机的启停；3 个 DI 分别是 1 个 DI 检测风机的运行状态（是不是在运行），1 个 DI 检测风机电机的过载故障报警，此外还增设 1 个 DI 检测手/自动状态。本空调机组有送风机、回风机各一台，共有 2DO、6DI。

DDC 对过滤网压差开关、送风机压差开关、防冻开关各需有 1 个 DI 点位。这些开关量传感器分别检测并报警过滤网堵塞状况、送风机故障状况及防冻报警，共需点位 3DI。

DDC 对每个电动风门、电动调节阀的调节控制各占有 1AO。共有新风、回风、排风 3 个电动风门，冷/热水阀、蒸汽加湿阀 2 个电动调节阀，接收 DDC 控制器指令动作，接 DDC 模拟输入量 AO。

总结以上分析，合计：5AI，9DI，2DO，5AO。

典型空气处理系统监控原理图如图 2-30 所示。其监控点表见表 2-6 所示。

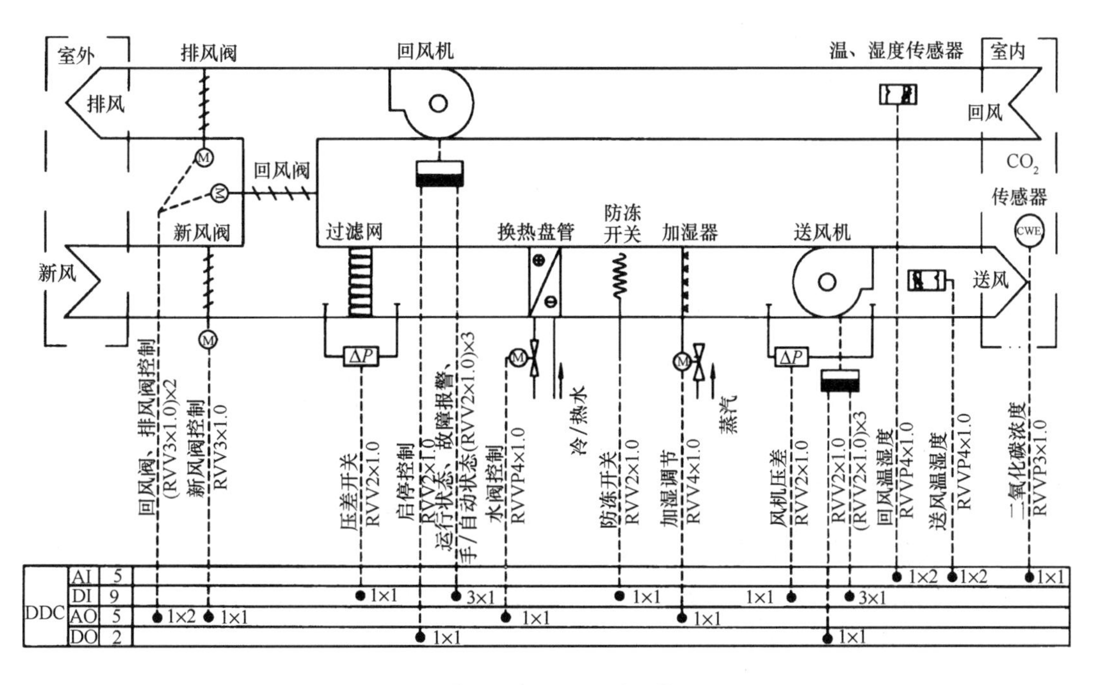

图 2-30　典型空气处理系统监控原理图

依据图 2-30 空气处理系统监控点表　　　　**表 2-6**

序号	监控点描述	DDC 连接的监控设备	监控点类型				DDC 接线端	备注
			AI	DI	AO	DO		
1	新风风门控制	电动风门			√		AO1	
2	排风风门控制	电动风门			√		AO2	
3	回风风门控制	电动风门			√		AO3	
4	过滤网堵塞报警	压差开关		√			DI1	
5	回风机运行状态显示	回风机电气控制箱（接点参见图 2-18）		√			DI2	
6	回风机启停控制					√	DO1	
7	回风机过载报警			√			DI3	
8	回风机手/自动状态显示			√			DI4	
9	冷/热水阀调节控制	电动调节阀			√		AO4	
10	防冻开关报警	防冻开关		√			DI5	
11	加湿阀调节控制	电动调节阀			√		AO5	
12	送风风道压差测量	压差开关		√			DI6	
13	送风机运行状态显示	送风机电气控制箱（接点参见图 2-18）		√			DI7	
14	送风机启停控制					√	DO2	
15	送风机过载报警			√			DI8	
16	送风机手/自动状态显示			√			DI9	
17	回风处温度检测显示	风管式温度传感器	√				AI1	
18	回风处湿度检测显示	风管式湿度传感器	√				AI2	
19	送风处温度检测显示	风管式温度传感器	√				AI3	
20	送风处湿度检测显示	风管式湿度传感器	√				AI4	
21	室内 CO_2 浓度检测显示	CO_2 传感器	√				AI5	

特别提示：

如果系统是采用风机盘管，则监控原理图如图 2-31（b）所示。监控功能参见附表 2。

风机盘管式空调系统是在集中式空调的基础上，作为空调系统的末端装置，分散地装设在各个空调房间内，可独立地对空气进行处理，其结构如图 2-31（a）所示。风机盘管由风机、盘管和过滤器组成。

（4）设备选型，空气处理系统监控的安装接线，硬件连接

由图 2-30 及表 2-7 监控图表分析可知，该空气处理系统监控需要 3 个电动风门、2 个电动调节阀、2 个压差开关、2 个温湿度传感器、1 个 CO_2 探测器，以及至少具有 5 个 AI

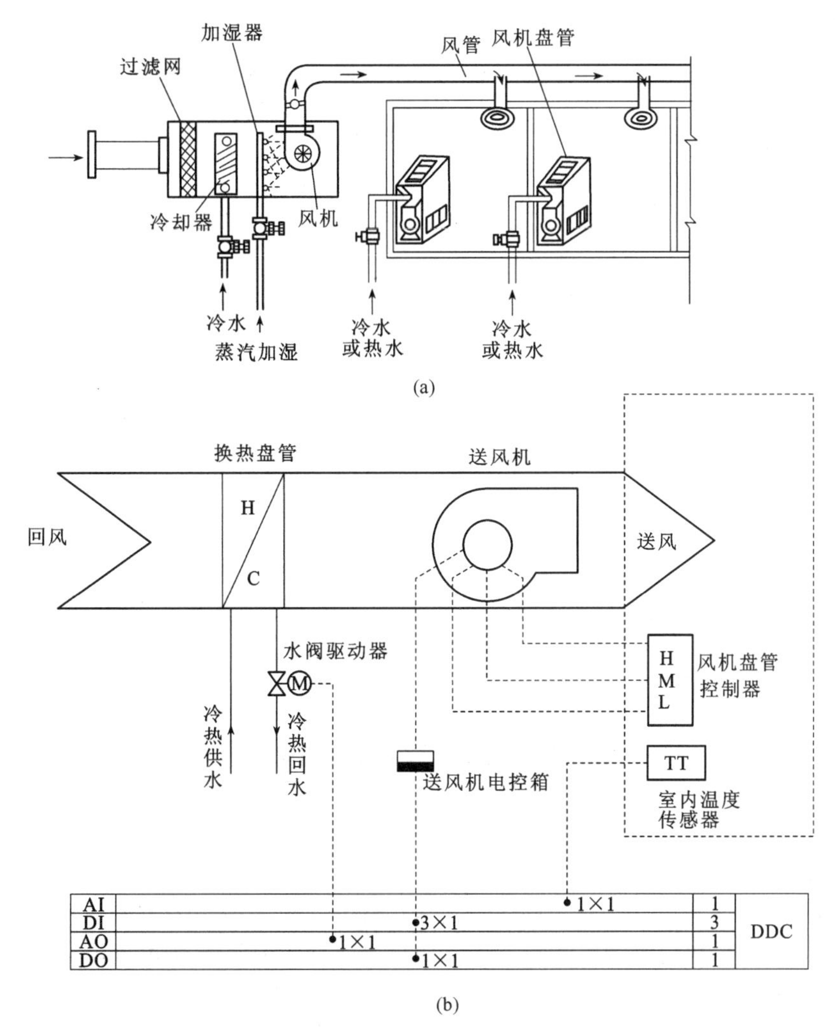

图 2-31　风机盘管系统及其监控原理图

(a) 带有风机盘管的空调系统；(b) 风机盘管系统监控原理图

点、9 个 DI 点、2 个 DO 点以及 5 个 AO 点接口的现场控制器 DDC。实际工程中，DDC 容量的选取是依据监控设备的总点数，多个系统可共用一台 DDC。

(5) 空气处理系统监控策略分析，软件编程组态

DDC 的编程组态，重点是考虑输出指令（AO 或 DO 点）的编程。本例中共有 2 个 DO、5 个 AO 输出指令，其中 2 个 DO 是风机启停控制，该编程组态同给水排水中水泵控制类同，本任务重点阐述 5 个 AO 分别是冷热水调节和电动风门的控制策略。

1）冷、热水流量调节

送风温度的控制是通过调节热交换盘管的二通电动调节水阀的开度，调节换热器的换热量，以使送风温度与设定值一致。工程中一般根据送风温度与设定温度的差值对水阀开度进行 PID（比例、积分、微分）控制。现场控制器 DDC 根据检测得到的送风温度与设定温度比较得一差值，经过 PID 运算，DDC 通过 1 路 AO 通道调节安装在冷（热）水管道上的电动调节水阀的开度，调节换热器的换热量，使送风温度与设定值一致。参见

表 1-3示例图标，典型的冷水阀 PID 调节送风温度的软件组态见图 2-32 所示。

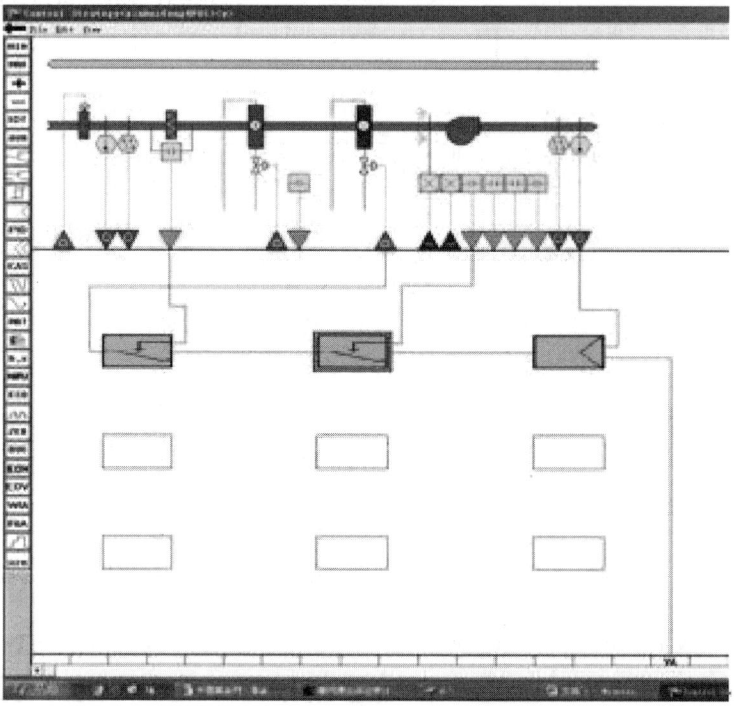

图 2-32　典型冷水阀调节送风温度控制策略

2）风门控制

新、回风比即混合空气中新、回风的比例。在空调机组中，为了调节新回风比，对新风、排风、回风 3 个风门都要进行单独的连续调节。增大新风比例可以提高室内空气的品质和舒适度，而提高回风比例可以起到节能效果，因此在控制新、回风比例时需要兼顾舒适度与节能两个因素进行综合考虑。在空气处理机工作时，一般不允许新风门全关，需要设定最小新风门开度，最小新风门开度一般为 10%～15%。对空调机组中的新风门和回风门的开度控制，工程中常采用 PID 控制策略。通过回风温度与设定温度的差值对新风门开度进行 PID 控制，通过改变 PID 参数，可以调整此控制策略的节能、舒适倾向。

最后进行整体系统调试。

图 2-33 所示某大厦空调系统电脑监控界面，其监控功能操作如下：在送回风温湿度检测处实时显示该处温度、湿度值；当过滤网发生堵塞，则设置的压差开关动作，发出报警信号；通过设定送风温度，调节冷水阀（二通阀）开启度；显示空调风机的运行状态，显示送风阀门的开启度。

2.3.3　冷热源系统监控

目前，无论是压缩式制冷系统、吸收式制冷系统或蓄冰制冷系统，设备厂商一般均提供与冷水机组设备本身成套的自动控制装置。机组自带的控制系统本身能独立完成机组监控与能量调节的功能，而且这些设备大多都留有与外界的通信接口。在目前的实际工程中，建筑设备监控系统对自带控制系统的成套设备的监控，往往采用简单的“只监不控”的策略。

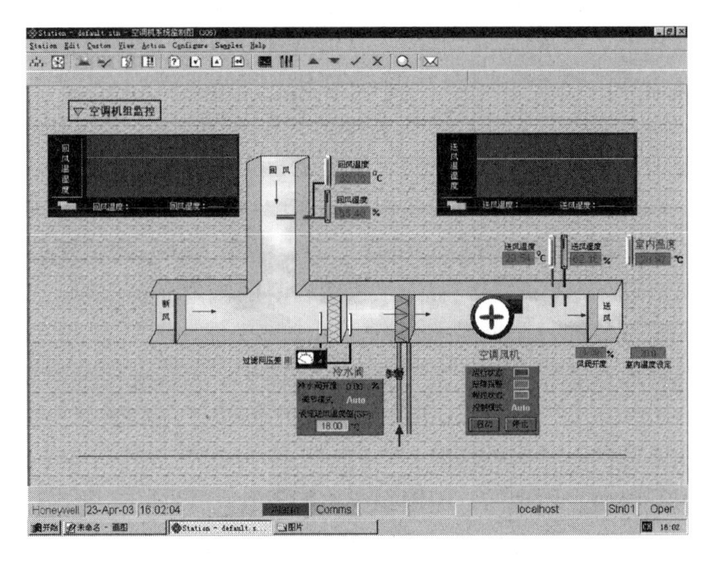

图 2-33　某建筑空气调节系统监控电脑界面

本任务以冷冻站系统监控为例，实施步骤如下。

(1) 冷冻站工程图纸分析

设计前，先收集设计单位提供的暖通空调专业图纸、设计说明等资料。以图 2-34 制冷空调系统为例，该冷冻站由冷水机组、冷却水系统、冷水系统等组成，共有 3 台冷水机组、3 台冷水泵、3 台冷却水泵、3 个冷却塔等，系统根据建筑冷负荷的情况选择运行台数。

图 2-34 所示是一典型的采用压缩式制冷的冷源系统（冷冻站）。图中共有 3 台冷水机组，系统根据建筑冷负荷的情况选择运行台数。冷水机组的左侧是冷却水系统，有 3 台冷

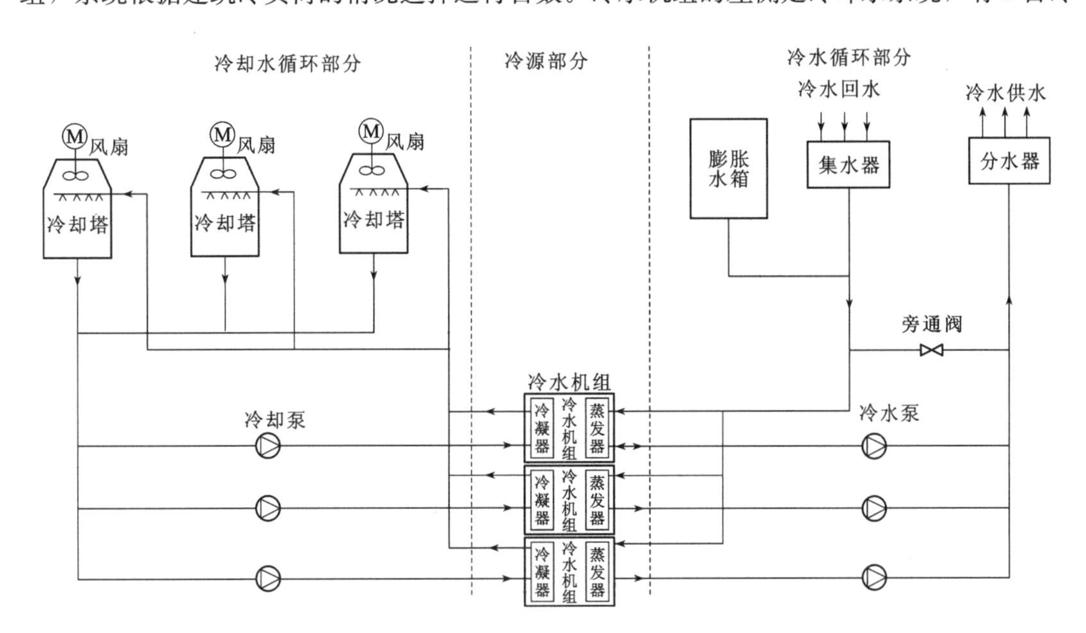

图 2-34　采用压缩式制冷系统的冷冻站运行系统图

却塔及相应的冷却水泵及管道系统，负责向冷水机组的冷凝器提供冷却水。机组右侧是冷水系统，由冷水循环泵、集水器、分水器、管道系统等组成，负责把冷水机组的蒸发器提供的冷量通过冷水输送到各类冷水用户（如空调机和冷水盘管）。

冷水机组开启时，必须首先开启冷却水和冷水系统的阀门、风机和水泵，保证冷凝器和蒸发器中有一定的水量流过，冷水机组才能启动。否则，会造成制冷机高压超高、低压过低，直接引起电动机过流，易造成对机组的损害。冷水机组都随机携带有水流开关，水流开关的电气接线要串联在制冷机启动回路上，当水流达到一定流速值时，水流开关吸合，制冷机才能被启动，这样就起到了冷水机组自身的流量保护作用。

（2）依据相关规范，进行监控需求分析

监控系统应具备哪些功能，依据主要有业主的需求、工程招标书中规定及《智能建筑设计标准》GB 50314—2015 等相关标准。参见本书附录 2，本例列出压缩式制冷系统、冷水系统、冷却水系统的设备监控功能。

（3）绘制冷源系统监控原理图，编制系统监控点表

以典型的压缩式制冷系统图 2-34 为例，其监控原理图如图 2-35 所示。图中主要监控设备有：

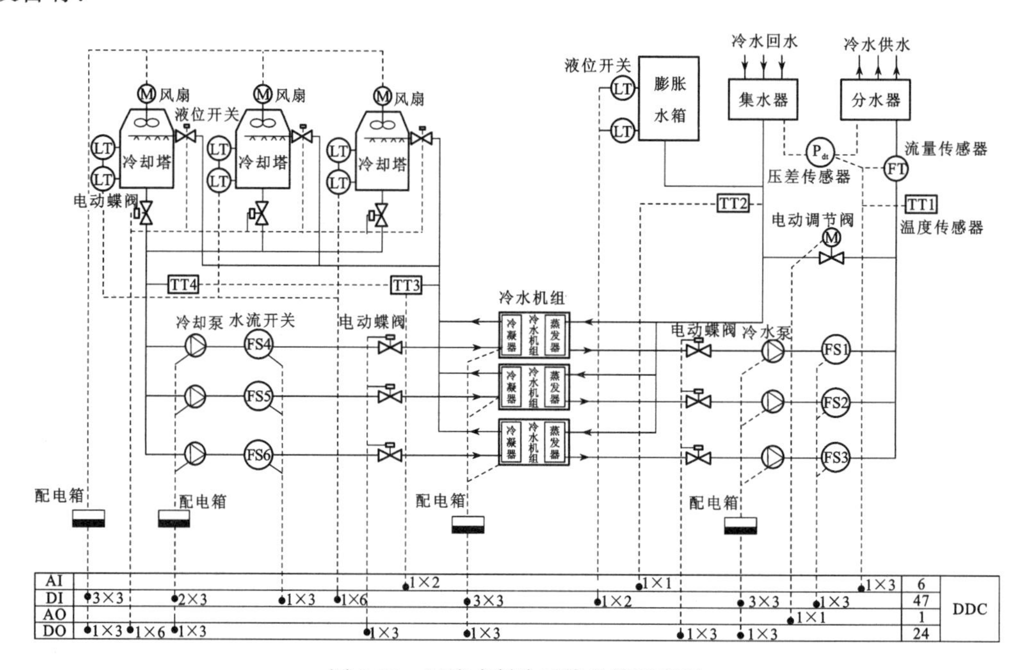

图 2-35　压缩式制冷系统监控原理图

DDC 对冷水进出水（TT1～TT2）、冷却水进出水（TT3～TT4）管道温度传感器监测占用 4AI。冷水流量传感器（FT）监测 1AI，冷水进出水旁通压差传感器（Pdt）监测 1AI。

DDC 对每个冷却塔风扇、冷水泵、冷水机组主机、冷却泵有 1DO、3DI 点位：DDC 占用 1 个 DO 通道控制风机（水泵）的启停；3 个 DI 分别是一个 DI 检测风机（水泵）的运行状态（是不是在运行），另一个 DI 检测风机（水泵）电机的过载故障报警，此外还增设一个 DI 检测手/自动状态。本冷冻站有冷却塔风扇 3 台、冷水机组主机 3 台、冷却泵 3

台、冷水泵 3 台，共有 12DO、36DI。

DDC 对冷水水流开关（FS1～FS3）、冷却水水流开关（FS4～FS6）监测共需有 6 个 DI 点位。对每个冷却塔高低水位开关（LT）监测共需 6 个 DI，对膨胀水箱高低水位开关（LT）监测共需 2 个 DI。

DDC 对冷水管道电动蝶阀（3 个）、冷却水管道电动蝶阀（3 个）、冷却塔进出水管道电动蝶阀（6 个）执行开关控制共需 12 个 DO。

DDC 对冷水进出水旁通电动调节阀（M），接收 DDC 控制器指令动作，接 DDC 模拟输入量 1AO。

总结以上分析，合计：6AI，50DI，1DO，24AO。

（4）冷冻站系统的监控策略分析

1）机组的启/停顺序控制

冷冻站机电设备的启停控制不仅包括冷水机组启停，还包括对应的冷水泵、开关蝶阀、冷却塔、冷却水泵等，为保证整个系统安全运行，每次启/停需按照一定的逻辑顺序控制各设备，如图 2-36 所示。当需要启动冷水机组时，一般首先启动冷却塔，其次启动冷却水循环系统，然后是冷水循环系统的启动，当确定冷水、冷却水循环系统均已启动后，方可启动冷水机组。当需要停止冷水机组时，停止的顺序与启动顺序正好相反，一般首先停止冷水机组，然后是冷水循环系统、冷却水循环系统，最后是冷却塔。这些功能都

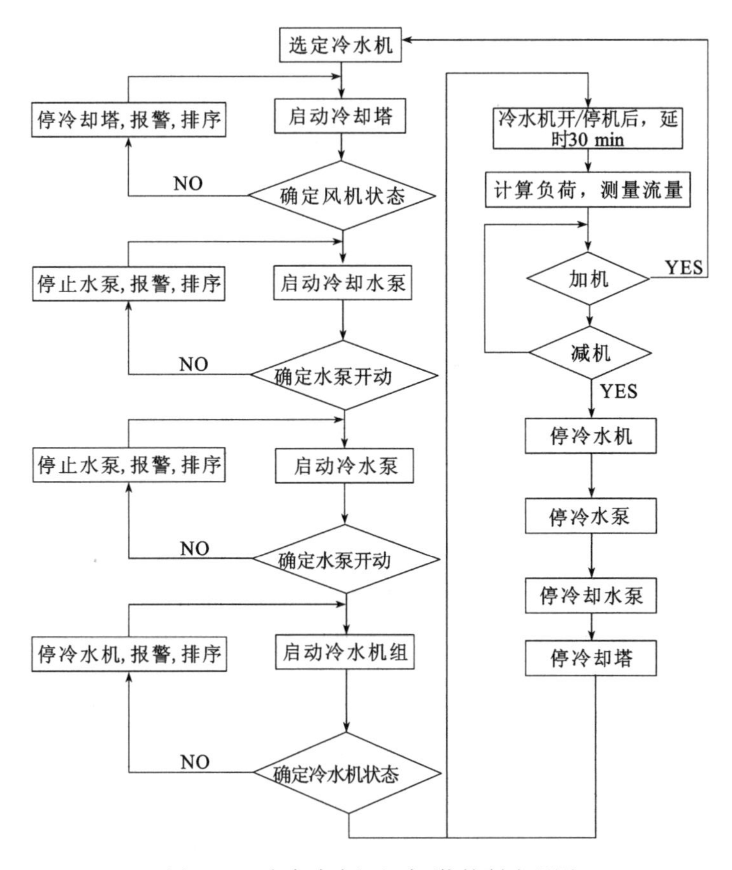

图 2-36　多台冷水机组启/停控制流程图

需要通过建筑设备自动化系统软件组态来实现。

2）冷水机组运行台数控制、运行时间及启动次数记录

对冷源或者热源，其冷热负荷 $Q=cM\cdot(T_1-T_2)$，c 为比热，M 为总管流量，T_1、T_2 分别是供、回水总管上的温度。因此，为使设备容量与变化的负荷相匹配以节约能源，根据计算的负荷，决定开启冷冻机的数量。

冷水供/回水温度及流量测取见图 2-37 所示。分水器侧温度的测取位置既可位于旁通回路前端，也可位于旁通回路后端，测取位置的改变不会影响测量值，即图 2-37（a）、图 2-37（b）所示的测量位置是正确的，根据这三个值可以准确地计算出冷水机组的输出冷量。而集水器侧温度和流量的测取点理论上都应位于旁通回路的前端，如图 2-37（c）、图 2-37（d）所示的测量位置是错误的。

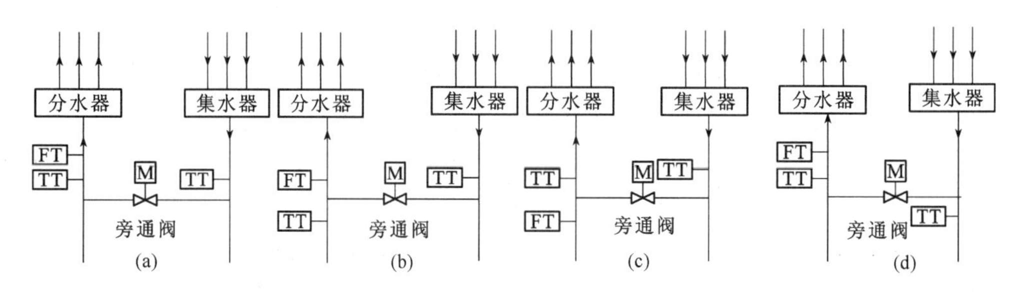

图 2-37　冷水供回水总管温度及流量测取位置

为了延长机组设备的使用寿命，需记录各机组设备的运行累计小时数及启动次数，通常要求各机组设备的运行累计小时数及启动次数尽可能相同，每次初启动系统时，都应优先启动累计运行小时数最少的设备。为此，建筑设备自动化系统应对每台机组设备进行运行时间和启动次数记录，以供逻辑判断。

3）冷水旁通阀压差控制

冷水系统根据冷水供/回水总管的压力差可以控制旁通阀开度，以使冷水供/回水总管压差保持恒定，并且基本保持冷水泵及冷水机组的水量不变，起到节能和延长设备寿命的效果。方法是：由压差传感器 P_{dt} 检测冷水供水管网中分水器与回水管网中集水器之间的压差，由 1 路 AI 信号送入现场控制器与设定值比较后，现场控制器送出 1 路 AO 控制信号，调节位于分水器与集水器之间的旁通管上电动调节阀的开度，实现供水与回水之间的旁通。

4）冷水温度再设定

冷水温度设定值随室外环境温度变化可通过软件自动进行修正，这样既可避免由于室内外温差悬殊而导致的冷热冲击，又可达到显著的节能效果。

图 2-38（a）所示某大厦空调冷水系统电脑监控界面，其监控功能操作如下：实时显示供回水温度、流量及压差；实时显示冷水泵运行状态；实时显示冷水机组运行状态等。

图 2-38（b）所示某大厦冷却水系统电脑监控界面，其监控功能操作如下：实时显示供回水温度、流量；实时显示冷却水泵运行状态；实时显示冷却塔风机运行状态，冷却塔高低极限水位报警等。

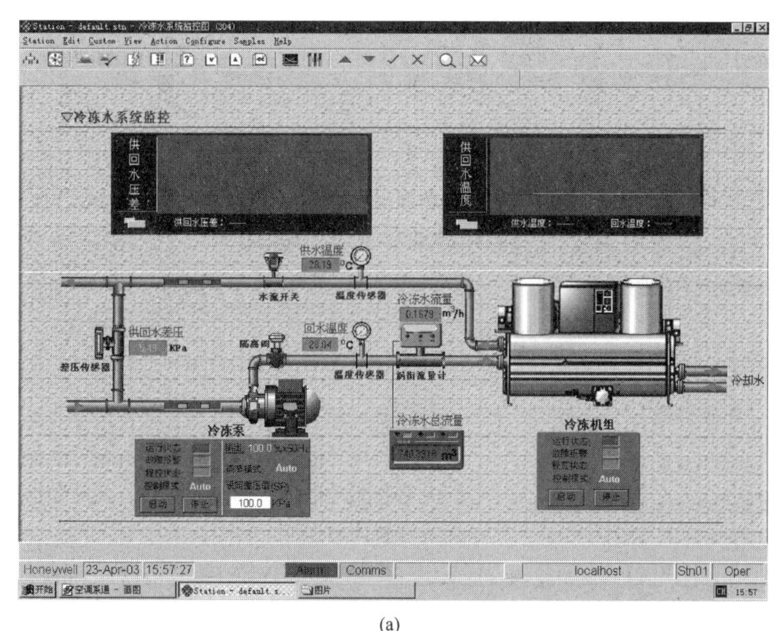

(a)

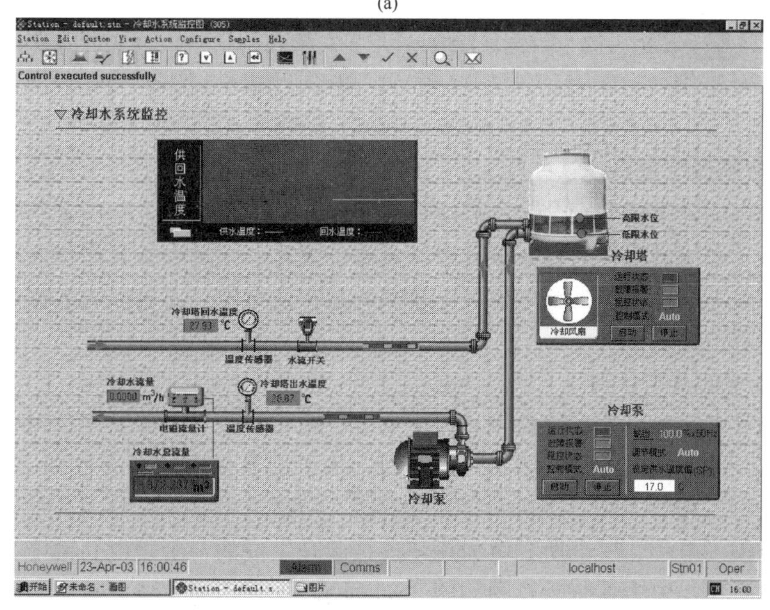

(b)

图 2-38　某建筑空调冷源系统监控电脑界面

(a) 冷水系统监控电脑界面；(b) 冷却水系统监控电脑界面

特别提示：

目前流行的冷冻机组群控，包括以上这些监控，通常由冷水机组厂家自行完成，而建筑设备监控系统则通过网关与其通信，完成对冷冻站系统的监测。

空调热水系统与空调冷水系统的设置和控制方式基本相同，而且常常在一些工程项目中，空调热水系统与冷水系统共用一条管道，通过阀门切换供水管与冷热源的连接。

本书不单独设置任务来介绍空调热水的监控。

任务 2.4　建筑供配电系统及其监控

任务导入 扫一扫看系列动画：建筑供配电系统如何实现智能监控 A2–4	智慧城市？智慧建筑？如果没有电，这个世界还谈何“智慧”？因此，安全、可靠运行的供配电系统是智能建筑的首要保障。本任务解决智能建筑是如何实现自动、连续、实时地对供配电设备进行监视的
任务目标  扫一扫看工程案例： 建筑供电能源管理系统应用案例 B2–4	通过对智能建筑供配电系统监控任务实施，熟知供配电系统的监视功能，掌握实施过程流程，能做出一个简单供配电系统监控原理图和监控点表，并能完成基本的控制器接线及软件组态

扫一扫看：本任务PPT课件

C2–4

扫一扫看：本任务教案设计

D2–4

2.4.1　建筑供配电系统认知

智能建筑供配电系统的安全、可靠运行对于保障智能建筑内人身和设备财产安全，保证智能建筑各子系统的正常运行，具有极其重要的意义。建筑设备智能化监控系统对供配电系统的监控除了确保大厦的整个供配电系统的正常运行外，还可以大大提高系统的工作效率，节省能源消耗。

1. 电力系统的基本认知

建筑物所需电能由电力系统提供，由于发电厂距用户较远，需要通过输电线路和变电所等中间环节，才能把电力输送给用户。同时，为了提高供电的可靠性和实现经济运行，常将许多的发电厂和电力网连接在一起并联运行。所谓电力系统就是由各种电压等级的输电线路将各类型发电厂、变电所和电力用户连接起来组成的一个发电、输电、变电、配电和用电的整体系统。电力系统示意图如图 2-39 所示。

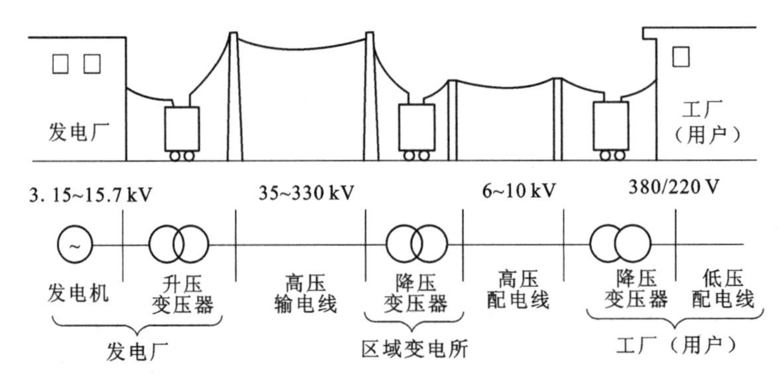

图 2-39　电力系统示意图

建筑（或建筑群）属于用电的用户端。建筑中由于安装了大量的用电设备，电能消耗量大，内部需要一个供配电系统，该系统由高压供电系统、变压器、低压配电系统和用电设备组成。通常情况下，大型建筑或建筑小区的电源进线电压多采用 10kV，经建筑物内变压器将 10kV 高压降为一般用电设备所需的电压（220/380V），然后由低压配电线路将电能分送给各用电设备。

2. 智能建筑对供配电的需求

按照《供配电系统设计规范》GB 50052—2009 的规定，对供电负荷分三个等级，一级负荷必须保证任何时候都不间断供电（如重要的交通枢纽、国家级场馆等），应有两个独立电源供电；二级负荷允许短时间断电，采用双回路供电，即有两条线路一备一用，一般生活小区、民用住宅为二级负荷；凡不属于一级和二级负荷的一般电力负荷均为三级负荷，三级负荷无特殊要求。

智能建筑应属二级及以上供电负荷，采用两路电源供电，两个电源可双重切换，将消防用电等重要负荷单独分出，集中一段母线供电，备用发电机组对此段母线提供备用电源。常用的供电方案如图 2-40 所示。这种供电方案的特点为：正常情况下，楼内所有用电设备为两路市电同时供电，末端自切，应急母线的电源由其中一路市电供给。当两路市电中失去一路时，可以通过两路市电中间的连锁开关合闸，恢复设备的供电；当两路市电全部失去时，自动启动发电机组，应急母线由机组供电，保证消防设备等重要负荷的供电。

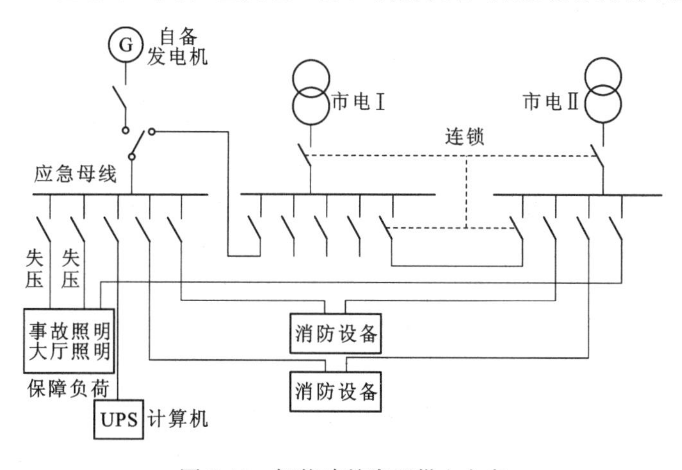

图 2-40 智能建筑常用供电方案

低压配电的接线方式可分为放射式和树干式两大类。放射式配电（图 2-41a）的特点是每个负荷由单一线路供电，发生故障时影响范围小，可靠性高，多用于供电可靠性要求较高的设备，例如大型消防泵、生活水泵、中央空调冷水机组等。树干式配电(图 2-41b)是将负荷按它所处的位置依次连接到某一条配电干线上，所需配电设备及线缆消耗量少，但干线发生故障时影响范围大，所以供电可靠性较低，一般适用于设备

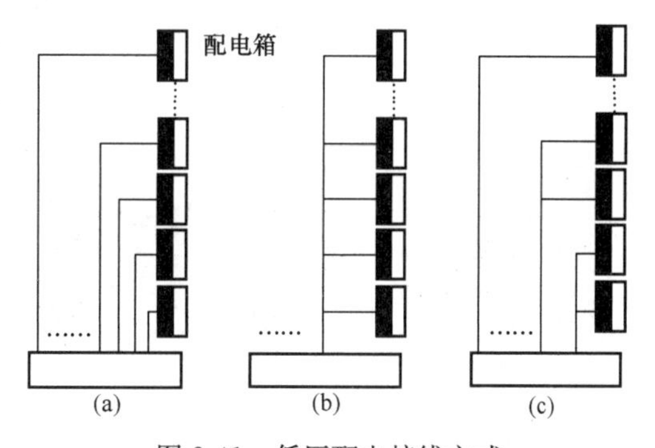

图 2-41 低压配电接线方式

(a) 放射式；(b) 树干式；(c) 混合式

较分散、容量不大、有无特殊要求的场合，例如照明灯具、插座等。智能建筑常用低压配电方案是：设备间集中放置大型设备采用放射式，而楼层间配电则为混合式，混合式(图 2-41c)即放射式与树干式的组合方式。

3. 建筑供配电系统组成

建筑（或建筑群）供配电系统是指从高压电网引入电源，到各用户的所有电气设备、配电线路的组合。变配电室是建筑供配电系统的枢纽，它担负着接受电能、变换电压、分配电能的任务。典型的户内型变配电室平面布置如图 2-42 所示。

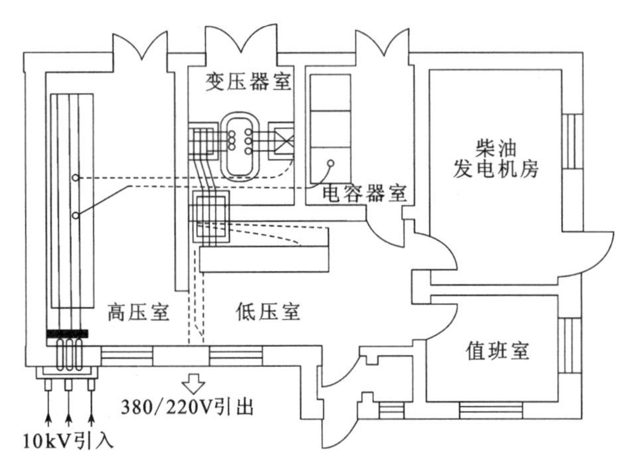

图 2-42　户内型变配电室平面布置

变配电室主要由高压配电柜、变压器、低压配电柜和自备发电机四部分组成，为了集中控制和统一管理供配电系统，常把整个系统中的开关、计量、保护和信号等设备，分路集中布置在一起。于是，在低压系统中，就形成各种配电盘或低压配电柜；在高压系统中，就形成各种高压配电柜。

变配电室的位置在其配电范围内布置在接近电源侧，并位于或接近于用电负荷中心，保证进出线路顺直、方便、最短。高层建筑的变配电室宜设在该建筑物的地下室或首层通风散热条件较好的位置，配电室应具有相应的防火技术措施。

高压配电柜

低压配电柜

变压器

自备发电机

图 2-43　变配电室组成设备

变配电室主要电气设备，如图 2-43 所示：

（1）高压配电柜

主要安装有高压开关电器、保护设备、监测仪表和母线、绝缘子等。

（2）变压器

供配电系统中使用的变压器称为电力变压器，常见的有环氧树脂干式变压器及油浸式变压器。建筑物配电室多使用干式变压器。

（3）低压配电柜

常用的低压配电柜分固定式和抽屉式两种。其中，主要安装有低压开关电器、保护电器、监测仪表等，在低压配电系统中作控制、保护和计量之用。

（4）自备发电机组

为确保大厦供电的安全、可靠，智能建筑设置柴油发电机组是必要的。自备应急柴油发电机组应始终处于准备启动状态，当市电中断时，机组应立即启动供电；当市电恢复后，机组主开关延时自动断开。

特别提示：

建筑供配电系统的高压侧参数是由电力部门负责保证的，无需各楼宇独立进行管理，如需监控，高压侧除开关柜的运行及故障状态利用干线节点直接监测外，其他参数一般通过网络从专业的电力管理系统中读取。而大部分柴油发电机组自带监控器，其监控是通过网络与发电机组控制器进行通信。因此，目前工程中建筑设备监控管理系统对供配电系统的监控，主要是对系统变压器及低压配电部分监控功能的实现。

2.4.2　建筑供配电系统监控

1. 建筑供配电系统监测思路

供配电系统是大厦的动力供电系统，如果没有供配电系统，大厦内的空调系统、给水排水系统、照明与动力系统、电梯系统、甚至于消防、防盗保安系统都无法工作，成为一堆废物。因此，供配电系统是智能大楼的命脉，电力设备的监视和管理是至关重要的，正因为如此，设备中央控制室管理人员没有权限去合分供配电线路，智能化系统只能监视设备运行状态，而不能控制线路开关设备。简单地说，就是对供配电系统施行的是“只监不控”。

附表 2 列出的供配电设备智能化监控系统主要功能如下：

（1）监视电气设备运行状态，包括高、低压进线主开关分合状态及故障状态监测；柴油发电机切换开关状态与故障报警。

（2）对用电参数测量及用电量统计：高压进线三相电流、电压、功率及功率因数等监测；主要低压配电出线三相电流、电压、功率及功率因数等监测；油冷变压器油温及油位监测；柴油发电机组油箱油位监测。这些参数测量值通过计算机软件绘制用电负荷曲线如日负荷、年负荷曲线，并且实现自动抄表、输出用户电费单据等。

2. 建筑供配电系统常用监测设备

将电流、电压、功率等电量参数转换为适于传输或测量的电信号传感器，又称为变送器。供配电系统各种电气参数要进入计算机监控系统，必须先通过电量变送器，将各种交流电气参数变成直流电气参数。常用的电量变送器有电流变送器、电压变送器、功率变送器及功率因数变送器等。

（1）电压、电流变送器

被测交流电压、电流经互感器变换到一定的量程范围，然后经交一直流变换电路，将交流信号的有效值转变为一个直流电压值，经量程变换后达到标准的电压范围，单极性的如 0～5V 或 0～10V，双极性的如±5V、±10V。这个标准的电压范围信号可直接送给 DDC 控制器的 AI 输入，DDC 内部经 A/D 转换器将此电压信号转变成一个数字量，最终将此数字量乘以放大器放大或衰减系数即得被测交流电压、电流的有效值。

（2）功率变送器

交流电压和电流信号经模拟乘法器相乘后即得瞬时功率信号，再经低通滤波器得出平均功率值，这是一个直流信号，它代表被测功率的大小。将此直流电压值测量出即可求得被测功率的数值如图 2-44 所示。

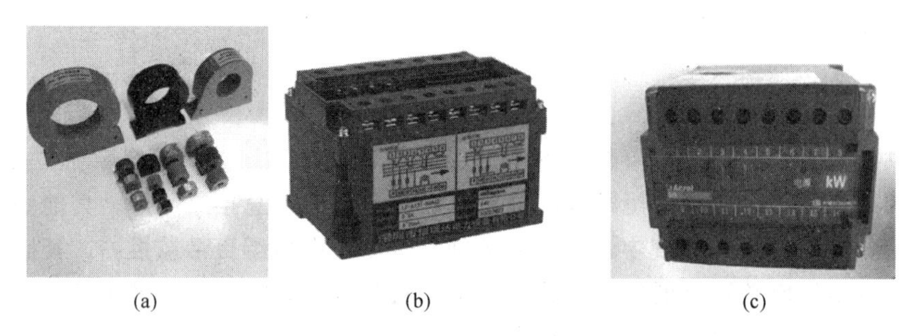

(a)　　(b)　　(c)

图 2-44　建筑供配电系统常用变送器

（a）电流变送器；（b）电压变送器；（c）功率变送器

图 2-45 所示 DDC 与变送器测量接线示意图。

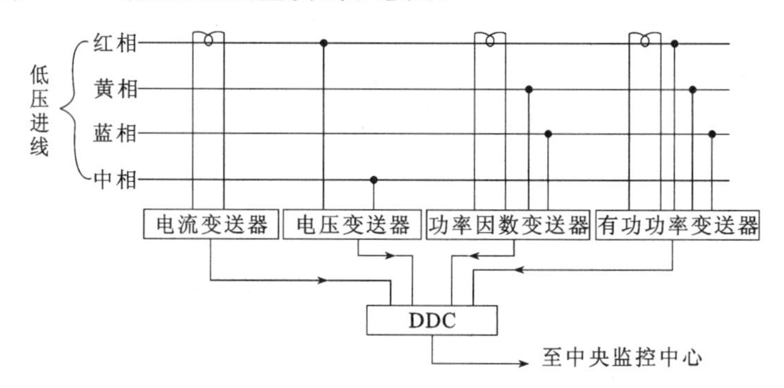

图 2-45　DDC 与变送器测量接线示意图

特别提示：

电力系统专业变配电监控系统对电量信号的采集是采用专用电量仪表，而不是变送器，采集的是各供电回路的波形变化，其信息量和精确程度都远远超过变送器。系统通信设备具有很强的抗干扰能力，其软件也是电力系统专业组态软件。

3. 建筑供配电系统监测实施

同给水排水、空调系统监控一样，设计实施供配电系统监控首先前期做大量准备工作，包括了解客户业主需求、工程招标书的规定、相关国家规范、现有设计资料的了解等，然后才能进入设计施工阶段。而供配电系统基本实施“只监不控”，所以在组态编程方面简单的多，按照实际工作过程实施步骤，阐述实施步骤如下。

（1）供配电工程图纸分析

设计前，先收集设计单位提供的电气专业图纸、设计说明等资料。以图 2-41 供电方案为例，该变配电系统有两台变压器，若干配电回路，确定监测对象。

（2）依据相关规范，进行监控需求分析

监控系统应具备哪些功能，依据主要有业主的需求、工程招标书中规定及《智能建筑设计标准》GB/T 50314—2015 等相关标准。参见本书附录 2 列出的对供配电系统的设备监测功能。

(3) 绘制供配电系统监测原理图，编制系统监测点表

确定供配电系统监测功能后，具体监测点位设置如下：

DDC 对变压器主回路电压变送器（ET）、电流变送器（IT）、功率因数变送器（cosϕ）、功率变送器（KW）、电度表（KWH）监测各占有 1 个 AI 点。有 2 台变压器，共 10AI 点。

DDC 对变压器油温超温报警占 1 个 DI，2 台变压器，共 2DI 点。

总结以上分析，合计：10AI，2DI。如图 2-46 所示为低压供配电监控系统原理图。

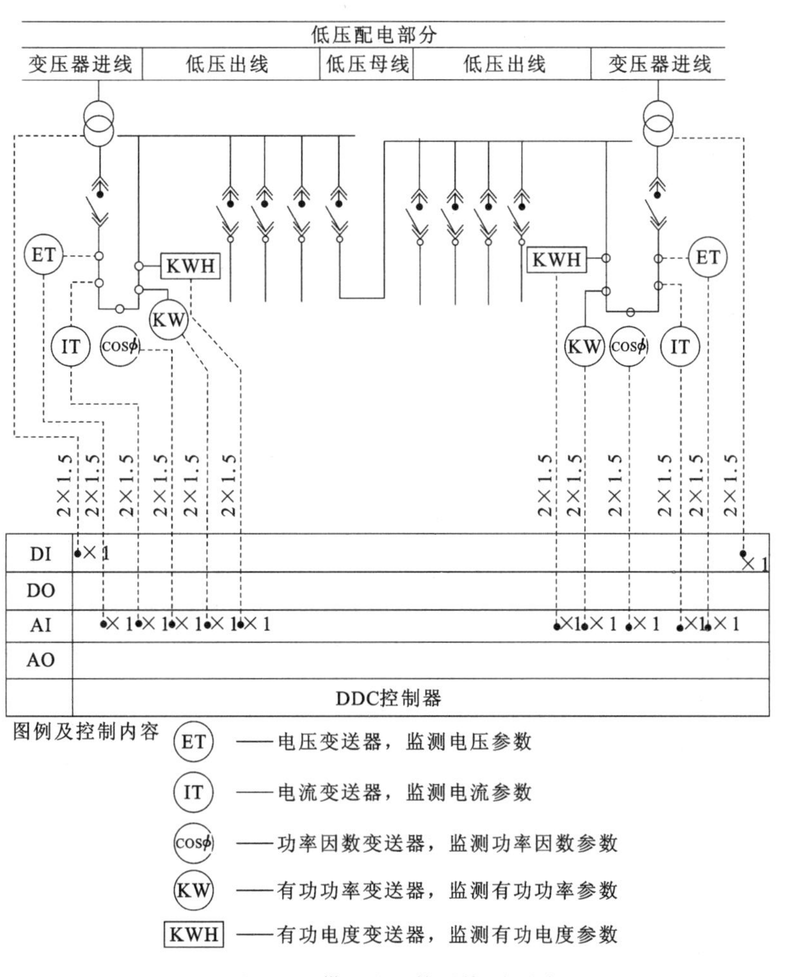

图 2-46　供配电监控系统原理图

由于系统只监不控，所以只有监视点 AI 和 DI，而没有控制点，不需编制控制策略软件组态。

图 2-47 所示某大厦供配电系统电脑监控界面，其监视功能主要是低压回路电压、电流、功率因数等的实时显示。

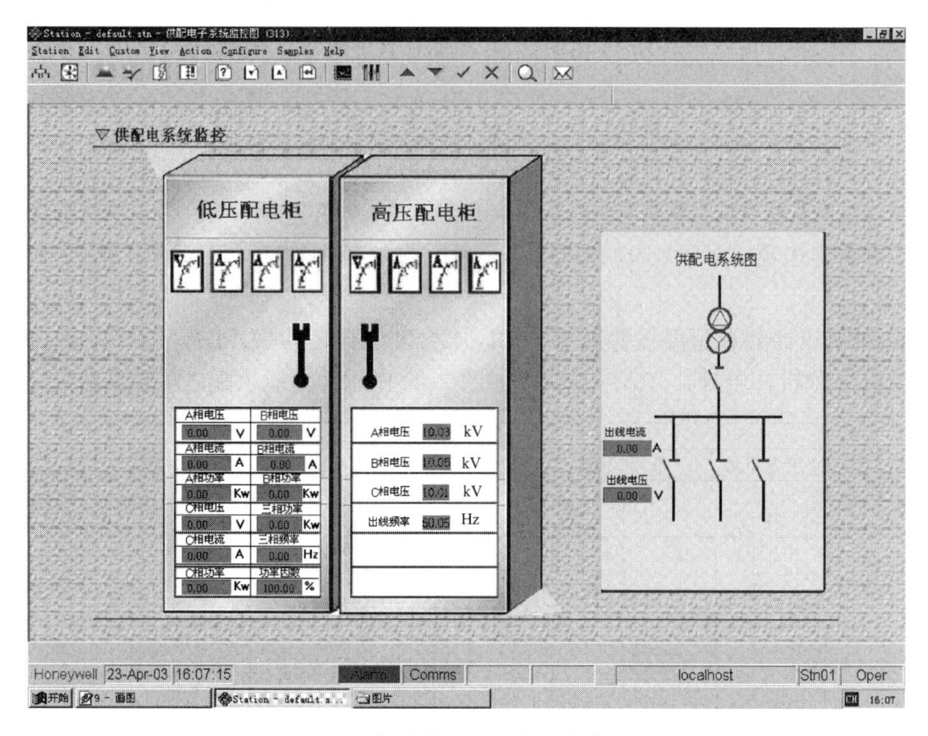

图 2-47　某建筑供配电电脑监控界面

任务 2.5　建筑照明系统及其监控

<table>
<tr>
<td>任务导入

扫一扫看微课视频：总线式智能照明监控系统
A2-5</td>
<td>人们一般会认为，照明监控比其他设备监控要简单些，然而一个优秀的智能照明系统不仅可以提升照明环境品质，还必须做到充分利用和节约能源。本任务解决智能照明系统实施及介绍专用智能照明系统</td>
</tr>
<tr>
<td>任务目标

扫一扫看工程案例：
总线式智能照明监控系统案例
B2-5</td>
<td>通过对智能建筑照明系统工作过程的认知，熟知建筑照明系统的监控功能，能做出一个简单照明系统监控原理图和监控点表，并了解目前先进的智能照明系统</td>
</tr>
</table>

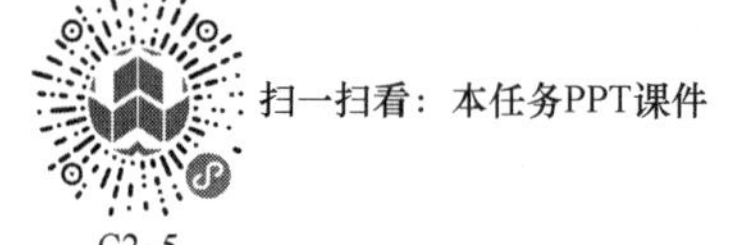
扫一扫看：本任务PPT课件
C2-5

扫一扫看：本任务教案设计
D2-5

2.5.1　建筑照明系统认知

随着人民生活水平的不断提高，人们对工作和生活环境的要求越来越高，同时对照明系统的要求也越来越高，传统照明技术受到了强烈冲击。一方面由于信息技术和计算机技术的发展对照明技术的变化提供了技术支撑；另一方面，由于能源的紧缺，各个国家对照明节能越来越重视，新型的照明技术得以迅速发展以满足使用者节约能源、舒适性、方便性的要求。

1. 照明系统的分类

建筑电气照明基本功能是保证安全生产、提高劳动效率、创造一个良好的人工视觉环境。分有功能性照明和艺术效果类照明两大类。

(1) 功能性照明

功能性照明就是在一般情况下，以“明视条件”为主的照明。像人们正常生活、工作使用的室内外照明均是功能性照明。除此之外，一些特殊需求的照明，比如应急照明、障碍照明等也属于功能性照明。

(2) 艺术效果类照明（装饰照明）

以装饰性为主的照明又称为艺术效果类照明，主要用于在那些突出建筑艺术效果的厅堂内，照明的装饰性功能加强，可直接影响建筑的艺术效果。

2. 传统照明系统控制方式

室内照明系统由照明装置及其电气设备组成。照明装置主要指灯具，照明电气设备包括电光源、照明开关、照明线路及照明配电箱等。

目前传统照明开关控制主要有桥板开关控制、断路器控制、定时控制、声控开关、光电感应开关控制等方式，其中翘板开关控制是应用最广的控制方式，可进行单控、双控等不同形式照明控制，如图 2-48 (a)所示，该方式线路繁琐、线路损耗多。若控制灯具数量多时，通常采用断路器控制，如图 2-48 (b) 所示，该方式线路简单、易控制，但大量灯具同时开关，节能效果差。在需要照明定时控制场合，线路中采用可定时开关；在需要声音控制场合，线路中采用声控开关。

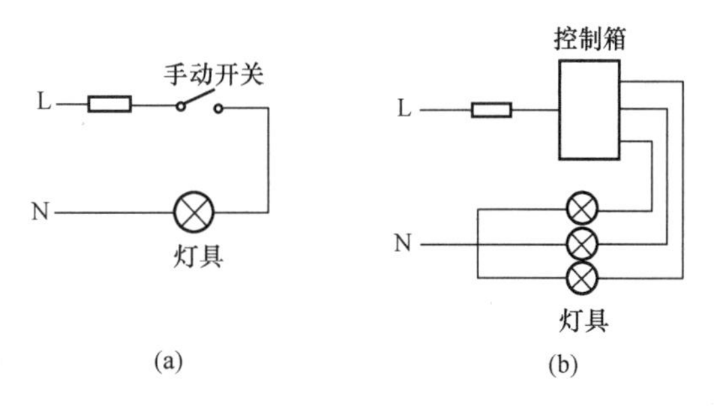

图 2-48 传统照明控制方式原理

(a) 翘板开关控制；(b) 断路器控制箱控制

知识链接：绿色照明

绿色照明是指通过科学的照明设计，采用效率高、寿命长、安全和性能稳定的照明电器产品（电光源、灯用电器附件、灯具、配线器材，以及调光控制器和控光器件），改善提高人们工作、学习、生活的条件和质量，从而创造一个高效、舒适、安全、经济、有益的环境并充分体现现代文明的照明。

“绿色照明 (Green Lights)”是 20 世纪 90 年代初国际上对采用节约电能、保护环境照明系统的形象性说法。现阶段，照明的质量和水平已成为衡量社会现代化程度的一个重要标志。据中国国际照明网统计，中国照明用电已占全国电力消费总量的 12%以上，并以平均每年 15%的速度递增。因此，绿色照明的“绿”主要体现在能够大幅度节约照明用电，减少环境污染，促进以提高照明质量、节能降耗、保护环境为目的的照明电器新型产业的发展。

2.5.2　建筑照明系统监控

1. 智能建筑照明系统监控思路

智能建筑照明设备的控制有以下几种典型控制模式。

(1) 时间表控制模式

这是建筑照明控制中最常用的控制模式，工作人员预先在上位机编制运行时间表，并下载至控制器，控制器根据时间表对相应照明设备进行启/停控制。

(2) 情景切换控制模式

工作人员预先编写好几种常用场合下的照明方式，并下载至控制器，控制器读取现场场景切换按钮状态或远程系统情景设置，并根据读入信号切换至对应的照明模式。

(3) 动态控制模式

这种模式往往和一些传感器设备配合使用。如根据照度自动调节的照明系统中需要有照度传感器，控制器根据照度反馈自动控制相应区域照明系统的启停或照明亮度。例如，有些走道可以根据相应的声感、红外感应等传感器判别是否有人经过，借以控制相应照明系统的启停等。

(4) 远程控制模式

中央监控中心远程对固定区域的照明系统进行强制控制，远程设置其照明状态。

(5) 联动控制模式

联动控制模式是指由某一联动信号触发的相应区域照明系统的控制变化。如火警信号的输入、正常照明系统的故障信号输入等均属于联动信号。当它们的状态发生变化时，将触发相应照明区域的一系列联动动作，如逃生诱导灯的启动、应急照明系统的切换等。

以上各种控制模式之间并不相互排斥，在同一区域的照明控制中往往可以配合使用。

2. 照明系统监控需求

照明设备的自动控制需根据不同的场合、用途需求进行，以满足用户的需求。照明设备监控系统所应用的场合及具体需求如下。

(1) 办公室及酒店客房等区域

此类区域的照明控制方式有就地手动控制、按时间表自动控制、按室内照度自动控制等。

(2) 门厅、走廊、楼梯等公共区域

此类区域的照明控制主要采用时间表控制、动态控制模式。

(3) 大堂、会议室、接待厅、娱乐场所等区域

此类区域照明系统的使用时间不定，不同场合对照明需求差异较大，因此往往预先设定几种照明场景，使用时根据具体场合进行切换。以会议厅为例，在会议的不同进程中，对会议室的照明要求各异。会议尚未开始时，一般需要照明系统将整个会场照亮；主席发言时要求灯光集中在主席台，听众席照明相对较弱；会议休息时一般将听众席照明的照度提高，而主席台照明的照度减弱等。在这类区域的照明控制系统中，预先设定好集中常用场景模式，需要进行场景切换时只需按动相应按钮或在控制计算机上进行相应操作即可。

(4) 泛光照明系统

泛光照明的启停控制一般由时间表或人工远程控制。

(5) 事故及应急照明设备

事故及应急照明设备的启动一般由故障或报警信号触发，属于系统间或系统内的联动

控制。如火灾报警触发逃生诱导灯的启动，正常照明系统故障触发相应区域应急照明设备的启动等。

（6）其他区域照明

除上述讨论的几个典型区域和用途的照明外，建筑物照明系统还包括航空障碍灯、停车场照明等，这些照明系统大多均采用时间表控制方式或按照度自动调节控制方式进行控制。障碍照明属于一级负荷，应接入应急照明回路。

3. 照明系统监控实施

建筑设备自动化系统直接监控的照明系统主要包括公共区域照明、应急照明、泛光照明等，这些照明设备的监控大多是开关量，包括设备启停、运行/故障状态监视、手/自动状态监视等。其中，应急照明一般只监不控，其联动控制内容由其他系统完成。

如图 2-49 所示为典型照明系统的监控原理图。公共区域照明采用接触器（KM）控制，其控制信号来自 DDC 组态编程，同时 DDC 监视各路控制开关的运行/故障状态、手/自动状态等。

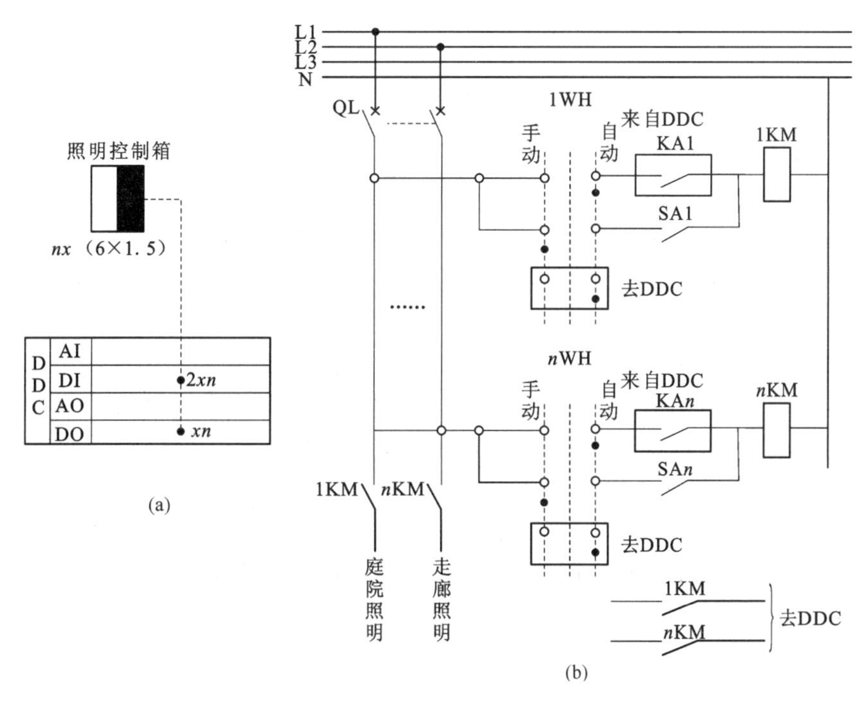

图 2-49　照明系统监控原理图

（a）照明监控原理示意图；（b）照明控制箱接线原理示意图

2.5.3　基于总线分布式智能照明系统

目前，对于复杂的照明控制，一般均由一些专业智能照明系统进行监控实现，如利用总线式照明控制系统等。这些系统既可独立运行，也可通过网关接入建筑设备自动化系统，接受统一管理和控制。

1. 基于总线照明控制系统设备及工作原理

基于总线的照明控制系统所采用的开关设备不同于传统的翘板开关，其每个开关单元均内置微处理器和存储单元，由一对信号线（如五类双绞线）连接成网络。每个开关单元均设置唯一的单元地址并用软件设置其功能，通过输出单元控制各回路负载。图 2-50 所示传统开关与智能开关线路连接对比。

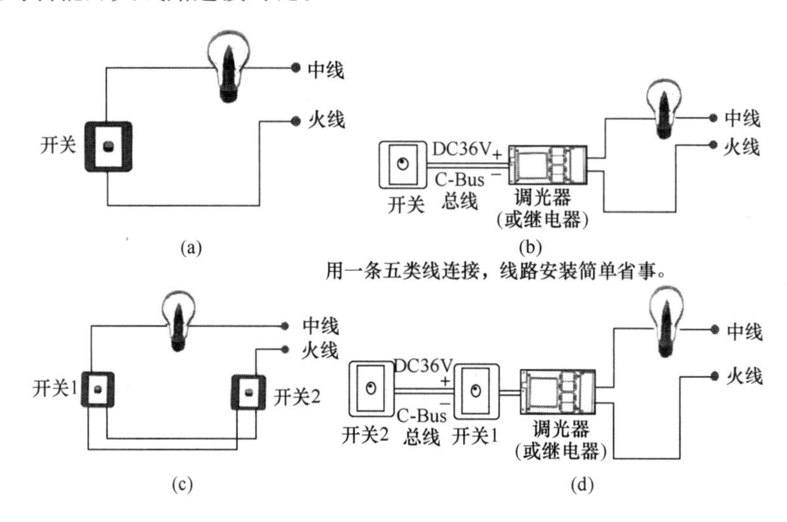

图 2-50 传统开关与智能开关线路连接对比

(a) 传统开关单控照明电路；(b) 智能开关单控照明电路；

(c) 传统开关双控照明电路；(d) 智能开关双控照明电路

传统开关与智能开关线路连接对比如下：

(1) 传统开关单控照明电路（图 2-50a），控制开关直接接在负载回路中，当负载较大时，需相应增大控制开关的容量；当开关离负载较远时，大截面电缆用量增加；只能实现简单的开关功能。

(2) 智能开关单控照明电路（图 2-50b），负载回路连接到输出单元的输出端，控制开关用五类线与输出单元相连；负载容量较大时仅考虑加大输出单元容量，控制开关不受影响。开关距离较远时，只需加长控制总线的长度，节省大截面电缆用量。可通过软件设置多种功能（开/关、调光、定时等）。

(3) 传统开关双控照明电路（图 2-50c），实现双控时用两个单刀双置开关，开关之间连接照明电缆。进行多点控制时开关之间的电缆连线增多，使线路安装变得非常复杂，工程施工难度增大。

(4) 智能开关双控照明电路（图 2-50d），实现双控时只需简单地在控制总线上并联一个开关即可。进行多点控制时，依次并联多个开关即可，开关之间仅用一条五类线连接，线路安装简单省事。

2. 典型总线式智能照明系统

二总线式智能照明系统如图 2-51 所示，总线上每个终端单元均设置唯一的单元地址并用软件设置其功能，通过输出单元控制各负载回路。

面板开关等输入单元通过群组地址和继电器等输出单元建立对应联系。当有输入时，输入单元将其转变为信号在系统总线上广播，所有的输出单元接收并做出判断，控制相应输出回路。

该系统中普通灯具接在 220V 交流电路上，而其他所有的单元器件均内置微处理器和存储单元，由一根信号线将它们连接成网络。每个单元均设置唯一的单元地址并用软件设

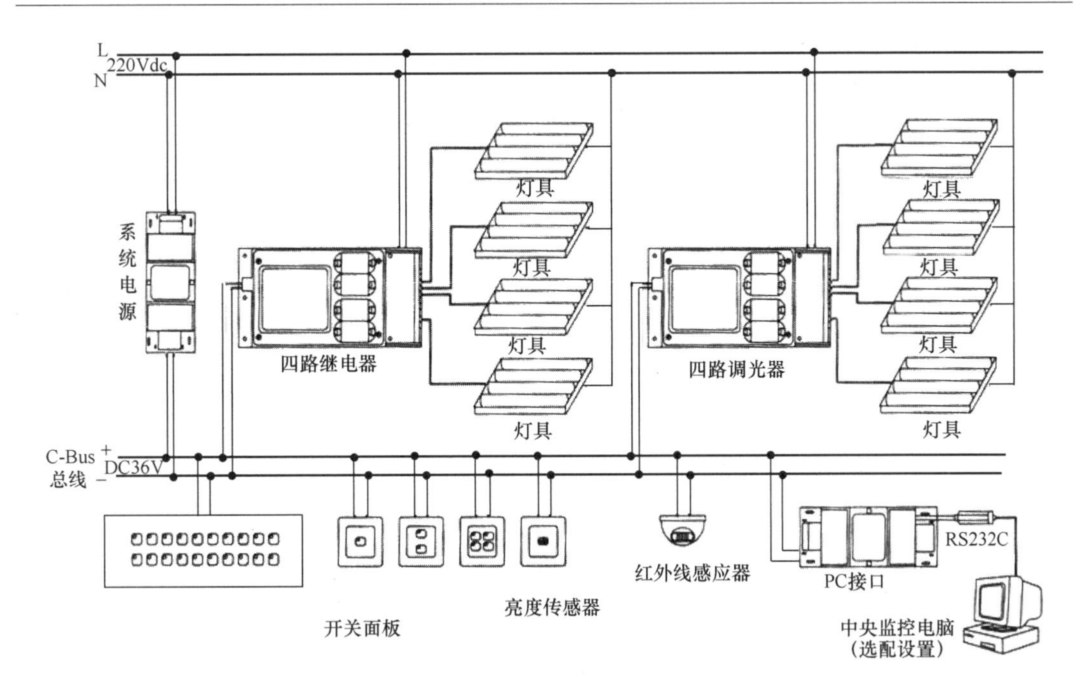

图 2-51　典型总线式（C-Bus）智能照明系统接线原理图

定其功能，通过输出单元控制各回路负载，输入单元通过群组地址和输出组件建立对应关系。图 2-51 所示典型总线式 C-Bus 智能照明系统原理图。在此不做详细介绍，有兴趣者可自行查阅相关资料。

特别提示：

目前，对于复杂的照明控制，一般均由一些专业智能照明系统进行监控实现，这些系统既可独立运行，也可通过网关接入建筑设备监控管理系统，接受统一管理和控制。随着云计算、大数据等互联网十技术的发展，涌现出许多专业智能照明系统，有兴趣读者可自行查阅。

任务 2.6　电梯系统及其监控

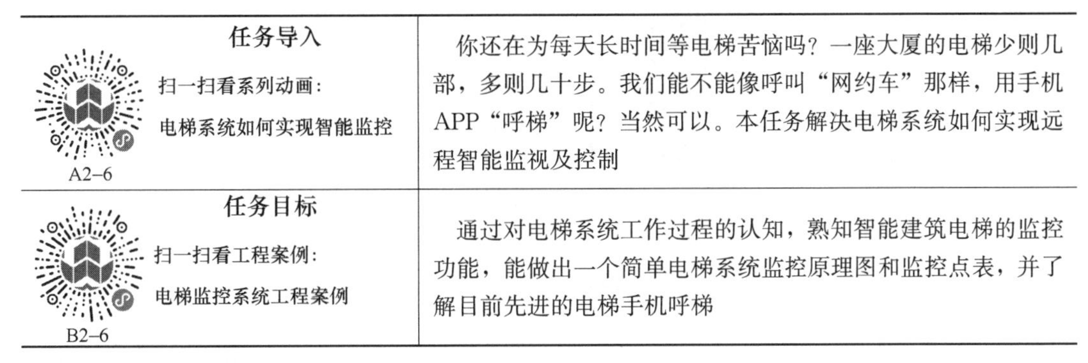

任务导入 扫一扫看系列动画： 电梯系统如何实现智能监控 A2–6	你还在为每天长时间等电梯苦恼吗？一座大厦的电梯少则几部，多则几十步。我们能不能像呼叫“网约车”那样，用手机 APP“呼梯”呢？当然可以。本任务解决电梯系统如何实现远程智能监视及控制
任务目标 扫一扫看工程案例： 电梯监控系统工程案例 B2–6	通过对电梯系统工作过程的认知，熟知智能建筑电梯的监控功能，能做出一个简单电梯系统监控原理图和监控点表，并了解目前先进的电梯手机呼梯

扫一扫看：本任务PPT课件
C2–6

扫一扫看：本任务教案设计
D2–6

2.6.1 电梯系统认知

电梯是智能建筑必备的垂直交通工具，一座大厦的电梯少则几部，多则几十部。因此，具有智能化控制的电梯系统可以为乘客提供一个安全、快捷、方便、舒适的环境；为管理者提供一个环保、节能、可靠、远程监控的智能管理系统。智能建筑的电梯包括普通客梯、消防梯、观光梯、货梯及自动扶梯等。

1. 电梯的组成

电梯可分为直升电梯和手扶电梯，直升电梯按其用途分为客梯、货梯、客货梯、消防梯等，自动扶梯则主要是用于连续运送大量的人流。

直升电梯结构示意图如图 2-52 所示。电梯的主要组成部分有：

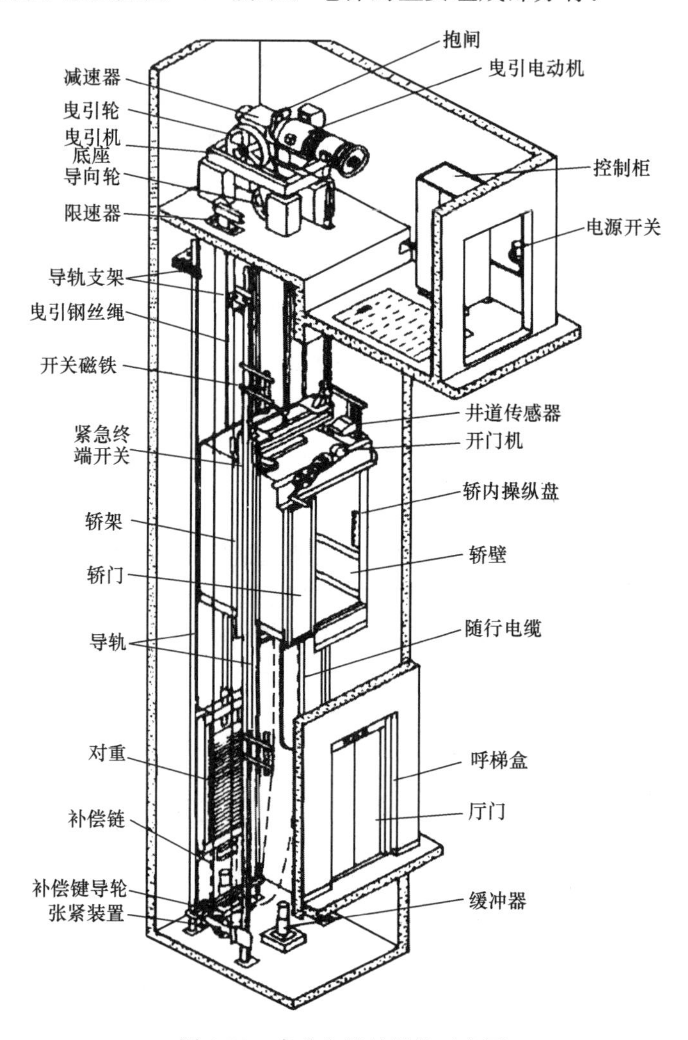

图 2-52 直升电梯的结构示意图

曳引部分：曳引部分由曳引机和曳引钢丝组成。曳引钢丝绳绕在曳引轮上，一端与电梯轿厢相连，另一端与双重装置相连，电动机带动曳引机旋转使轿厢上下运动。

引导部分：引导部分由导轨和导轨架组成。垂直固定于井壁上，轿厢和对重装置在导轨上移动，用导轨稳定轿厢和对重装置的运行。

轿厢和厅门：轿厢由轿架、轿底、轿壁和轿门组成。轿门一般分封闭式、中分式、双折式、双折中分式和直分式等几种。

对重装置：对重装置用于平衡轿厢负荷，一般为轿厢自重加 0.4～0.5 倍电梯额定载重量，它是用几十块铸铁块放于对重架构成的。

电气设备及控制装置：电气设备及控制装置由曳引电动机、选层器、传动及控制柜、轿厢操作盘、呼梯按钮和厅站指示器等组成。

2. 电梯的工作原理

虽然电梯的类型很多，但其主要部分的作用基本相同。如图 2-53 所示，其工作原理如下：首先，电梯主要由升降机械的电动机带动曳引轮，驱动曳引钢丝绳与悬吊装置，拖动轿厢和对重在井道内做相对运动，轿厢上升，对重下降；轿厢下降则对重上升。于是，轿厢就在井道中沿导轨上下运行。

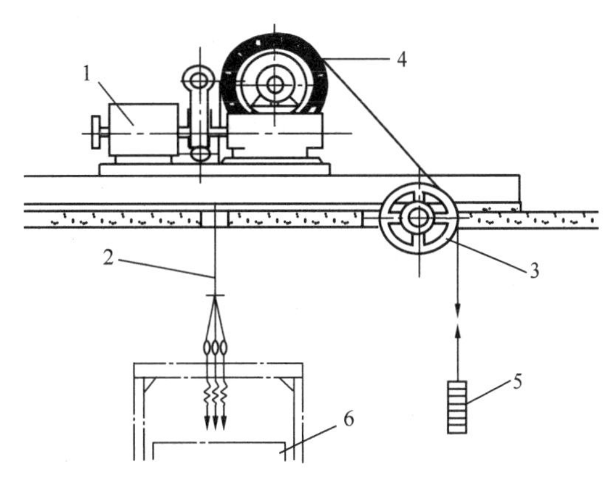

图 2-53　电梯工作原理
1—电动机；2—曳引钢丝绳；3—导向轮；
4—曳引轮；5—对重；6—轿厢

其次，电梯的轿厢和对重架两侧装有导靴，导靴从三个方面箍紧在导轨上，以便使轿厢和对重在水平方面准确定位。一旦发生运行超速或曳引钢丝绳拉力减弱的情况下，安装在轿厢上（有的在对重上）的安全钳启动，牢牢地把轿厢卡在导轨上，避免事故发生。如果当轿厢和对重的控制系统发生故障时急速坠落，为了避免与井道地面发生碰撞，在井道下部设置了挡铁和弹簧式缓冲器，以缓和着地时的冲击。

特别提示：

在智能建筑中，对电梯的启动加速、制动减速、正反向运行、调速精度、调速范围和动态响应等都提出了更高要求。因此，电梯系统通常自带计算机控制系统，其控制系统自成体系，相对独立，并且应留有相应的通信接口，用于与建筑设备自动化系统进行监测状态和数据信息的交换。因此，建筑设备自动化系统对电梯系统的监控绝大部分是“只监不控”的。

2.6.2　电梯系统监控

1. 电梯系统自身具备控制方式

近年来具有先进控制技术的电梯已日趋普及，但由于传统管理理念以及电梯制造商和建筑智能化设备供应商各自产品体系的相对独立性，在大多数的高层建筑中电梯监控均由电梯生产厂家成套供应，包括电梯控制器、群控器和楼层显示器等。电梯系统自身具备控制方式通常有以下两种方式：

1）集选控制方式：集选控制方式是常用的控制方式。“集选”的含义是，将各楼层候梯厅内的上、下召唤、轿厢指令、井道信息等外部信号综合在一起进行集中处理，从而使电梯自动地选择合理的运行方向和目的层站，自动完成启动、运行、减速、平层、开关门及显示、保护等一系列功能。

2）群控运行方式：群控运行方式是比较先进的自控方式，适用于大型建筑物（如大型办公楼、旅店、宾馆等）。它可以不断地对各厅站的召唤信号和轿厢内选层信号进行循环扫描，根据轿厢所在位置、上下方向停站数、轿内人数等因素来实时分析客流变化情况，自动选择最适合客流情况的输送方式，自动分配电梯至运行区域的各个不同服务区段，并实时监视，以便随时满足大楼各处的不同厅站的召唤。

无论何种控制方式的电梯，发生火灾时应与消防系统协同工作，普通电梯直驶首层，放客并切断电梯电源。消防电梯由应急电源供电，在首层待命。另外电梯还需配合安全防范系统协调工作，按照保安级别自动行驶至规定的停靠楼层，并对轿厢门进行监控。

2. 电梯与建筑设备管理系统的联系

（1）电梯接收来自消防中心的信号，与消防系统联动，普通电梯在火灾时返基站，消防梯投入使用。

（2）在电梯轿厢内装有摄像机，视频信号（也有带音频信号）送至监控中心，在监视器上显示轿厢内情况，有的还将电梯楼层信号字符发生器同时显示在监视器上，便于管理人员在电梯故障或发生意外事件时进行处理。

（3）电梯接收来自安防中心的信号，与安防系统联动，接到安防系统信号时，根据保安级别自动行驶到规定楼层，并对轿厢门实行监控。在一些重要场所也有将电梯纳入门禁区域控制的一部分，通常在电梯厅门口或电梯内装有读卡器，通过读卡确定乘客身份，以此来决定电梯是否运行或电梯停靠的楼层。

（4）在一些智能化要求较高场所，可使用手机 APP 呼梯。

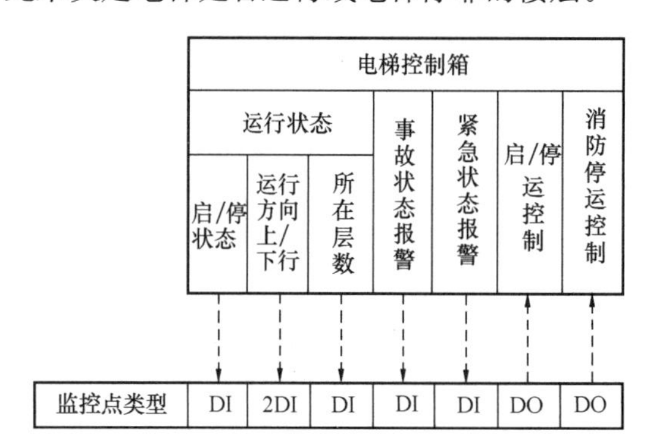

图 2-54　电梯运行状态监控原理图

电梯运行状态监控原理图见图 2-54 所示。建筑设备监控系统只监测它们的运行情况（工作状态，有时需要显示运行楼层信息）和故障信息。电梯系统运行参数的监测可通过第三方设备的通信接口进行监测。通常包括：

按时间程序设定的运行时间表启/停电梯，监视电梯运行状态，对电梯故障及紧急状况报警。运行状态监测包括启动/停止状态、运行方向、所处楼层位置等，通过自动检测并将结果送入现场控制器，动态地显示出各台电梯的实时状态。

故障检测包括电动机、电磁制动器等各种装置出现故障后，自动报警，并显示故障电梯的地点、发生故障时间、故障状态等。

紧急状况检测常包括火灾状况检测、地震状况检测、发生故障时是否关人等。一经发现，应立即报警。

3. 电梯监控平台人机界面显示内容

（1）轿厢外的运行状况。通过显示画面可以看到电梯的运动过程和开关门动作，并在每一层都设置三个图形标志，分别表示本层内选、上行外呼和下行外呼。它们的显示和更新与实际电梯的内选、外呼同步。

(2) 轿厢内的运行状况。以箭头形式表示动态显示电梯运行方向，电梯所到达的楼层（数字），其显示与实际轿厢中的显示同步，并显示轻载、满载、超载、检修、消防、急停等几个指示，实时显示电梯所处的状态及电梯运行速度等。

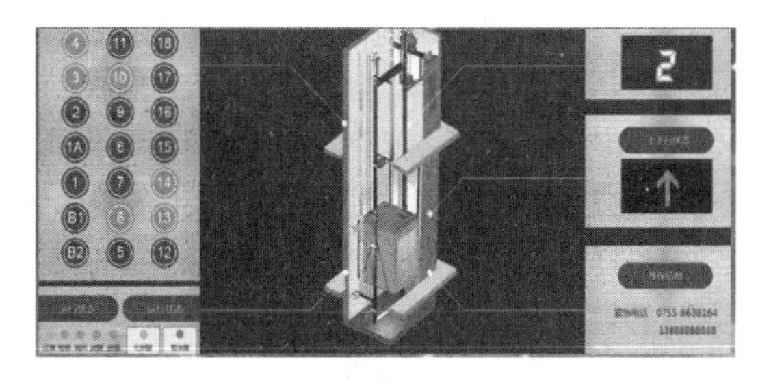

图 2-55　电梯系统监控界面

管理人员可以方便地在屏幕上通过以上画面观察到整个电梯的运行状态和几乎全部动、静态信息。如图 2-55 所示。

特别提示：

因为电梯一般是“只监不控”，一般楼宇不必设置电梯监测系统。电梯的集选、群控等由厂家自行完成，而建筑设备监控系统通过网关与其通信。随着互联网及云平台的技术发展，智能大厦对电梯的需求更高，例如，通过云平台在手机 APP 上，人们可以随时查看大厦每台电梯当前运行楼层状态，以此确定候梯时间，大大减少人们等待电梯的时间。

任务 2.7　建筑设备监控管理系统工程实施

 A2-7 **任务导入** 扫一扫看微课视频：建筑设备系统监控工程实施	任何一个系统工程都要经过严谨的设计和实施，那么智能建筑设备监控系统整体项目设计施工流程是怎样的？以整体项目的角度还要完成哪些具体工作？本任务阐述智能建筑设备系统监控设计实施流程
 B2-7 **任务目标** 扫一扫看工程案例：建筑设备监控点表工程案例	通过对智能建筑设备监控系统设计实施流程的认知，熟知建筑设备系统监控设计实施流程，了解相关现行设计施工规范，是做好工程项目的基本要求

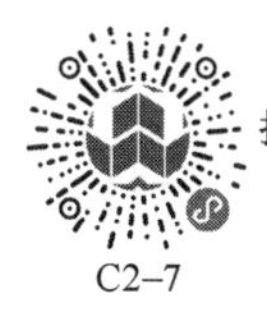
C2-7 扫一扫看：本任务PPT课件

D2-7 扫一扫看：本任务教案设计

2.7.1　建筑设备监控系统设计

建筑设备监控系统的设计步骤与其他的工程设计一样，具体分为方案设计、初步设计和施工图设计 3 个阶段。

1. 建筑设备监控系统的方案设计

在方案设计阶段，主要是规划建筑设备监控系统的大致功能和主要目标，并提出详细的可行性报告。方案设计文件应满足编制初步设计文件的需要。在方案设计阶段通常无需图纸，只需完成设计说明书和系统投资估算。

（1）设计说明书中应包括：设计依据、设计范围和内容、建筑设备监控系统的规模、控制方式和主要功能。

（2）根据建筑设备监控系统的规模和内容完成系统投资估算。

2. 建筑设备监控系统的初步设计

在初步设计阶段，作为建筑设备自动化监控系统的设计承包者，应向用户提供以下一些资料。

（1）工程项目设计说明书

其内容包括：建筑设备自动化监控系统设计依据、系统功能、系统组成、总监控点数及其分布，系统网络结构，系统硬件及其组态，软件种类及功能，系统供电（包括正常电源和备用电源），线路及其敷设方式。

（2）设计图纸

其内容包括：图纸目录、主要设备材料表、建筑设备自动化监控系统图、各子系统的监控原理图、控制室设备平面图等。

（3）设备（硬/软件）选型要求说明

3. 建筑设备监控系统的施工图设计

施工图设计文件应满足工程项目的施工需要，施工图文件的主要内容为图纸。施工图设计文件应包含以下内容。

（1）图纸目录

图纸目录中应包括：图纸名称、图号、图幅等。

（2）施工设计说明

施工设计说明中应包括：工程设计概况、建筑设备监控系统的监控范围和内容、控制室位置、主要建筑设备监测控制要求、现场控制器设置方式、电源与接地要求、系统施工要求和注意事项、其他要说明的问题。

（3）材料表

材料表应包括：主要线缆、穿管、电缆桥架的型号、规格、数量，传感器、阀门的规格、数量等。

（4）设备表

按工艺系统的顺序，详细列出建筑监控设备系统中各种设备的名称、规格、数量、测量范围、输入输出信号要求、工作条件、技术要求、型号等。

（5）建筑设备监控系统网络图

建筑设备监控系统网络图表示了大楼中建筑设备自动化系统的全部控制设备（从监控主机到现场控制器）之间的关系，图中应能表示出：建筑物内主机系统、网络设备和现场控制器的编号、数量、位置、网络连线关系等，还应表示出现场控制器所监控对象的主要内容和被监控设备的楼层分布位置及通信线路选择。网络图表示到现场控制器为止，见图2-56所示。

（6）电源分配原理图

电源分配图是表示建筑设备自动化监控系统的总体供电系统图，其中应表示：电源来源、配电至建筑设备监控系统控制室设备、各现场控制器控制箱及现场设备的方式和设备、管线编号。

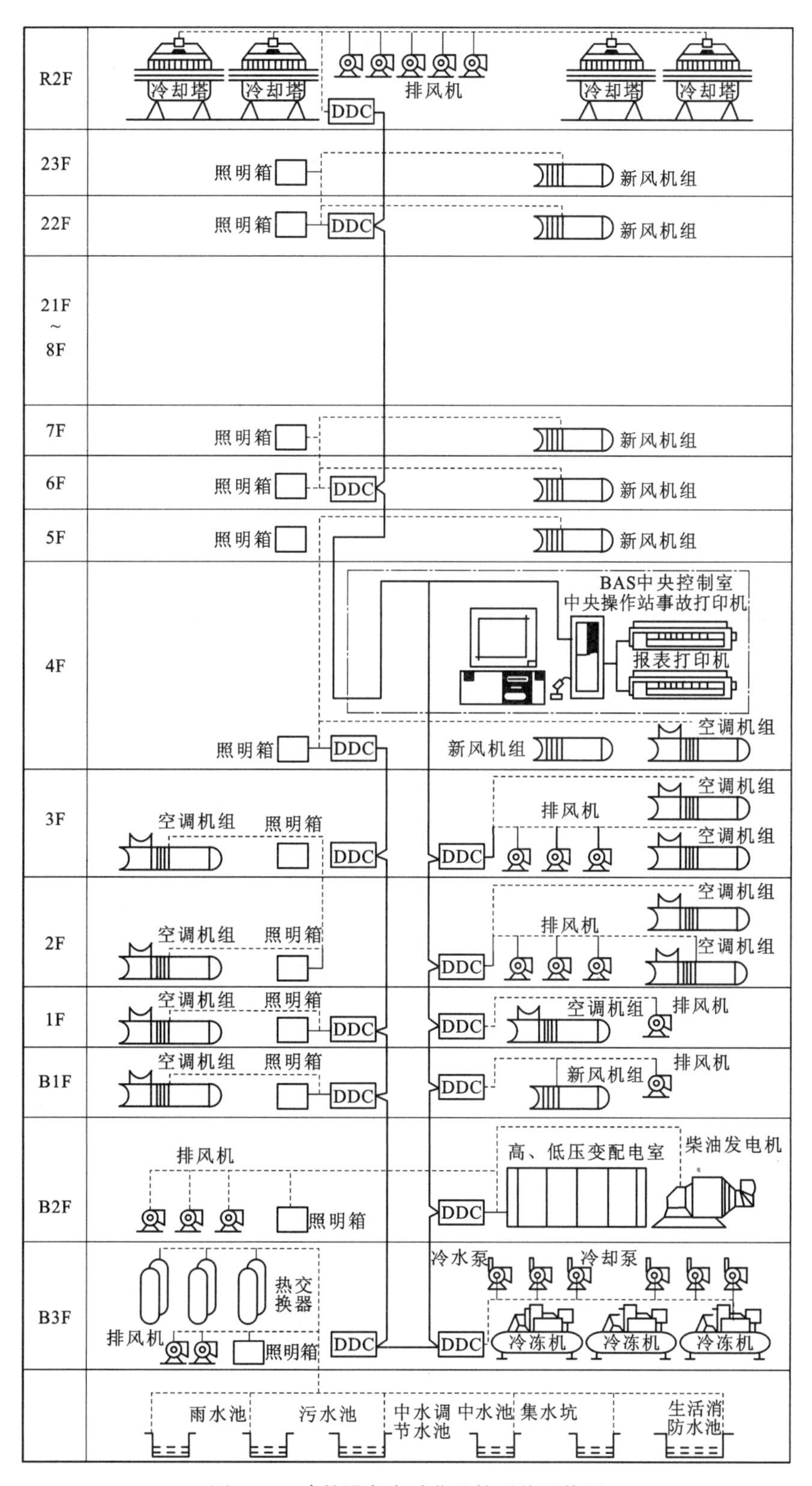

图 2-56　建筑设备自动化监控系统网络图

（7）各设备子系统监控系统原理图

设备子系统包括给水排水系统、冷冻站系统、热交换系统、空调系统、新风系统、送排风系统、供配电系统、照明系统等。监控系统原理管线图为表示该子系统的设备和工艺流程及建筑设备自动化系统对其进行监控的原理图，其中应注明子系统的工艺流程、仪表安装处的管道公称直径及参数、监控要求、监控点位置、接入现场控制器的 I/O 信号种类、现场控制器至每台现场仪表的电缆规格、编号等。

（8）建筑设备监控系统管线敷设平面图

建筑设备监控系统管线敷设平面图中应表示出被控工艺设备、现场仪表、现场控制器控制箱、中央控制室的位置及设备之间电缆、穿管、桥架的走向。

（9）建筑设备监控系统中央控制室设备平面布置图

图中应标出控制室安装设备位置的主要尺寸。

（10）建筑设备监控系统监控点表

统计建筑设备自动化监控系统监控点表。

特别提示：监控表的推荐格式

监控表的格式以简明、清晰为原则，根据选定的建筑物内各类设备的技术性能，有针对性地进行制表。建筑设备监控常用图形符号见表 2-7；推荐的系统监控点位表见表 2-8；各个现场控制器的监控点一览表见表 2-9。

建筑设备监控常用图形符号　　**表 2-7**

图形符号	说明	图形符号	说明
	风机		水冷机组
	水泵		冷却塔
	空气过滤器	×× ××　数字符号　数字符号	就地安装仪表
S	空气加热冷却器 S=＋为加热 S=－为冷却	×× ××　数字符号　数字符号	盘面安装仪表
	风门	×× ××　数字符号　数字符号	盘内安装仪表
	加湿器	×× ××　数字符号　数字符号	管道嵌装仪表

续表

图形符号	说明	图形符号	说明
	仪表盘 DDC 站	M	电磁阀
	热电偶	M	电动蝶阀
	热电阻	M	电动风门
	温度传感器	200×30	电缆桥架（宽×高）
M	电机二通阀	2010	电缆及编号
M	电动三通阀		电气配电，照明箱

直接数字控制器（DDC）监控点一览表　　　　表 2-8

项目		设备位号	通道号	DI 类型				DO 类型				模拟量输入点 AI 要求								模拟量输出点 AO 要求					DDC 供电电源引自	管线要求			
DDC 编号				接点输入	电压输入			接点输入	电压输出			信号类型						供电电源		信号类型			供电电源			导线规格	型号	管线编号	穿管直径
序号	监控点描述						其他				其他	温度（三线）	温度（二线）	湿度			其他		其他			其他		其他					
1																													
2																													
3																													
4																													
5																													
6																													
7																													
8																													
9																													
10																													
11																													
12																													
13																													
	合计																												

建筑设备管理系统监控点位表

表 2-9

			DI（数字量输入点）										AI（模拟量输入点）																DO（数字量输出点）					AO（模拟输出）			
	设备	数量	开关状态	故障报警	超温/压报警	过滤网压差	防冻开关	风流开关信号	水流开关	蝶阀状态	送风状态	水/油位高低	照度	送风温度	回风温/湿度	CI/PH监测	室内CO_2	室内CO	室外温湿度	水/油温度	流量	压力	电流	电压	电度	功率因数	有功功率	频率	风机起动	蝶阀开关	新风阀控制	回风阀控制	开关控制	冷热水阀控制	调节蝶阀控制	热水加热控制	点数小计
1. 冷热源设备监控子系统																																					
1	冷水机组																																				
2	冷水泵																																				
3	冷却水泵																																				
4	冷却塔																																				
5	膨胀水箱																																				
6	冷水压差旁通																																				
7	冷水总供水管																																				
8	冷水总回水管																																				
9	冷却水总供水管																																				
10	冷却水总回水管																																				
	小计																																				
	合计																																				
2. 新风空调设备监控子系统																																					
1	离心通风机（—F3）																																				
2	立柜式空调器（—F3）																																				
3	轴流通风机（—F2）																																				
4	立柜式空调器（—F2）																																				
5	离心通风机（—F1）																																				
6	立柜式空调器（—F1）																																				
7	新风处理机组（—F1）																																				
8	停车场环境（—F1）																																				
9	风机盘管总控（—F1）																																				
	小计																																				
	合计																																				
	点数总计																																				

2.7.2　建筑设备监控系统施工

建筑设备自动化监控系统的施工，除监控设备仪表的安装外，主要内容还有线路的敷设及供电与接地施工。

1. 建筑设备监控系统的线路敷设方法

(1) 现场管线敷设原则

建筑设备监控系统电缆管线敷设，应符合建筑电气设计的有关规范。实际工程应用中还应参照相应品牌设备的技术手册。

(2) 监控设备仪表信号控制电缆选择

监控设备仪表信号控制电缆宜采用截面为 1～1.5mm^2 的控制电缆，根据现场控制器要求选择电缆的规格，一般模拟量输入输出采用屏蔽电缆，开关量输入输出采用普通无屏蔽电缆。

(3) 通信线缆选择

现场控制器及监控主机之间的通信线，在设计阶段宜采用控制电缆或计算机专用电缆中的屏蔽双绞线。

(4) 电源线规格与截面选择

向每台现场控制器的供电容量，应包括现场控制器与其所带的现场监控设备仪表所需用电容量。宜选择铜芯控制或电力电缆，导线截面应符合电力设计相关规范，一般在 1.5～4.0mm^2 之间。

(5) 电缆穿管的选择

建筑设备监控系统中的信号线、电源线及通信线缆所穿保护管，宜采用焊接钢管，电缆面积总和与保护管内部面积的所占比例为 35%。

(6) 电缆桥架选择

在线缆较为集中的场所宜采用电缆桥架敷设方式。电缆桥架敷设时应使强弱电缆分开，当在同一桥架中敷设时，应在中间设置金属隔板。电缆在桥架中敷设时，电缆面积总和与桥架内部面积比一般应不大于 40%。

2. 建筑设备监控系统的供电与接地

(1) 供电方式

建筑设备监控系统的现场控制器和仪表采用集中供电方式，即从主控室放射性地向现场控制器和仪表敷设供电电缆，以便系统调试和日常维护。

(2) 接地方式

建筑设备监控系统的主控室设备、现场控制器和现场管线，均应良好接地。接地方式可采用集中的共用接地或单独接线方式。

3. 建筑设备监控系统的造价估算

在建筑设备监控系统的工程实施过程中，在方案设计、初步设计、施工图设计阶段及系统招标投标阶段，都要求对建筑设备监控系统的投资造价作出估算、概算和预算，针对不同阶段的要求，常采用以下投资造价的估算方法。

(1) 面积估算法

在系统尚未开始设计或未完全确定之前，根据建筑物的性质和面积，参照同类建筑中的建筑设备监控系统的投资，凭经验按照建筑面积估算建筑设备监控系统的投资，此即为面积估算法。多用于早期项目投资粗略估算，如方案设计阶段。

（2）点数估算法

在建筑设备监控系统设计到一定深度后，专业人员可根据机电设备的监控要求，设计或估算出建筑设备监控系统中各个子系统的总监控点数量，再按照监控点数估算。点数估算法比面积估算法准确度有所提高，多用于建筑物中机电设备的控制方案完成后的投资估算，如初步设计阶段。

（3）设备估算法

建筑设备监控系统设计完成后，根据系统监控功能、设备监控点表、设备材料表等详细图纸按照住房和城乡建设部或各省市地方的“建筑安装工程预算定额”中建筑设备监控系统有关部分的工程量进行逐项取费计算，得出准确的建筑设备监控系统投资费用。

项目小结

智能建筑设备监控管理系统是本书的重点之一，主要包括智能建筑中主要的运行设备即给水排水、暖通空调、供配电、照明、电梯监控系统。通过本项目理论知识的学习和基本技能实训，了解建筑设备监控管理系统的相关规范、工程设计及施工的基本内容和基本方法，学会绘制设备监控原理图及编制监控点表，熟悉设备监控组态软件，为从事建筑设备监控设计和施工打下基础。

技能训练3　建筑给水水泵启停控制软件组态

一、实训目的

1. 掌握DDC控制器、典型传感器接线；
2. 熟悉DDC组态软件的使用；
3. 能使用组态软件编制给水水泵启停开关逻辑控制。

二、实训所需材料、设备

1. 典型DDC控制器、水位传感器；
2. 典型DDC组态软件。

三、实训内容、步骤

1. 设计并绘制一个水箱给水系统监控原理图，并做出设备监控点设置表；
2. 按原理图选择DDC、传感器等，完成接线；
3. 软件组态给水水泵启停开关逻辑控制；
4. 调试、运行。

四、实训报告

1. 画出一个水箱两台水泵给水系统监控原理图；
2. 编制给水设备系统监控点表；
3. 运用软件组态给水水泵开关逻辑控制，并根据组态填写下表。

给水监控系统水泵运行开关逻辑组态

序号	监控点功能描述		监控点类型	逻辑状态描述(1/0)	逻辑控制结果	
	中文描述	组态符号表示				

技能训练 4　空调系统送风温度调节软件组态

一、实训目的

1. 掌握 DDC 控制器、典型传感器接线；
2. 熟悉 DDC 组态软件的使用；
3. 能使用组态软件编制空调系统送风温度调节。

二、实训所需材料、设备

1. 典型 DDC 控制器、温度传感器、电动调节水阀；
2. 典型 DDC 组态软件。

三、实训内容、步骤

1. 设计并绘制空调系统监控原理图，并做出设备监控点设置表；
2. 按原理图选择 DDC、传感器等，完成接线；
3. 软件组态空调系统送风温度模拟量调节控制；
4. 调试、运行。

四、实训报告

1. 画出空调系统监控原理图；
2. 编制空调系统监控点表；
3. 运用软件组态空调系统送风温度模拟量调节，并根据组态填写下表。

空调系统送风温度模拟量调节组态策略

序号	监控点功能描述		监控点类型	状态描述	调节控制结果	
	中文描述	组态符号表示				

技能训练 5　某智能建筑设备监控系统方案设计

一、实训目的

1. 掌握建筑给水排水系统监控原理，会做监控点设置表；

2. 掌握暖通空调系统监控原理，会做监控点设置表；

3. 掌握供配电、照明系统监控原理，会做监控点设置表；

4. 掌握建筑设备自动化系统设计标准。

二、实训场地与要求

1. 实训场地：计算机机房，每人一台电脑；

2. 3人为一小组，以小组为单位交1份大作业，提交完整电子文档；

3. 本实训课内4学时，课外在一周内完成。

三、实训内容、步骤

1. 教师提供某智能大楼给水系统图、制冷空调系统及平面图、供配电系统等施工图纸，在教师指导下识读图纸。

2. 参照附录2，建筑设备监控功能设置表，模仿本书项目7工程实例1形式，对该大楼的给水、制冷空调、供配电、照明及电梯系统做出监控设计方案，内容包括：

(1) 工程概述；

(2) 确定给水、制冷空调、供配电、照明及电梯系统监控功能；

(3) 画出BAS控制网络图；

(4) 各子系统监控原理图；

(5) 监控点总表；

(6) 监控设备清单。

四、实训报告

所有图表均整理成word文档，以小组为单位提交电子文档设计方案。

习题与思考题

一、选择题

1. 某物业大厦，生活水泵配电控制运行正常，但在自动给水系统中不能启动，有可能是监控系统中下列哪个设备出问题________。

A. 低水位启泵传感器　　B. 高水位停泵传感器

C. 溢流水位传感器　　D. 超低水位传感器

2. 见图2-15某大厦给水系统监控界面，如果当前1号水泵停止，2号水泵运转正常，其界面显示应为________。

A. 1号水泵运行状态显示绿色　　B. 1号水泵故障状态显示红色

C. 2号水泵运行状态显示绿色　　D. 2号水泵故障状态显示红色

3. 见图2-20某大厦排水系统监控界面，如果高水位报警显示红色，表示________。

A. 1号水泵故障　　B. 2号水泵故障

C. 水箱无水　　D. 水箱水满溢出

4. 见图2-33某大厦空调系统监控界面，如果室内温度较高，需要调低空气温度，在该图中需调节____。

A. 送风温度传感器　　B. 回风温度传感器

C. 冷水阀　　D. 空调风机

5. 见图2-38(a)某大厦冷水系统监控，下列哪个参数不属于此界面监控参数________。

A. 冷水泵运行状态　　B. 冷却泵运行状态

C. 冷冻机组运行状态　　　　　　　　D. 供回水压差

6. 见图 2-38（b）某大厦冷却水系统监控，如果冷却塔风扇发生事故不能运转，则该界面哪个参数显示变成红色________。

A. 冷却风扇运行状态　　　　　　　　B. 冷却风扇故障报警

C. 冷却泵运行状态　　　　　　　　D. 冷却泵故障报警

7. 参见图 2-33，如果室内温度较高，想调低空气温度需将冷水量调________。

A. 不变　　　　　　　　B. 小

C. 大　　　　　　　　D. 与冷水量无关

8. 某物业大厦，中央制冷空调系统运行正常，但温度显示明显与房间实际温度不同，有可能是监控系统中下列哪个设备出问题________。

A. 送风处温度传感器　　　　　　　　B. 回风处温度传感器

C. 新风处温度传感器

9. 空调风道过滤网堵塞，电脑监控会发出报警，图 2-33 中________显示报警。

A. 送风风门　　　　　　　　B. 过滤网压差传感器

C. 送风温度传感器　　　　　　　　D. 送风湿度传感器

10. 某物业配电室，高压供电 10kV，参见图 2-47，其监控界面应显示的位置是________。

A. 高压配电柜三相电压　　　　　　　　B. 低压配电柜三相电压

C. 图中供配电系统图的出线电压　　　　　　　　D. 在该界面无显示

二、练习题

1. 参照表 2-3 形式，将图 2-33、图 2-38（a）、图 2-38（b）某大厦制冷空调系统电脑监控界面做出监控点表。

2. 某工程的给水系统监控要求如下，根据图 2-57 请完成其监控原理图的绘制，并在图中标注各监控点。

监控要求：①水箱的液位有三个：溢流液位、启泵液位、停泵液位。当液位低于启泵液位时，由控制器给出水泵启动信号，当液位高于停泵液位时，由控制器给出水泵停止信号，当液位高于溢流液位时，控制系统发出报警信号。②水池的液位有三个：溢流液位、启泵液位、停泵液位。当液位高于启泵液位时，由控制器给出水泵启动信号，当液位低于停泵液位时，由控制器给出水泵停止信号，当液位高于溢流液位时，控制系统发出报警信号。③水泵控制和监测为：运行状态、故障状态、手/自动状态反馈及启停控制。

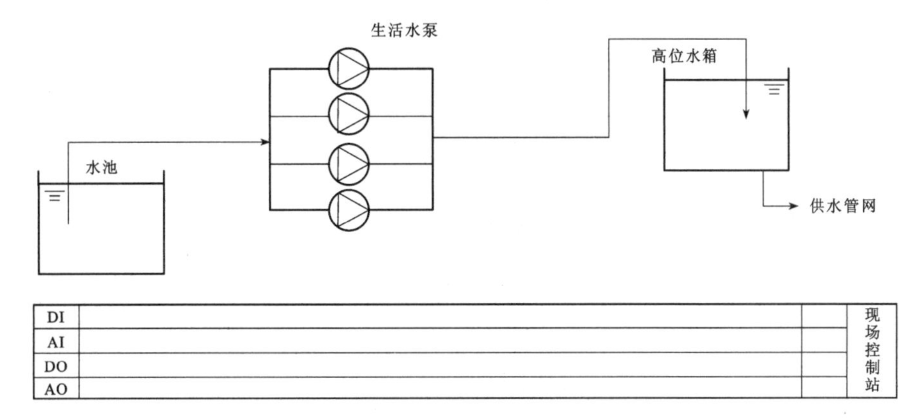

图 2-57　给水系统监控原理图绘制

3. 如图 2-58 所示某高层建筑分区给水监控系统原理图，参照表 2-3 形式，做出该系统监控点表。

4. 如图 2-59 所示某空气处理系统监控原理图，参照表 2-3 形式，做出该系统监控点表。

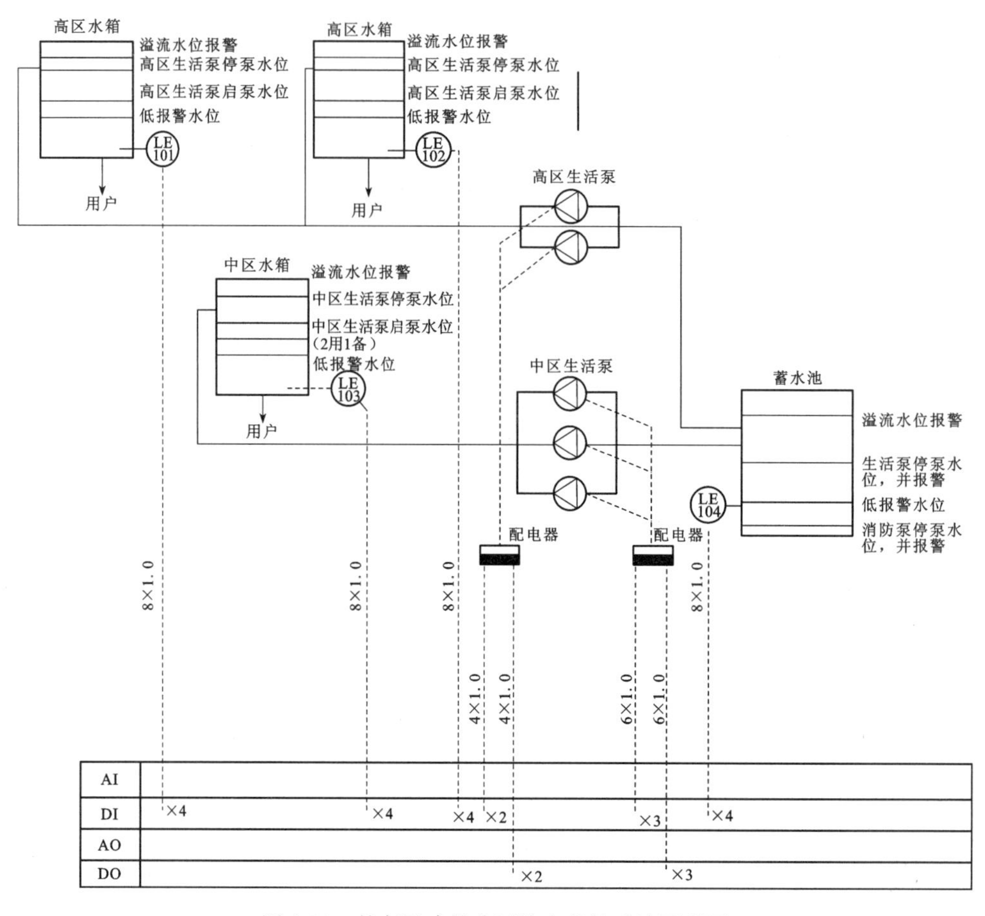

图 2-58　某高层建筑分区给水监控系统原理图

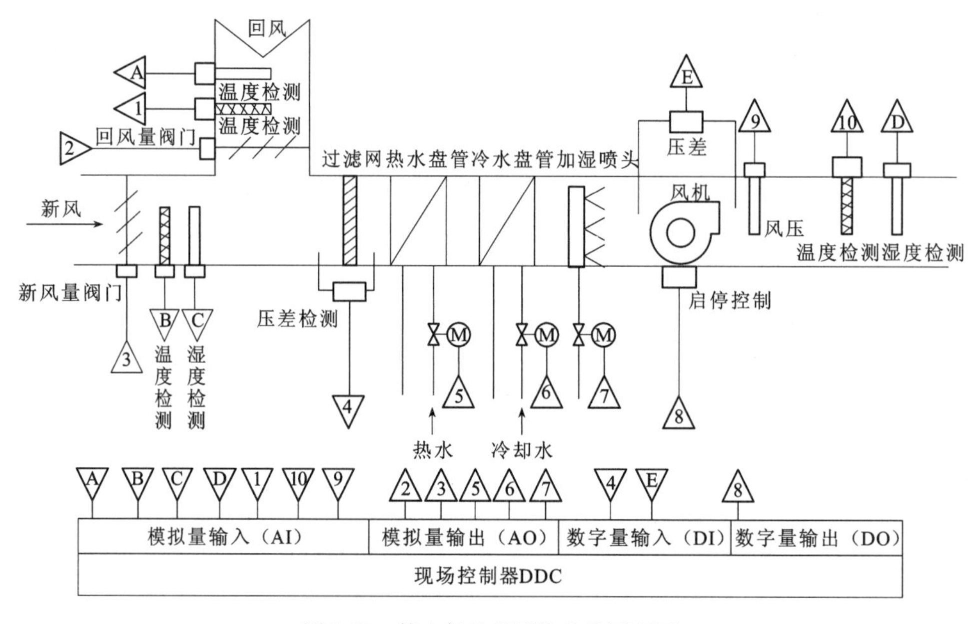

图 2-59　某空气处理系统监控原理图

5. 如图 2-60 所示某热力系统监控原理图，参照表 2-3 形式，参照本书后附表 2，做出该系统监控点表。

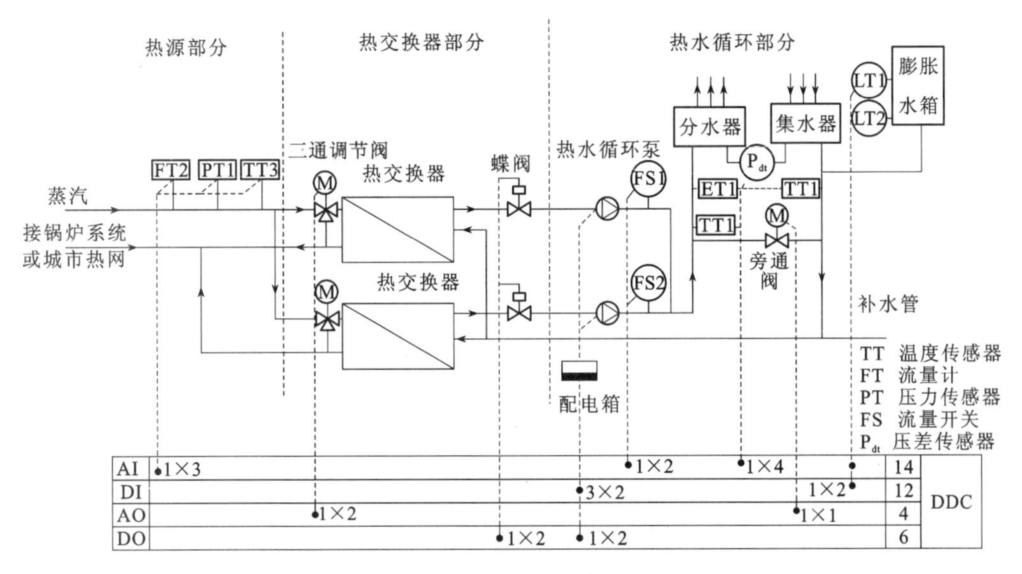

图 2-60 某热力系统监控原理图

项目3 智能建筑火灾自动报警及消防设备联动系统

本项目要点：火灾自动报警及消防设备联动系统是智能建筑公共安全系统之一，是为应对火灾突发事件，建立起应急及长效技术防范保障体系。学习本项目要求掌握火灾自动报警及消防联动系统设备设施、工作原理等知识，能够识读火灾自动报警及联动设备系统施工图表，掌握基本的安装施工技能。

线上、线下教学导航

<table>
<tr><td rowspan="5">教</td><td>重点知识</td><td>1. 火灾自动报警与消防设备联动各子系统组成、工作原理及作用。
2. 火灾自动报警控制器、火灾探测器的选用及设置安装。
3. 识读火灾自动报警与消防设备联动系统图、平面图</td></tr>
<tr><td>难点知识</td><td>1. 火灾自动报警与消防设备联动各子系统工作原理。
2. 识读火灾自动报警与消防设备联动系统图、平面图</td></tr>
<tr><td>推荐
教学方式</td><td>对重点知识处理：
1. 指导学生线上预习，通过微课视频、动画深入浅出讲解火灾报警与消防设备联动各子系统组成、工作原理及作用。
2. 火灾自动报警与消防设备联动系统结构与图3-1～图3-9对应讲解，使学生对概念清楚。
3. 线下实训并参照相关设计规范讲解火灾探测器的选用及设置。
4. 参照本书及线上工程实例，讲解若干火灾报警施工图纸。
对难点知识处理：
1. 指导学生线上预习，通过微课视频、动画讲解火灾报警与消防设备联动各子系统工作原理。
2. 消防设备的联动控制电路原理在此不做详细讲解，关注的学生可关联前续课程，自查相关资料</td></tr>
<tr><td rowspan="2">建议学时
（10学时）</td><td>理论6学时：参照线上学习资源，项目3微课、课件、自主测试等</td></tr>
<tr><td>实践4学时：参照本书技能训练6、7</td></tr>
<tr><td rowspan="3">学</td><td>推荐
学习方法</td><td>1. 线上预习，通过微课视频、动画掌握火灾报警与消防设备联动各子系统组成、工作原理及作用。
2. 各种火灾探测器可在相关网址搜索大量产品资料，阅读火灾报警系统相关设计规范，探测器的选择及布置规范均有规定。
3. 线上自主测试，巩固知识概念，通过技能训练，掌握火灾自动报警系统基本实施及施工图识读</td></tr>
<tr><td>必须掌握的
理论知识</td><td>1. 熟悉并掌握火灾自动报警与消防设备联动各子系统组成、工作原理及作用。
2. 熟悉并掌握火灾自动报警系统设备及功能</td></tr>
<tr><td>必须掌握的
技能</td><td>1. 能识读火灾自动报警系统图、平面图。
2. 能进行基本的火灾自动报警线路接线、调试</td></tr>
</table>

认知 3.1　火灾自动报警及消防设备联动系统

<table>
<tr><td>

认知导入

扫一扫看微课视频：智能建筑需要什么样的消防系统

A3-1

</td><td>“消防”顾名思义，就是防火、消灭火之意，理应防在前、消在后。现代化的高楼大厦再不能指望靠人工去防火灭火，那么智能建筑需要什么样的自救消防系统？本认知告知读者智能建筑火灾自动报警及消防设备联动系统组成及智慧消防</td></tr>
<tr><td>

认知目的

扫一扫看工程案例：建筑公共安全综合案例

B3-1

</td><td>通过对火灾自动报警及消防设备联动系统的认知，其目的是熟知一套完整的智能化消防系统由火灾自动报警及消防设备联动系统组成，分为“防”、“消”和“诱导疏散”三大部分，并了解智慧消防系统平台功能</td></tr>
</table>

扫一扫看：本认知PPT课件

C3-1

扫一扫看：本认知教案设计

D3-1

公共安全系统是建筑智能化系统的重要组成部分，参见图 1-1。公共安全系统包括火灾自动报警及消防联动系统、安全技术防范系统和应急响应系统等。参见图 3-1 所示。所以火灾自动报警与消防联动系统属于公共安全系统。

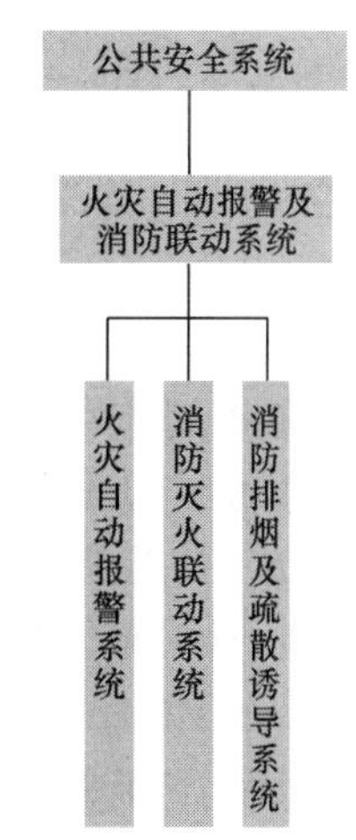

图 3-1　公共安全系统基本组成

3.1.1　火灾自动报警及消防设备联动系统认知

消防系统归属于公共安全系统。“消防”顾名思义，即防火、消灭火。在高楼大厦面前，传统的消防灭火措施显得无能为力，需建立一套火灾自动报警及消防设备联动系统。

1. 高层建筑的特点及火灾危害性

(1) 楼宇高、设备繁多、人员集中，高层建筑因为功能的多元化，不可避免地存在可燃物质和多种火源，而高层建筑的特点导致疏散的困难性及专业消防队扑救的困难性。当前国际上最先进的消防云梯也只不过七十多米，只能适用于 20 层以下的楼层。

(2) 高层楼宇的烟囱效应。高层楼宇内各种竖井林立，如电梯井、强弱电井、管道井等都是无形的烟囱，火灾时，烟雾火势因空间压力被吸收到竖井（烟囱）之中，在强大的抽力下很快向上扩散，竖井形成的烟囱效应是火灾的可怕帮凶。

(3) 高层楼宇所承受的风力大、雷击次数多。

由此可见，强化高层楼宇自防自救能力尤为重要。智能消防系统综合应用了自动检测技术、现代电子工程技术及计算机技术等高新技术，可以准确可靠地探测到火险所处的位置，自动发出警报，并据此对整个建筑内的消防灭火设备、配电、照明、广播以及电梯等装置进行联动控制，实现自动探测、自动灭火及自动启动疏散诱导装置，将火灾风险控制到最低。

2. 火灾自动报警及消防联动系统组成

一套完整的智能化消防系统由火灾自动报警及消防设备联动系统组成，分为“防”、“消”和“排烟诱导疏散”三部分（后两部分也称为消防设备联动系统），由若干子系统组成，其结构框架如图 3-2 所示。

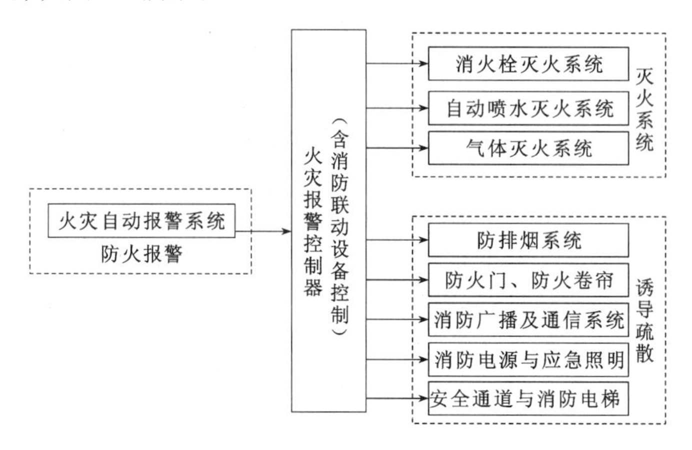

图 3-2　火灾自动报警及消防设备联动系统组成

“防火”也即探测并警示火灾的发生，主要由火灾自动报警系统完成；“灭火”即扑灭火灾，常用的灭火系统包括消火栓系统、自动喷水系统、气体灭火系统等；“诱导疏散”指在火灾发生过程中，通过对楼宇设备的联动控制，排散烟气，及时疏散人群，把火灾危害控制到最低，诱导疏散系统有防排烟系统、防火门防火卷帘、消防广播及通信系统等系统。

在这样一套复杂的系统中，其控制核心是消防报警联动控制器，它接收火灾自动报警系统的探测信号（通过连接的火灾探测器、手动报警按钮等），并向灭火系统和防排烟诱导疏散系统发出设备启动指令（通过控制模块，连接到相应灭火、疏散等控制设备），因此称为火灾报警及消防设备联动系统。

3. 火灾报警与消防联动监控系统结构

智能建筑的火灾报警与消防联动系统结构采用总线式系统结构，参见图 1-8 所示。随着微电子学和通信技术的发展，过程控制的一些功能进一步分散下移，出现了各种智能现场仪表。这些智能传感器、探测器、执行器等不仅可以简化布线，网络上传输的是双向的数字信号，而且便于共享数据以及在线自检。

火灾报警与消防联动控制器是监控核心设备，以总线方式连接各种智能火灾探测器，用以火灾报警；其灭火及疏散诱导设备通过智能控制模块与设备电气控制箱连接，用以灭火及疏散，其系统示意图如图 3-3 所示。

3.1.2　智慧消防

1. 智慧消防概念

智慧消防是以火灾自动报警及消防联动设备为核心，应用人工智能、云计算、大数据、物联网等技术，依托有线、无线、移动互联网等现代通信手段，对火灾预防、灭火救援等进行信息获取、通信、处理、研判、应用，对城市消防基础设施、建筑消防设施及消防装备等设备进行互联、监控，提高管理效率和技术防范水平。因此智慧消防系统是基于

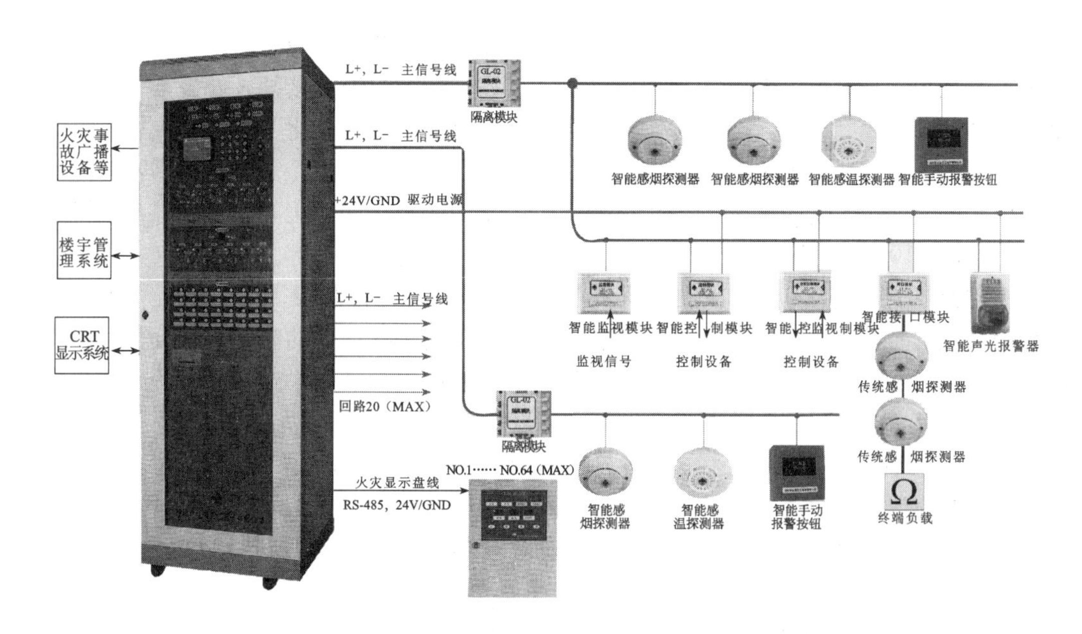

图 3-3　总线式火灾报警与消防联动系统组成示意图

信息化、智能化社会管理与服务的一种新的消防管理形态。

智慧消防是将“硬件＋软件＋平台＋服务”这四个基本点有机结合一起，硬件上结合火灾探测传感器终端以及消防联动设备，软件平台连接消防基础数据采集设备、显示终端、物联网、云平台等，并为现代化的消防工作管理、智慧化的大数据应用提供解决方案，为各方创造价值。简而言之，就是政府部门通过智慧消防云平台，实现对整个社会消防工作的监管、决策、调动，企业商家通过智慧消防平台为系统提供远程运维服务，社会个体身处其中，能够更直接地参与到身边的消防活动中去，真正实现全民消防，全社会受益。

2. 智慧消防系统功能

智慧消防系统将“政府的决策管理、消防监管、应急指挥”、“消防企业的设备维保、运营服务”以及“物业业主用户服务”有机统一起来，依托于地理信息技术、图形学技术、通信技术、物联网技术、大数据分析技术等先进技手段，对消防终端设备采集的数据进行管理与分析，根据不同业务的需求进行“预案式”推送和执行，让每一种平台都能达到自我监控、自我管理、协同处理的能力。典型智慧消防平台解决方案示例见图 3-4，其功能如下：

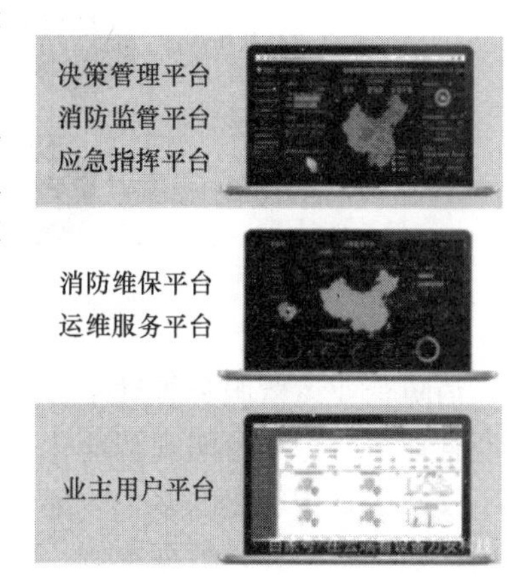

图 3-4　典型智慧消防平台解决方案

（1）智慧消防系统在政府的决策管理、消防监管、应急指挥方面功能

智慧消防系统是智慧城市应急管理系统的重要组成之一。智慧消防系统将全球卫星定位系统（GPS）、地理信息系统（GIS）、无线移动通信系统（GSM）和计算机、网络等现代高新技术集于一体的消防服务系

统，它成功地解决了消防、电信、建筑、供电、交通等公共服务协调的问题。由于消防指挥中心与用户单位联网，改变了过去传统、落后和被动的报警、接警、处警方式，实现了报警自动化、接警智能化、处警预案化、管理网络化、服务专业化、科技现代化，大大减少了中间环节，极大地提高了处警速度，真正做到了方便、快捷、安全、可靠，使人民生命、财产的安全以及警员生命的安全得到最大限度的保护。如果把智慧消防系统称为119系统，它同110、122系统一样属于“城市智能综合应急报警系统”。

消防监督管理平台包括“救援一张图”、城市物联网远程监控、灭火救援管理、社会单位数字化管理等模块，根本上解决了各级部门关于消防管理上的难题，充分利用物联网技术来提高社会化消防安全治理水平，来完善灭火救援决策指挥模式，提升各类灾害事故处置综合效能。

(2) 智慧消防系统对消防设备维保、企业运营服务方面功能

消防维保管理平台是针对专门承担建筑消防设施维护和保养工作的维保公司使用的管理平台，平台通过物联网技术，实时收集各类消防设备相关数据，进行数据计算与处理。例如火灾报警系统数据、电气火灾监控系统数据、气体灭火监控系统数据、防火门监控系统数据、消防水系统数据、消防设备状态数据，甚至包括安防视频数据等。消防维保扮演着消防设备“全职保姆”的角色，为企业和用户的安全保驾护航。

(3) 智慧消防系统对业主用户服务方面功能

在智慧消防系统平台上，详细记录业主用户信息，为消防部门、监管部门、维保企业等分别提供相关信息与依据。

【例3-1】某企业消防维保管理平台解决方案。

图3-5消防维保管理平台不是一个单独运行的平台，它可以协同企业运营服务管理平台协同作用。当企业运营服务平台发起业务请求时，相应的消防维保管理平台会启动对应的业务提醒，经平台综合分析后，会自动生成相应的业务维护保养计划，分派给相应的维护保养人员，进行设备检查与维护，企业与维保单位的业务流程全部在平台间完成交互。

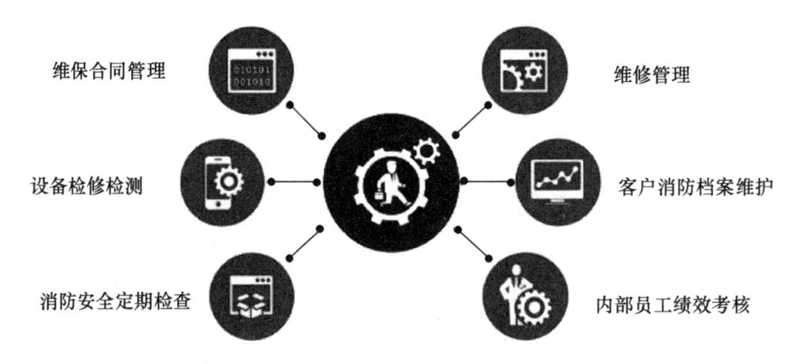

图3-5　消防设备设施维保管理平台功能模块

消防企业运营服务管理平台是把传统企业管理平台与智慧消防物联网进行融合的一个新型管理平台。平台实现智能化管理、一体化操作，是一个面向企业管理层的管理工具。它不仅涵盖管理职能的多个方面，如行政、考勤、项目等的管理，还增加了消防业务板块应用，如设备管理，数据查询、险情处理等。平台解决的不是一个方面的问题，企业所有的管理者都可以在这个统一的平台之上工作，并且相互“协同”。

知识链接：火灾自动报警系统的发展历程

在人类与火灾搏斗的漫长岁月中，人们主要是依靠感觉器官（如眼、耳等）来发现火灾的。根据史料记载，世界上的古老城镇，大多建有瞭望塔，由瞭望员站在瞭望塔上观察烟雾及火焰，发现火灾，向人们报警并通知人们灭火，此种方式一直沿用到 19 世纪中叶。

1847 年，美国牙科医生 Charmning 和缅甸大学教授 Farmer 研究出世界上第一台城镇火灾报警发送装置，人类从此进入了开发火灾自动报警系统的时代。在此后一个多世纪中，火灾自动报警系统的发展共经历了五代产品。

（1）传统的（多线制开关量式）火灾自动报警系统，这是第一代产品（19 世纪 40 年代到 20 世纪 70 年代期间）。

（2）总线制可寻址开关量式火灾探测报警系统（在 20 世纪 80 年代初形成），这是第二代产品。每只探测器均设置地址编码，控制器增设编程功能、火灾显示、故障显示等功能，系统规模容量大大提升，但对火灾的判断和报警信号的发送仍由探测器决定。

（3）模拟量传输式智能火灾报警系统（20 世纪 80 年代后期出现），即把探测器的模拟信号不断送到控制器去评估判断，控制器用适当的算法辨别火灾发生的真实性及其发展程度，对火灾的判断和报警信号的发送由控制器决定。控制器具备初级智能，探测器无智能。

（4）分布式智能火灾自动报警系统（出现在 20 世纪 90 年代），探测器本身具有智能，可对火灾信号进行分析和处理，然后将判断信息送给控制器，控制器接收信息并对总体探测器运行状态进行分析和判断。由于探测部分和控制部分的双重智能处理，使系统灵敏度提高、误报率降低、运行能力大大提高。

（5）无线火灾自动报警系统（同时出现在 20 世纪 90 年代），无线系统以无线电波为传播媒体，适用于不宜布线的楼宇、工厂、仓库等，也适用于改造工程。

纵观火灾自动报警系统的发展史，产品更新换代的周期越来越短，其发展速度越来越快，随着人工智能、物联网、大数据等技术发展融合，未来火灾探测及报警技术将呈现误报率不断降低、探测性能越来越完善的趋势。

任务 3.2　火灾自动报警系统

任务导入  扫一扫看系列动画：火灾报警系统如何实现自动报警 A3–2	大楼起火，火灾初期第一反应是什么？报警啊！谁来报警？偌大的建筑物是如何达到方方面面、边边角角、24 小时分分钟监视火情？又是通过什么方式第一时间知道起火位置？本任务解决智能建筑火灾自动报警系统是如何工作的，及其基本线路实施
任务目标  扫一扫看工程案例：火灾探测报警系统案例 B3–2	通过对智能建筑火灾自动系统工作原理的认知，熟知火灾自动系统的监控功能，了解不同种类火灾探测器应用场合，能接线完成一个基本的火灾自动报警系统

扫一扫看：本任务PPT课件

C3–2

扫一扫看：本任务教案设计

D3–2

3.2.1　火灾自动报警系统认知

火灾自动报警系统是整个消防系统的关键部分，通过在建筑物中设置自动火灾探测装置和手动报警装置，它们好比火灾探测的“眼睛”，在火灾发生的初期及早探测到火灾，可将损失降低到最低。在消防系统中起到“防范”作用。

1. 火灾自动报警系统组成及工作原理

火灾自动报警系统是通过设置在建筑物中的自动火灾探测装置和手动报警装置，可以在火灾发生的初期自动探测到火灾，并通过报警控制装置传递给消防控制中心，发出火灾警报。

火灾自动报警系统（如图3-6所示）的工作原理：在火灾发生的初期，系统通过设置在现场的感烟、感温和感光等探测器自动接收火灾燃烧所产生的烟雾、温度变化和热辐射等物理量信号，并将其转换成电信号输入火灾报警控制器。控制器对输入的信号与内存储的现场正常整定值进行比较、处理分析，判断是否火灾。当确认发生火灾时，在报警器上发出声光报警，同时向火灾现场发出声光报警信号，并启动相应灭火及疏散联动的设备。除现场探测器自动探测外，系统还设有现场手动报警按钮，该信号同样传送到火灾报警控制器。

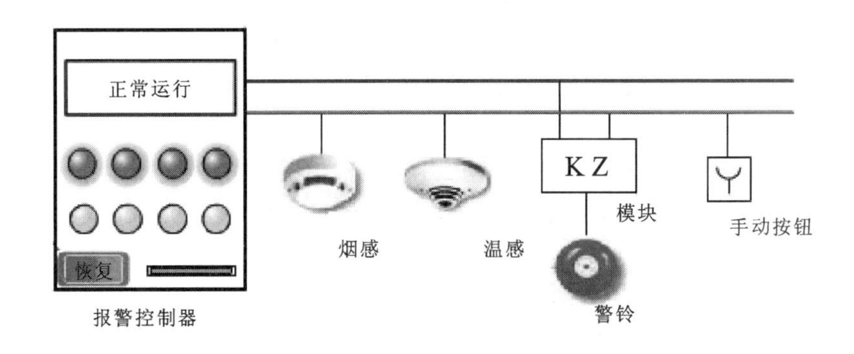

图3-6　火灾自动报警系统示意图

2. 火灾自动报警系统典型设备

火灾自动报警系统典型设备包括各种火灾探测传感器、手动报警按钮、报警控制器等，见图3-7所示。

（1）火灾探测传感器

火灾探测传感器（简称火灾探测器、火灾探头）是指用来响应其附近区域由火灾产生的物理和（或）化学现象的探测器件。它的作用是火灾报警系统的传感部分，能在现场输送火灾信号向控制装置。

目前市场上探测器有智能型和普通型，智能型探测器内置CPU芯片，自身具备分析判断功能，但在感应探测原理上，两者没什么区别。因此火灾探测器根据其探测原理及功能一般分为感烟火灾探测器、感温火灾探测器、感光火灾探测器等类型。

1）感烟火灾探测器

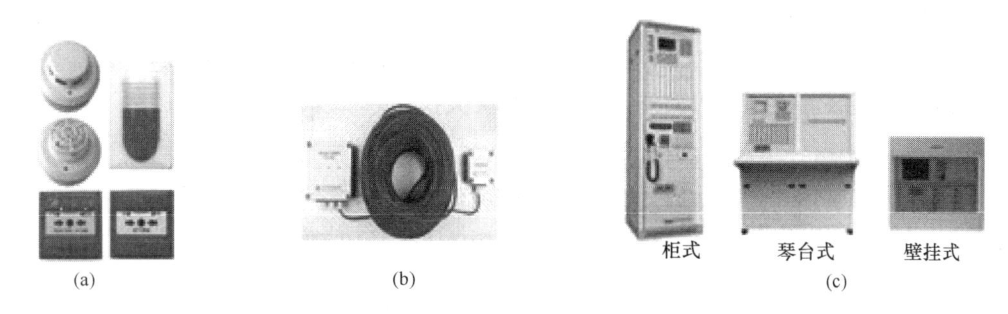

(a)　(b)　(c)

图 3-7　典型火灾自动报警设备
(a) 火灾探测器与报警按钮；(b) 线型火灾探测器；(c) 各种火灾报警控制装置

感烟火灾探测器是一种感知燃烧或热分解产生的固体或液体微粒，用于探测火灾初期的烟雾并发出火灾报警信号的传感器。点型感烟探测器一般有离子感烟探测器、光电感烟探测器等，常用于办公楼、商场、酒店等场所。

2）感温火灾探测器

感温火灾探测器是一种对警戒范围内的温度进行监测的传感器，感测温度达到一定设定值时发出报警信号。点型感温探测器一般有定温火灾探测器、差温火灾探测器等，常用于汽车库、厨房以及吸烟室等不宜安装感烟探测器的场所。

3）线型火灾探测器

前两种探测器均是点型探测器，一般适用于高度小于 8m 的建筑物，对于空间大跨度的场馆、隧道、变电站等场所，通常采用线型火灾探测器。常用的线型火灾探测器有红外光束感烟探测器，探测器发射和接收红外线，如果有烟雾扩散到测量区，烟雾粒子对红外光束起到吸收和散射的作用，使到达受光元件的光信号减弱，当光信号减弱到一定程度时，探测器就发出火灾报警信号。

4）复合型火灾探测器

复合型火灾探测器是两种或三种以上不同类型探测器的功能协调地复合在一个探测器中，既是一种多维的传感器，又是一种智能型装置。这样不但大幅度提高了可靠辨别真实与虚假火灾的能力，还对不同类型的火灾都具有较高的灵敏度。

（2）手动火灾报警按钮

手动火灾报警按钮是用手动方式产生火灾报警信号，启动火灾自动报警系统的器件。为了提高火灾报警系统的可靠性，在火灾自动报警系统中，除了设置火灾自动探测器外，还应设置手动触发装置。手动火灾报警按钮应设置在明显和便于操作的地方，宜设置在公共活动场所的出入口处；有消火栓的，应尽量设在消火栓的位置。手动火灾报警按钮可兼有消火栓泵启动按钮的功能。

（3）火灾自动报警控制器

火灾报警控制器是一种具有对火灾探测器供电、接收、显示和传输火灾报警等信号，并能对消防设备发出控制指令的自动报警装置。火灾报警控制器按外观形式有琴台式、柜式、壁挂式等，主要功能包括报警及报警地址显示、控制显示、计时、联动连锁控制、信息传输处理等。

特别提示：

报警控制器通常设在大楼的消防控制中心，它可单独作为火灾自动报警用，也可与消防灭火系统联动，组成自动报警联动控制系统。报警控制器是火灾信息处理和报警控制的核心，最终通过联动控制装置实施消防控制和灭火操作。

3.2.2　火灾自动报警系统线路实施

火灾自动报警及消防设备联动系统是一套规模庞大系统，系统设计、施工应符合现行国家标准《火灾自动报警系统设计规范》GB 50116—2013 和《建筑设计防火规范》GB 50016—2014（2018 年版）等有关规定。

1. 火灾自动报警系统线制

火灾自动报警系统的监控结构在这里我们也可称其为线制。无论是火灾自动报警系统，还是安全防范系统，探测器与报警控制器的连接方式，常常碰到一个问题，就是它们线制如何？线制是指探测器和控制器之间的传输线的线数，根据控制器与探测器之间采用并行传输还是串行传输的方式而选用不同的线制，一般分有多线制、总线制和混合制。

（1）多线制连接方式

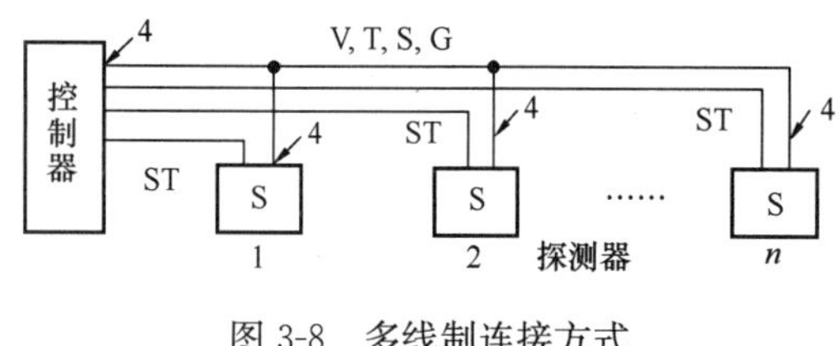

图 3-8　多线制连接方式

多线制是指每个探测器与控制器之间都有独立的信号回路，探测器之间是相对独立的，所有探测信号对于控制器是并行输入的，这种方法又称点对点连接，一般只用于小用户，如小型歌厅等场所。多线制连接方式如图 3-8 所示。

多线制有 $n+4$ 线制，n 为探测器，每个探测器设一根选通线（ST），当某根选通线处于有效电平时，在信号线上传输的信息才是该探测部位的状态信号。4 指公用线为电源线（24V）、地线（G）、信号线（S）和自诊断线（T）。

（2）总线制连接方式

总线制连接方式采用两条至四条导线构成总线回路，把所有的探测器与之并联。总线制采用编码选址技术，每只探测器有一个编码电路，使控制器正确地报警到具体探测部位，调试安装简化，系统的运行可靠性大为提高。总线制用线量少，设计施工方便，因此被广泛使用。

如图 3-9 为四总线制连接方式。P 线给出探测器的电源、编码、选址信号；T 线给出自检信号，判断探测器部位或传输线是否有故障；S 线是控制器从该线获得探测部位的信息；G 线为公共地线。

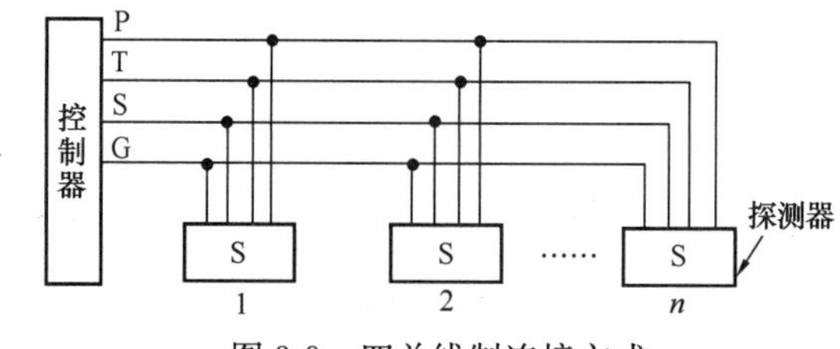

图 3-9　四总线制连接方式

二总线制连接方式比四总线制用线量更少，但技术的复杂性和难度也相应提高，二总线制的连接方式有树状和环状两种，如图 3-10 所示。P 线完成供电、选址、自检、获取信息等功能；G 线为公共地线。

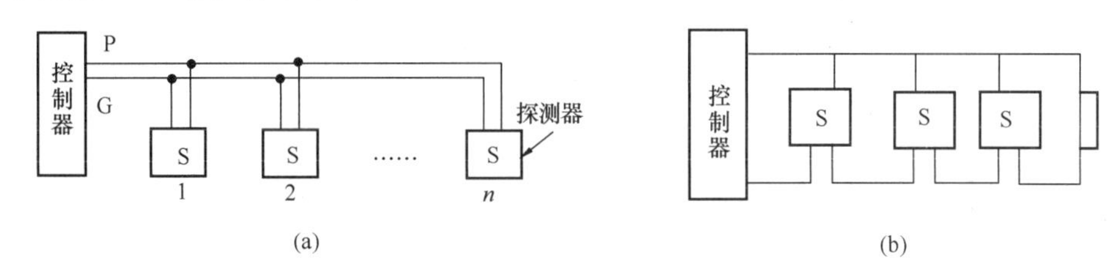

图 3-10　二总线制连接方式

(a) 二总线制树状连接方式；(b) 二总线环状连接方式

特别提示：

火灾报警控制器与本书项目 4 安防控制器类同，与探测传感器及执行模块的连接采用总线制或多线制。因该类线路输入输出基本是开关量性质，没有模拟量，不同于项目 2 所述的直接数字控制器（DDC）。因此项目 3 的消防系统和项目 4 的安防系统多采用本书图 1-9 所示现场总线式建筑设备监控系统结构，相应软件编程也不采用组态方式，而使用模板或表格方式。

2. 基本的火灾自动报警系统线路实施

火灾自动报警设备安装一般要求如下。

(1) 火灾自动报警系统施工安装的专业性很强，施工安装必须经有批准权限的公安消防监督机构批准，并由有许可证的安装单位承担。

(2) 施工单位在施工前不仅应具有（通常由设计院提供）火灾自动报警系统平面图、系统图，还应具有（通常由产品厂家提供）报警设备安装尺寸图、接线图以及一些必要的设备安装技术文件。

(3) 火灾自动报警系统的安装应符合《火灾自动报警系统施工及验收标准》GB 50166—2013 的规定，并满足设计图纸和设计说明书的要求。

(4) 火灾自动报警系统的设备应选用经国家消防电子产品质量监督检验测试中心检测合格的产品。

(5) 系统安装完毕后，安装单位应提交变更设计部分的实际施工图、安装技术记录、检验报告、安装竣工报告等。

通常来讲，火灾自动报警设备的种类、型号、厂家不同，其安装接线有很大的不同，安装前一定要详看厂家提供的产品说明书及接线图。下面举例某品牌、型号的产品接线实例。

【例 3-2】选用某公司生产的智能（编码）探测器和常规（普通）探测器安装接线图如图 3-11 所示，图 3-11（c）和图 3-11（d）中 FA100 为控制器接线端子，以二总线方式，将探测器并联或串连接在某一回路上，构成一个基本的火灾自动报警系统。

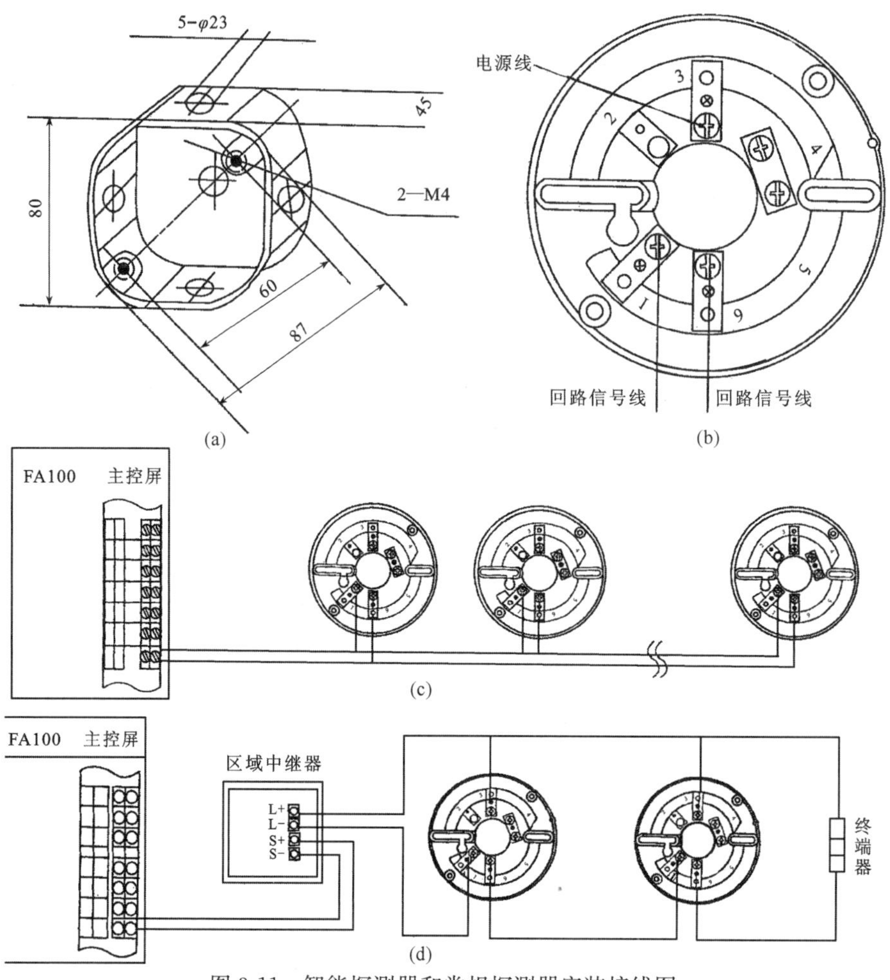

图 3-11　智能探测器和常规探测器安装接线图

(a) 探测器预埋盒的安装尺寸；(b) 底座端子接线；(c) 一个回路中多只智能探测器串联连接；

(d) 一个回路中多只常规探测器并联连接

任务 3.3　消防灭火设备联动控制系统

<table>
<tr>
<td>
A3-3
任务导入
扫一扫看系列动画：消防灭火系统如何实现自动灭火</td>
<td>现代城市高楼林立，一旦发生火灾，靠室外消防水带和消防云梯是达不到高度的。那么高层建筑发生火灾怎么办？要靠自身的灭火系统自救。本任务解决建筑消防灭火系统是如何实现“联动”及其基本线路实施</td>
</tr>
<tr>
<td>
B3-3
任务目标
扫一扫看工程案例：消防联动灭火控制系统案例</td>
<td>通过对智能建筑消防自动灭火系统工作原理的认知，了解不同种类灭火系统工作原理，熟知消防自动灭火子系统的监控功能，能接线完成一个基本的消防自动灭火系统</td>
</tr>
</table>

C3-3
扫一扫看：本任务PPT课件

D3-3
扫一扫看：本任务教案设计

3.3.1　消防灭火设备联动系统认知

能够自动报警但不能自动灭火的消防系统对现代高层建筑没有太大的实际意义，因此高层建筑自救的关键是建立一套自动启动灭火装置的设备联动控制系统。消防灭火系统包括消火栓系统、自动喷水系统、气体灭火系统等，常用的灭火介质采用水，特殊场合采用无毒气体或泡沫。

所谓消防联动，是指当发生火灾后，火灾报警控制器接收并处理来自探测器等报警点数据，然后对其配套执行装置发出控制执行指令，实现对各类消防设备的控制，相当于整个火灾自动报警控制系统的“手和脚”。消防灭火系统联动控制的设备主要有消防泵、喷淋泵、气体瓶阀门等。

1. 消火栓灭火系统

消火栓灭火系统工作原理示意图见图 3-12，图中粗体线表示消火栓水管网，细线表示报警控制信号传输线路。室内消火栓灭火是最基本最常用的灭火方式，是利用在楼体内敷设消火栓水管网，由人操纵水枪进行灭火的固定设备。当建筑物某处发生火灾时，就击碎该区域的消火栓玻璃，按报警按钮进行报警，此信号传递给报警控制器，控制器判断并显示消火栓部位所在楼层或防火分区，消防报警联动控制器启动相应的消防泵为消火栓供水，致使管网提供一定压力的消防水，灭火人员取枪开栓灭火。

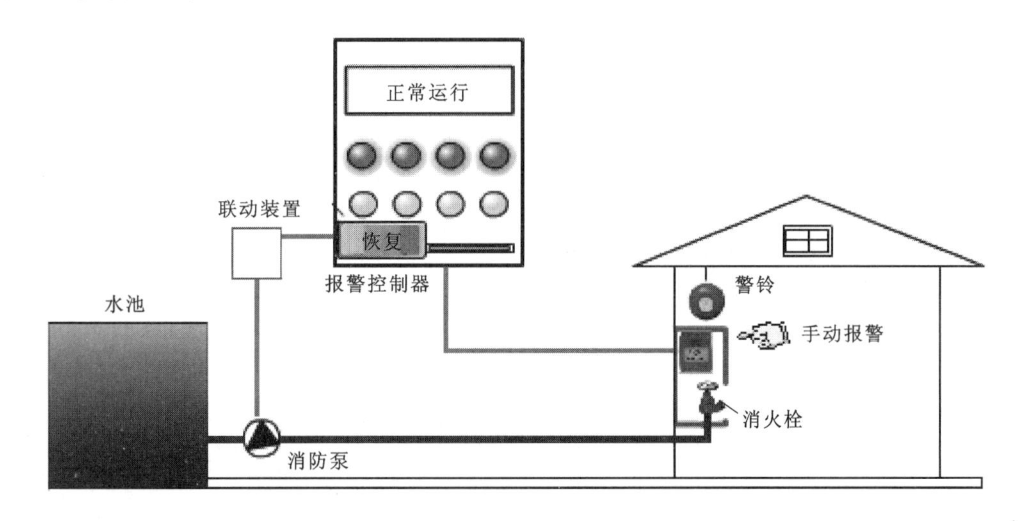

图 3-12　消火栓灭火系统示意图

消火栓灭火系统主要组成应包括水源来向（即水池、大型供水站等）、水泵、管网、消火栓、水龙带、水龙头、报警按钮等。图 3-13 为消火栓箱。

消防控制设备对室内消火栓系统应有下列控制、显示功能：控制系统的启、停；显示消火栓按钮启动的位置；显示消防水泵的工作与故障状态。

2. 自动喷水灭火系统

自动喷水灭火系统工作原理示意图见图 3-14，图中粗体线表示喷淋水管网，细线表示报警控制信号传输线路。自动喷水灭火系统是一种固定式灭火系统，在楼体内敷设带有喷淋装置的消防水管网，其供水与消火栓系统大致相同，但自救灭火效果比消火栓要先进得多。喷淋水管网上装设有喷淋头，喷淋头内设置装有红色热敏液体的玻璃球，当火灾发

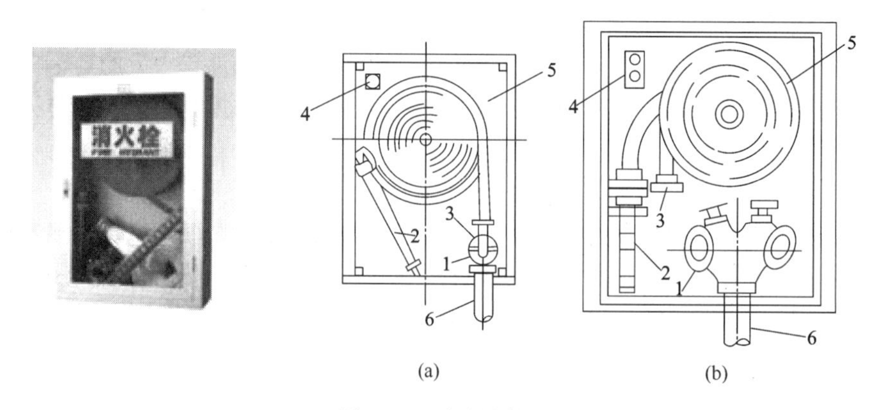

图 3-13 消火栓箱

(a) 单出口消火栓；(b) 双出口消火栓

1—消火栓；2—水枪；3—水龙带；4—按钮；5—水带；6—消防管道

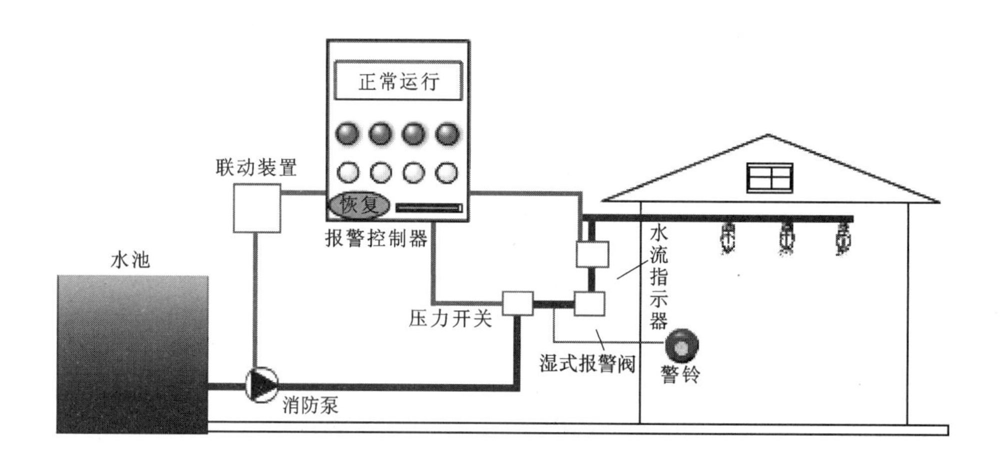

图 3-14 自动喷水灭火系统示意图

生时，由于周围温度的骤然升高，玻璃球内热敏液体的温度也随着升高，从而促使内压力增加，当压力增加到一定程度时，致使玻璃球破裂，此时密封垫脱开，喷出压力水。喷水后引起水压降低，这样使装在管网上的水流指示器动作，将水的压力信号变成电信号传送给控制器，控制器经判断后发出指令，启动喷淋水泵并保持管网水压，使喷淋头不断喷洒水灭火。

自动喷水灭火系统的设备主要有抽水用的水泵、报警阀、消防接合器、喷淋泵、稳压泵、水流指示器、喷头等。图 3-15 为常见的闭式喷淋头。

消防控制设备对自动喷水灭火系统应有下列控制、显示功能：控制系统的启、停；显示报警阀、闸阀及水流指示器的工作状态；显示消防水泵的工作、故障状态。

3. 气体灭火系统

气体灭火系统适用于不能使用水或泡沫灭火的场合，例如，大楼的配电室、柴油发电机房、网络机房、档案资料室、书库、可燃气体及易燃液体仓库等。

气体灭火系统工作原理示意图见图 3-16，图中粗体线表示气体管网，细线表示报

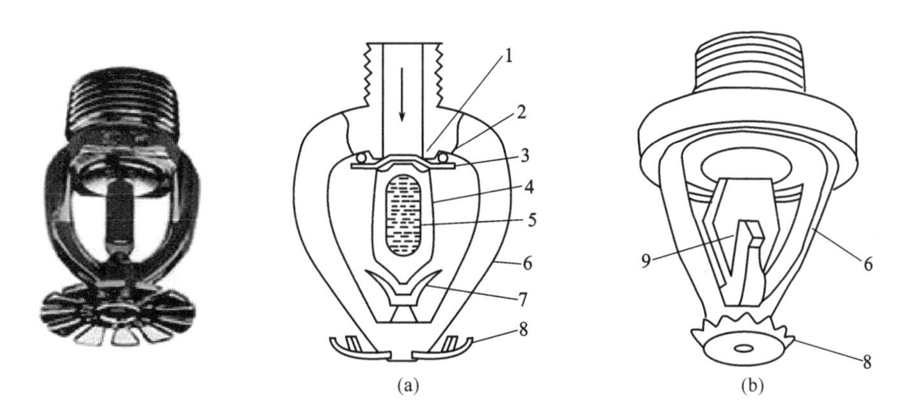

图 3-15　常见灭火喷淋头及构造

(a) 玻璃球洒水喷头；(b) 易熔元件洒水喷头

1—阀座；2—密封圈；3—阀片；4—玻璃球；5—色液；6—支架；7—锥套；8—溅水盘；9—锁片

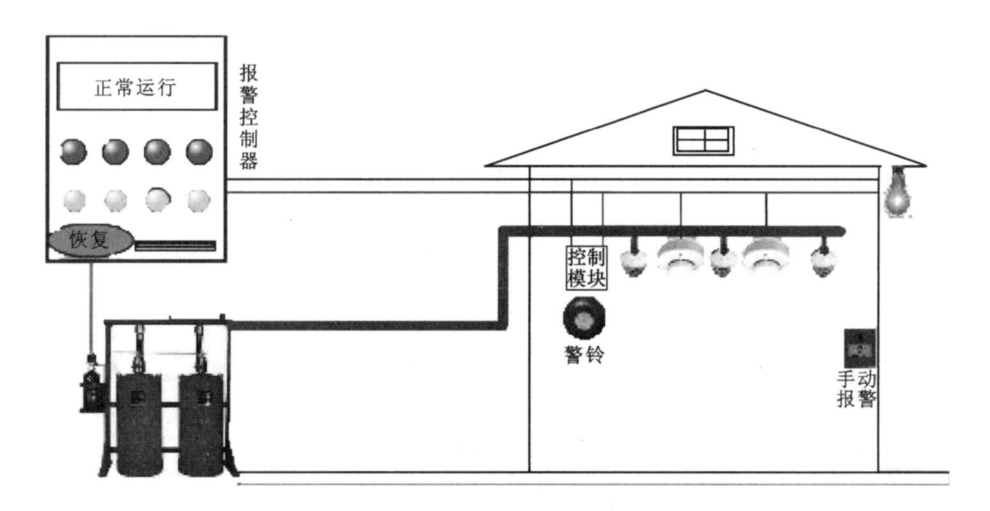

图 3-16　气体灭火系统示意图

警控制信号传输线路。自动气体灭火系统是一种固定式灭火系统，在需要气体灭火的场所敷设通气管网，当火灾发生时，现场的火灾探测器发出信号至控制器，控制器经过判断，发出指令信号，自动打开二氧化碳气体瓶的阀门，放出二氧化碳气体，使室内缺氧而达到灭火的目的。为了准确可靠判断火灾，采用气体灭火的场合一般安装感温、感烟探测器，两者都报警时，则判断火灾，并且在消防监控中心及气体存放的地方都设置系统的紧急启动和切断的手工操作装置，必要时能够万无一失地完成气体的释放和关闭的所有程序。

气体灭火系统按其使用的气体可分为卤代烷灭火、二氧化碳灭火、氮气灭火等设备，在现代化的高层楼宇中最常用的气体灭火设备为卤代烷和二氧化碳灭火设备。其主要设备有气体钢瓶、报警阀等。典型气体钢瓶及应用如图 3-17 所示。

消防控制设备对有管网的卤代烷、二氧化碳等气体灭火系统应有下列控制、显示功

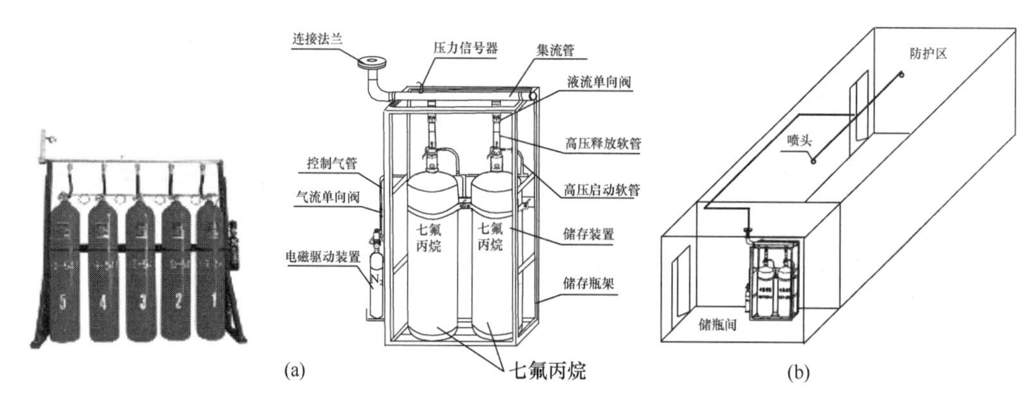

图 3-17　常见气体钢瓶及使用示意图

(a) 气体钢瓶及构造；(b) 简单气体灭火布置

能：控制系统的紧急启动和切断装置；由火灾探测器联动的控制设备具有延迟时间为可调的延时机构；显示手动、自动工作状态；在报警、喷淋各阶段，控制室应有相应的声、光报警信号，并能手动切除声响信号；在延时阶段，应能自动关闭防火门、窗，停止通风，关闭空气调节系统。

3.3.2　消防灭火设备联动控制系统实施

火灾自动报警及消防设备联动系统是一套规模庞大系统，尤其是消防设备联动系统，由若干灭火子系统及疏散诱导子系统构成。火灾报警控制器经控制模块向这些联动设备发出执行指令，所以在火灾自动报警及消防设备联动系统中使用大量控制模块用于连接被控设备。

消防联动控制模块的作用是用于火灾报警控制器向外部受控设备发出控制信号，驱动受控设备动作，起执行器作用。报警器发出的动作指令通过继电器触点来控制现场设备以完成规定的动作；同时将动作完成信息反馈给报警器。它是联动控制柜与被控设备之间的桥梁，适用于消火栓泵、喷淋泵、排烟阀、风机、警铃等。

通常来讲，消防联动模块的种类、型号、厂家不同，其安装接线有很大的不同，安装前一定要详看厂家提供的产品说明书及接线图。下面举例某品牌、型号的产品接线实例。

【例 3-3】某公司生产的智能控制模块安装接线图。如图 3-18 所示。

图 3-18 中符号说明：

L＋、L－：与控制器信号二总线连接的端子，有极性。

＋24V、GND：接 DC24V 电源端子。

T00、T02、GND：模块常开、常闭接线端子。

布线要求：信号总线（L＋、L－）宜用双色双绞多股阻燃塑料软线（如 ZR-RVS-2×1.5mm^2）；采用穿金属管（线槽）或阻燃 PVC 管敷设；＋24V、GND 电源线宜选用截面积大于 1.5mm^2的铜线。

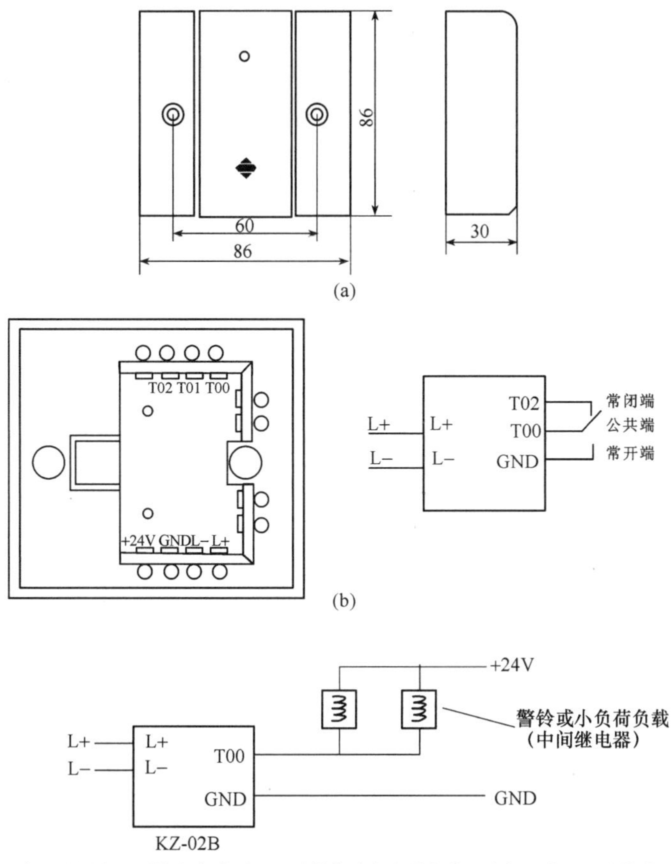

注：此图为无源输出方式时，驱动警铃或小负荷负载（中间继电器）的接线

(c)

图 3-18　智能控制模块安装接线图

(a) KZ-02B 型控制模块的外形尺寸；(b) KZ-02B 型控制模块的接线端子；

(c) KZ-02B 型控制模块与被控设备的接线

任务 3.4　消防排烟及疏散诱导设备联动控制系统

任务导入 扫一扫看系列动画：消防排烟及疏散诱导系统作用 A3–4	大楼起火我们该怎么办？建筑物起火导致人员伤亡，绝大部分不是烧死的，而是窒息死亡。浓烟如何迅速排出？人员如何第一时间有效疏散？本任务解决建筑消防排烟及疏散诱导设备系统是如何“联动”的，及其基本线路实施
 **任务目标** 扫一扫看工程案例：消防疏散诱导联动系统案例 B3–4	通过对智能建筑消防排烟及疏散诱导设备联动系统工作过程的认知，了解不同种类疏散系统工作原理，熟知消防疏散诱导子系统的监控功能，能接线完成一个基本的疏散诱导系统

扫一扫看：本任务PPT课件

C3–4

扫一扫看：本任务教案设计

D3–4

3.4.1 消防排烟及疏散诱导设备联动系统认知

火灾发生过程中，有效的疏散诱导系统，会极大地保护人们的生命安全。因此，火灾诱导疏散设施的设置是必需的。疏散诱导系统包括防排烟系统、防火门防火卷帘、消防广播通信、应急照明、消防电梯等。

消防排烟及疏散诱导系统也是消防设备联动系统的一部分，是指当发生火灾后，火灾报警控制器接收并处理来自探测器等报警点数据，然后对其配套执行装置发出控制执行指令，实现对各类消防设备的控制，相当于整个火灾自动报警控制系统的“手和脚”。

1. 防排烟系统

火灾发生时产生的烟雾主要是以一氧化碳为主，这种气体具有强烈的窒息作用，对人员的生命构成极大的威胁。因此，火灾发生后应该立即启动防排烟系统工作，把烟雾以最快的速度迅速排出，尽量防止烟雾扩散。

高层建筑的防排烟系统是两套系统，顾名思义，一个是防烟系统，另一个是排烟系统。

防烟系统是采用机械加压送风方式，向人员疏散区域送风，以防止烟气进入疏散通道的送风系统；排烟系统是采用机械排烟方式，将浓雾烟气排至建筑物外的系统，如图3-19所示。

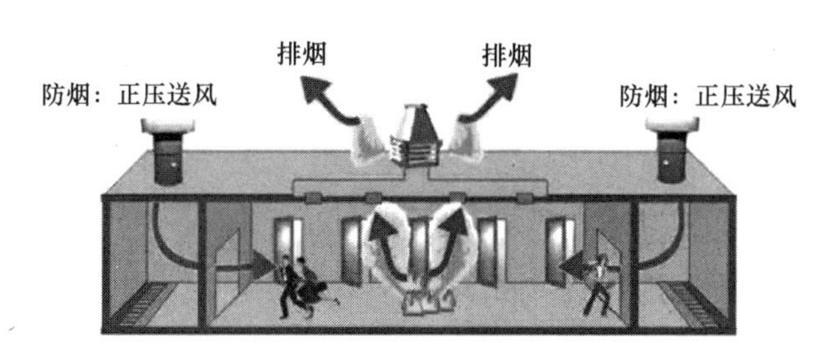

图 3-19 建筑物防烟、排烟系统示意图

防烟系统和排烟系统最大区别是，发生火灾时，防烟系统是向区域内进行正压送风，而排烟系统是将区域烟气向外排出。两者目的都是保证人员安全疏散和消防救援的进行。

防烟系统主要设备有正压送风机、防烟阀、送风口等。防烟因是向室内送新风，所以送风口设置在疏散通道的楼梯间、电梯前室以及通往避难层的走廊。

排烟系统主要设备有轴流排烟机、排烟阀、排烟口等。排烟设施的设置可以按防烟分区设独立排烟系统，也可与大楼的通风、空调系统共用管道，一旦发生火灾，消防联动控制立即关闭空调风机，同时启动排烟风机。

消防控制设备对防排烟系统应有下列控制、显示功能：停掉有关部位（如空调、通风）的风机；启动防排烟风机、排烟阀，并接收其反馈信号。

2. 防火门、防火卷帘

防火门的作用是将燃火区隔离。通常防火门被电磁锁的固定锁扣位呈开启状态，火灾时由消防监控中心发出指令后电磁锁动作，固定门的锁被解开，防火门依靠弹簧把门关闭。防火门示意图如图 3-20 所示。

防火卷帘一般设在大楼防火分区通道口处，一旦消防监控中心对火灾确认之后，通过消防控制器控制卷帘的电机转动，使卷帘下落。在防火卷帘的内外两侧都设有紧急升降按钮的控制盒，该控制盒的作用主要是用于火灾发生后让部分还未撤离火灾现场的人员通过人工按紧急升按钮，把防火卷帘起来，让未撤离现场的人员迅速离开现场；当人员全部安全撤离后再按紧急降按钮，使防火卷帘的卷帘落下。当然，上述这些动作也可以通过消防监控中心对防火卷帘的升降进行控制，在卷帘设备的中间有限位开关，其作用是当卷帘下落到离地面某一限定高度时，例如离地面 1.5m，电机便停止转动，经过一段时间的延迟后，控制卷帘电机重新启动转动，使卷帘继续下落直至到底。

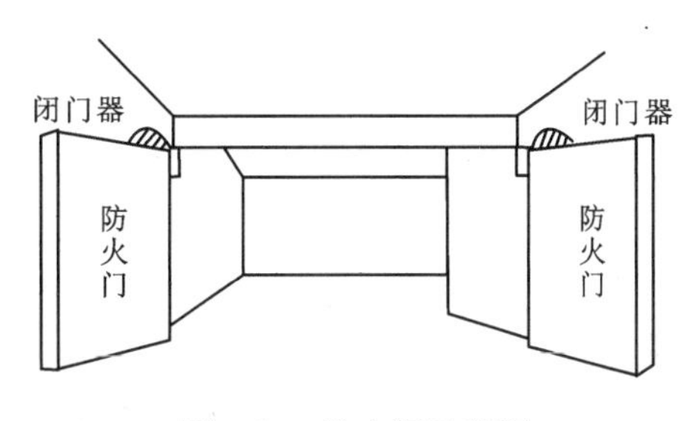

图 3-20　防火门示意图

消防控制设备对防火门、防火卷帘系统应有下列控制、显示功能：关闭有关部位的防火门、防火卷帘；发出控制信号，强制电梯全部停于首层；接通火灾事故照明灯和疏散指示灯；切断有关部位的非消防电源；并接收上述反馈信号。

3. 消防广播系统

消防广播又称火灾事故广播，其作用在发生火灾时通过广播向火灾楼层或整体大厦发出指示，进行通报报警，以引导人们迅速撤离火灾楼层或火灾区域的方向和方法。消防广播系统与大厦的音响及紧急广播系统合用扬声器，但要求在火灾事故发生时立即投入，且设在扬声器处的开关或音量控制不再起作用。火灾事故广播既可选层播，也可对整栋大厦广播，既可用麦克风临时指挥，又可播放预制的录音带。

消防控制设备应按疏散顺序接通火灾报警装置和火灾事故广播。当确认火灾后，警报装置的控制程序如下：二层及二层以上楼层发生火灾，宜先接通着火层及其相邻的上、下层；首层发生火灾，宜先接通本层、二层及地下层；地下层发生火灾，宜先接通地下各层及首层。

4. 消防通信系统

火灾发生后，为了便于组织人员和组织救灾活动，必须建立独立的通信系统用于消防监控中心与火灾报警器设置点及消防设备机房等处的紧急通话。火灾事故紧急电话通常采用集中式对讲电话，主机设在消防监控中心，在大楼各楼层的关键部位及机房等重地均设有与消防监控中心紧急通话的插孔，巡视人员所带的话机可随时插入插孔进行紧急通话。

消防控制室的消防通信设备应符合下列要求：消防控制室与值班室、消防水泵、配电室、通风空调机房、电梯机房、区域报警控制器及卤代烷固定灭火现场控制装置处之间设置固定的对讲电话；手动报警按钮处宜设置对讲电话插孔；消防控制室内应设置向当地公安消防部门直接报警的外线电话。

5. 消防电源

在火灾发生后，一切救助活动，如自动灭火和排烟等都需要用电，电源是各种消防设备运转的先决条件，尤其是高层楼宇的火灾主要利用自身的消防设施进行自救。但火灾时往往因各种原因，需要停断正常供电运行，这样也就要求所有的消防设备都必须具备二路供电切换的功能。所以，在消防报警系统中需要有一个专用的供电系统，该系统即使在火灾发生时也能正常地独立地工作，能够确保消防报警系统工作时所需要的用电。这样的一个供电系统要求达一级负荷供电，通常采用柴油发电机组作为备用电源。

6. 疏散指示及应急照明系统

疏散指示标志灯通常安装在疏散通道、通往楼梯或通向室外的出入口处、出入门的上部等部位，并采用绿色标志。消防应急照明系统通常采用火灾应急照明灯。在应急照明配电箱中设有市电和柴油发电机组供电电源的自动切换装置以便在市电被切断的情况下及时提供发电机电源（或蓄电池电源），保证备用电源立即供电。

7. 安全通道与消防电梯

当发生火灾时，为避免人员被烟雾、毒气的伤亡，高层建筑中的人员不能乘坐电梯，无论是普通客梯还是消防电梯都不能乘坐，而是通过安全通道（即防火楼梯）进行紧急疏散直达室外或其他安全处（即避难层、屋顶平台）。

高层楼宇均设有消防电梯，消防电梯是为保存消防人员的体力和运输必要的消防器材能及时抢救伤员和灭火工作的必备工具。接到火警信号后，控制中心联动普通电梯全部迫降一层停止使用，消防电梯专供消防人员使用。

特别提示：

火灾自动报警及消防设备联动系统是一套规模庞大系统，尤其是消防设备联动系统，由若干灭火子系统及疏散诱导子系统构成。火灾报警控制器经控制模块向这些联动设备发出执行指令，所以在火灾自动报警及消防设备联动系统中使用大量控制模块用于连接灭火及疏散被控设备。因此本任务消防联动控制模块的安装参见3.3.2。

3.4.2　智能消防疏散指示及应急照明系统

智能消防疏散指示及应急照明系统是随着人工智能时代到来，开发应用的照明疏散系统。系统具有智能动态导光功能，根据火灾报警联动信号及灾情现场的具体情况通过计算机选择一条最佳逃生路，再通过改变标志灯的箭头方向为逃生人员提供更有效的疏散逃生路。

1. 智能消防疏散指示及应急照明系统与传统系统的对比

传统的消防疏散指示及应急照明系统具有如下不足之处：

（1）在建筑楼体内，消防疏散指示及应急照明作为单体存在，独立工作，火灾发生时没有联动关系，且疏散指示灯和安全出口标志方向固定，存在着发生火灾时仍然将人员引向危险区域方向的误导隐患。

（2）传统的疏散指示及应急照明系统不能纳入智能建筑设备管理系统，无法实现对各灯点的监视与控制。应急指示灯最关键的作用是发生火灾时启动照明，而应急启动的关键在于其电池充放电工作是否正常，传统的应急疏散指示灯在日常维护方面是依靠人力的巡检与维修，不能及时发现设备问题，一旦发生火灾，指示灯不能正常启用，往往会给逃生疏散指示带来许多盲区，满足不了火灾逃生要求。

2. 智能消防疏散指示及应急照明系统功能

智能消防疏散指示及应急照明系统由各种应急照明灯具、消防报警系统、应急电源等多种设备组成，见图3-21所示，应用于大型公共场所的一套智能消防疏散指示系统。其具体功能如下：

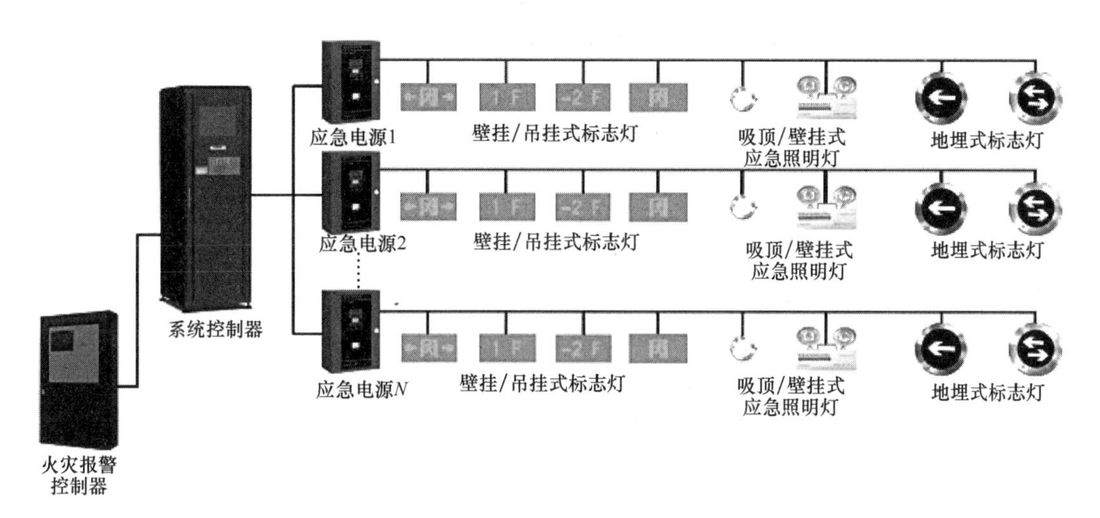

图 3-21　智能消防疏散指示及应急照明系统示意图

（1）实时监测及故障报警。监控中心监控电脑界面可实时监视显示各灯具的位置、故障报警信息、疏散指示方向并动态显示应急逃生路线等信息。

（2）远程控制。系统可以远程设定应急灯具基本工作方式，如持续式、非持续式、可控式等。还可以远程设定和控制语音提示、导向、频闪等其他联动功能。

（3）智能动态导向。根据火灾报警系统发出的联动信息确定火灾区域，结合本预案信息，由计算机分析计算选择最佳逃生路线，并发出指令控制疏散指示灯导向箭头的方向，同时可以结合语音提示引导。智能动态导向还可以通过手动操作选择由计算机预先设定的应急预案，人为启动应急预案，计算机自动选择最佳逃生路线，并发出指令控制疏散指示灯导向箭头的方向，同时可以结合语音提示引导。

任务 3.5　火灾自动报警与设备联动系统施工图识读

任务导入  扫一扫看微课视频：如何识读火灾报警与消防联动系统工程图纸 A3–5	有报警、又有灭火，还有疏散，这么多的子系统如何体现在施工图中呢？火灾报警与联动系统施工图长什么样的？我们怎样才能读懂这些施工图纸？本任务使读者基本能读懂火灾自动报警与设备联动系统施工图
任务目标  扫一扫看工程案例：某大楼火灾报警与设备联动系统施工图纸 B3–5	通过对火灾自动报警与消防设备联动系统工作过程的认知，认识火灾自动报警与设备联动系统常用设备图例符号，会识读火灾自动报警与设备联动施工系统图与平面图

扫一扫看：本任务PPT课件
C3–5

扫一扫看：本任务教案设计
D3–5

3.5.1 火灾报警与消防联动控制系统工程设计要点

火灾自动报警系统是智能建筑公共安全系统中非常重要的部分，因此熟悉和运用国家有关设计规范，了解其设计要点，并能应用所学知识进行设备选型，熟悉火灾报警设备的技术参数及布置要求，才能更好地识读火灾报警及设备联动系统施工图。

1. 智能建筑对火灾自动报警系统要求

按照现行《智能建筑设计标准》GB/T 50314—2015 规定，火灾自动报警系统应符合下列规定：

(1) 应安全适用、运行可靠、维护便利；

(2) 应具有与建筑设备管理系统互联的信息通信接口；

(3) 宜与安全技术防范系统实现互联；

(4) 应作为应急响应系统的基础系统之一；

(5) 宜纳入智能化集成系统；

(6) 系统设计应符合现行国家标准《火灾自动报警系统设计规范》GB 50116—2013 和《建筑设计防火规范》GB 50016—2014（2018 年版）的有关规定。

2. 火灾自动报警及联动控制系统设计要点

(1) 依据设计要求选择报警系统形式

根据现行《火灾自动报警系统设计规范》GB 50116—2013，将火灾自动报警系统分为区域报警系统、集中报警系统和控制中心报警系统三种基本形式，见图 3-22 所示。智能建筑通常采用控制中心报警系统形式，见图 3-22（c）。

火灾自动报警系统形式的选择，应符合下列规定：

1) 火灾自动报警系统设备应选择符合国家有关标准和有关市场准入制度的产品。

2) 火灾自动报警系统应设有自动和手动两种触发装置。

3) 任一台火灾报警控制器所连接的火灾探测器、手动火灾报警按钮和模块等设备总数和地址总数，均不应超过 3200 点，其中每一总线回路连接设备的总数不宜超过 200 点，且应留有不少于额定容量 10%的余量；任一台消防联动控制器地址总数或火灾报警控制器（联动型）所控制的各类模块总数不应超过 1600 点，每一联动总线回路连接设备的总数不宜超过 100 点，且应留有不少于额定容量 10%的余量。

4) 系统总线上应设置总线短路隔离器，每只总线短路隔离器保护的火灾探测器、手动火灾报警按钮和模块等消防设备的总数不应超过 32 点；总线穿越防火分区时，应在穿越处设置总线短路隔离器。

5) 高度超过 100m 的建筑中，除消防控制室内设置的控制器外，每台控制器直接控制的火灾探测器、手动报警按钮和模块等设备不应跨越避难层。

6) 水泵控制柜、风机控制柜等消防电气控制装置不应采用变频启动方式。

(2) 确定报警与探测区域

报警区域应根据防火分区或楼层划分。一个报警区域宜由一个或同层相邻几个防火分区组成，但不得跨越楼层。

探测区域应按独立房（套）间划分。一个探测区域的面积不宜超过 500m²。红外光束线型感烟火灾探测器的探测区域长度不宜超过 100m；缆式感温火灾探测器的探测区域长度不宜超过 200m。另外，楼梯间、电梯前室、走道、管道井、建筑物夹层等场所应分别

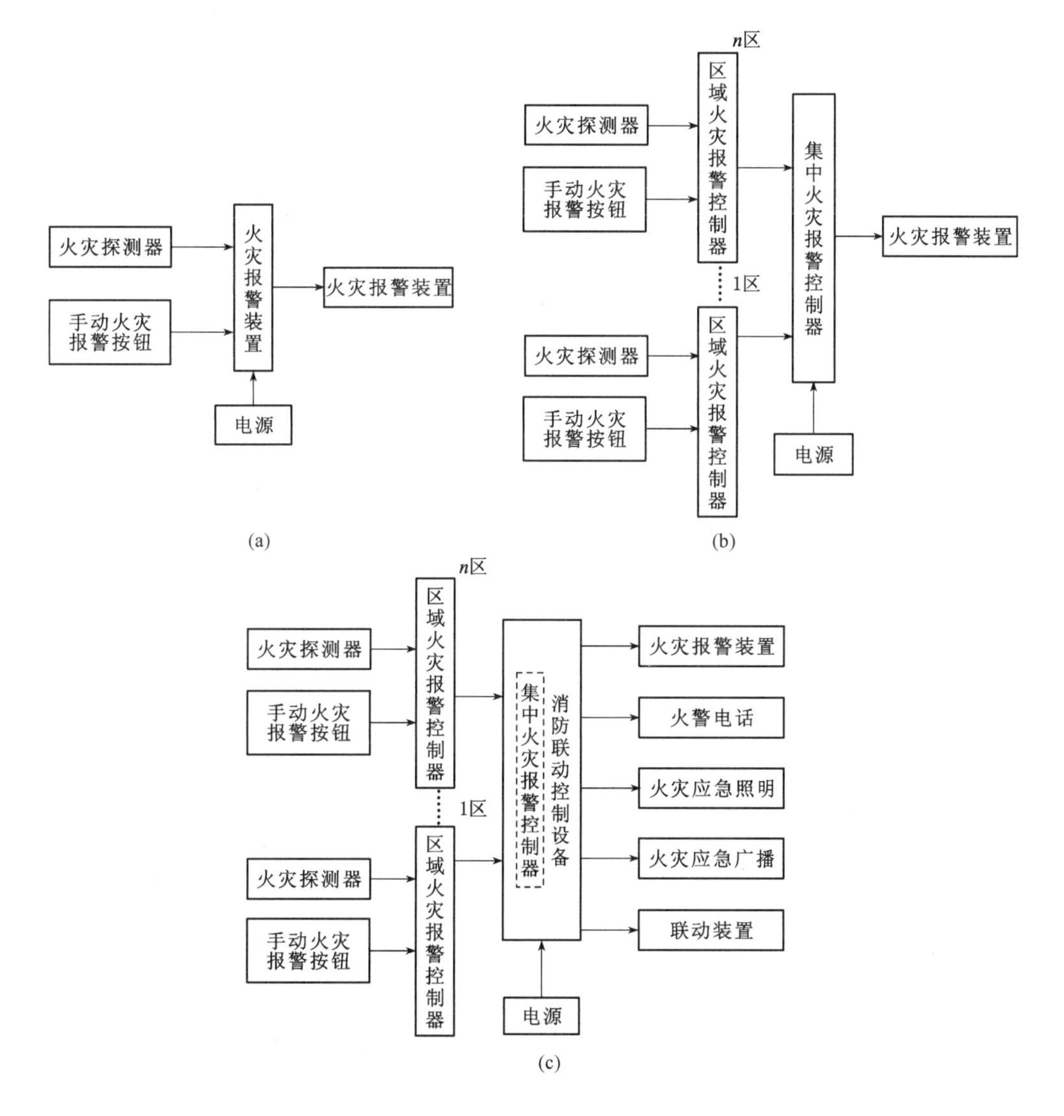

图 3-22　火灾自动报警系统基本形式
(a) 区域火灾报警系统；(b) 集中火灾报警系统；(c) 控制中心报警系统

单独划分探测区域。

(3) 火灾探测器的选择

火灾探测器根据感应原理分有感烟、感温及光电探测器等，还可根据探测范围分点式和线性探测器，点式探测器适用于饭店、旅馆、教学楼、办公楼的厅堂、卧室、办公室等，保护面积过大且房间高度很高如体育场馆、会堂、音乐厅等场所宜用线性探测器。表 3-1、表 3-2 给出了各种探测器适用的场所。

各类火灾探测器适宜选用场所　　表 3-1

类　　型		适宜选用的场所	不适宜选用的场所
感烟探测器	离子式	① 饭店、旅馆、商场、教学楼、办公楼的厅堂、办公室等； ② 电子计算机房、通信机房、电影或电视放映室； ③ 楼梯、走道、电梯机房等； ④ 书库、档案库等； ⑤ 有电气火灾危险的场所	① 相对湿度长期大于95%； ② 气流速度大于5m/s； ③ 有大量粉尘、水雾滞留； ④ 可能产生腐蚀性气体； ⑤ 产生醇类、醚迷、酮类等有机物质
感烟探测器	光电式	① 饭店、旅馆、商场、教学楼、办公楼的厅堂、办公室等； ② 电子计算机房、通信机房、电影或电视放映室； ③ 楼梯、走道、电梯机房等； ④ 书库、档案库等； ⑤ 有电气火灾危险的场所	① 能产生黑烟； ② 大量积聚粉尘； ③ 可能产生蒸汽和油污； ④ 在正常情况下有烟滞留； ⑤ 存在高频电磁干扰
感温探测器		① 相对湿度经常高于95%； ② 可能发生无烟火灾； ③ 有大量粉尘； ④ 在正常情况下有烟和蒸汽滞留； ⑤ 厨房、锅炉房、发电机房、茶炉房、烘干车间、汽车库等； ⑥ 吸烟室、小会议室以及其他不宜安装感烟探测器的厅堂和公共场所	① 房间净高大于8m； ② 有可能产生阴燃火； ③ 火灾危险性大，必须早期报警； ④ 温度在0℃以下，不宜选用定温探测器； ⑤ 正常情况下温度变化较大，不宜选用差温探测器
火焰探测器		① 火灾时有强烈的火焰辐射； ② 无阻燃阶段的火灾； ③ 需要对火焰作出快速反应	① 可能发生无焰火灾； ② 在火焰出现前有浓烟扩散； ③ 探测器的镜头易被污染； ④ 探测器的"视线"易被遮挡； ⑤ 探测器易受阳光或其他光源直接或间接照射； ⑥ 在正常情况下有明火作业以及X射线、弧光等影响
可燃气体探测器		散发可燃气体和可燃蒸气的场所，如乙烯装置、裂解汽油装置、合成酒精装置、高压聚氯乙烯等	除适宜选用场所之外所有场所

对不同高度的房间点型火灾探测器选择　　表 3-2

房间高度 h（m）	点型感烟火灾探测器	点型感温火灾探测器			火焰探测器
		A1、A2	B	C、D、E、F、G	
$12<h\leqslant 20$	不适合	不适合	不适合	不适合	适合
$8<h\leqslant 12$	适合	不适合	不适合	不适合	适合
$6<h\leqslant 8$	适合	适合	不适合	不适合	适合
$4<h\leqslant 6$	适合	适合	适合	不适合	适合
$h\leqslant 4$	适合	适合	适合	适合	适合

注：表中A1、A2、B、C、D、E、F、G为点型感温探测器的不同类别，其具体参数参见《火灾自动报警系统设计规范》GB 50116—2013。

当指定的火灾探测区域比较大时，如何确定火灾探测器的数量，以点型探测器为例，应根据每个火灾探测器的保护范围按下列公式计算：

$$N \geqslant \frac{S}{KA}$$

式中　N——一个探测区域内需要设置的探测器的数量（个），取整数；

S——一个探测区域的面积，m^2；

A——一个探测器的保护面积，m^2；

K——安全系数，重点保护建筑取 0.7～0.9，非重点保护建筑取 1.0。

（4）平面布置探测报警设备

平面布置点式探测器除去满足保护面积外，如在宽度 3m 以内的走道顶棚上设置探测器时宜居中布置。感温探测器的间距不应超过 10m，感烟探测器的安装间距不应超过 15m。探测器距墙的间距不应大于探测器安装间距的一半。

关于手动报警按钮的设置，要求报警区域内的每个防火分区，至少设置一个手动报警按钮。应安装在大厅、通道、主要公共场所出入口等位置。

（5）线缆选型与布线设计

火灾自动报警系统的传输线路和 50V 以下供电的控制线路，应采用电压等级不低于交流 250V 的铜芯绝缘导线或铜芯电缆。铜芯绝缘导线、铜芯电缆线芯的最小截面面积应满足规范规定。

火灾自动报警系统的传输线路应采用穿金属管、经阻燃处理的硬质塑料管或封闭式线槽保护方式布线。采用经阻燃处理的电缆时，可不穿金属管保护，但应敷设在电缆竖井或吊顶内有防火保护措施的封闭式线槽内。另外火灾自动报警系统的传输网络不应与其他系统的传输网络合用。

特别提示：

火灾自动报警及联动控制系统设计应符合现行国家标准《火灾自动报警系统设计规范》GB 50116—2013 和《建筑设计防火规范》GB 50016—2014（2018 年版）的有关规定。如表 3-2 中 A1、A2、B、C、D、E、F、G 为点型感温探测器的不同类别，其具体参数参见《火灾自动报警系统设计规范》GB 50116—2013 附录 C 的规定。

3.5.2　火灾报警与消防联动控制系统施工图识读

前面介绍的火灾自动报警子系统、消防灭火子系统、疏散诱导子系统均属于一套完整的火灾报警与消防设备联动系统，是体现在一套施工图中。能够识读火灾报警与联动系统施工图是工程施工必备能力。

1. 火灾报警及联动控制系统施工图纸组成

火灾报警及联动系统施工图是用来说明建筑中火灾报警及联动系统的构成和功能，描述系统装置的工作原理，提供安装技术数据和使用维护依据。通常一套完整的火灾报警及联动系统施工图由以下图纸组成。

（1）目录、设计说明、图例、设备材料明细表

图纸目录内容有序号、图纸名称、编号、张数等，一般归到电气施工图总目录中。

设计说明（施工说明）主要阐述工程设计的依据，业主的要求和施工原则，建筑特

点，设备安装标准，安装方法，工程等级，工艺要求等及有关设计的补充说明。

图例即图形符号，是识读施工图的重点。一般只列出本套图纸中涉及的一些图形符号。表3-3为火灾报警与联动系统常用图形符号。

设备材料明细表列出了该项工程所需要的设备和材料的名称、型号、规格和数量，供设计概算和施工预算时参考。

火灾报警与联动系统常用图形符号　　表3-3

图形符号	说　明	图形符号	说　明
	编码感烟探测器		消防泵、喷淋泵
	普通感烟探测器		排烟机、送风机
	编码感温探测器		防火、排烟阀
	普通感温探测器		防火卷帘
	燃气探测器		防火室
	编码手动报警按钮	T	电梯迫降
	普通手动报警按钮		空调断电
	编码消火栓按钮		压力开关
	普通消火栓按钮		水流指示器
	短路隔离器		湿式报警阀

（2）系统图

火灾报警与联动系统图是表现工程的分配控制关系、设备运行情况和供电方式的图纸，从系统图可以看出工程的概况。系统图只表示电气回路中各元件的连接关系，不表示元件的具体情况、具体安装位置和具体接线方法。典型火灾自动报警系统图如图3-23（a）所示。

（3）平面图

火灾报警与联动系统平面图是表示设备、装置与线路平面布置的图纸，是进行设备安装的主要依据。是以建筑总平面图为依据，在图上绘出设备、装置及线路的安装位置、敷设方法等，平面图采用了较大的缩小比例，不表现设备的具体形状，只反映设备的安装位置、安装方式和导线的走向及敷设方法等。典型火灾自动报警系统图如图3-23（b）所示。

2. 火灾报警及联动系统施工图识读

火灾报警及联动系统图是表示系统中设备和元件的组成、设备和元件之间相互的连接关系，读图时与平面图结合起来，系统图的识读，对于指导安装施工有着重要的作用。

系统图的绘制是根据报警联动控制器厂家产品样本，再结合建筑平面设置的探测器、手动报警按钮等设备的数量画出系统图，并进行相应的标注：如每处导线根数及走向、每楼层每种设备的数量、所对应的楼层数等。我们以两个典型的例子来说明如何识读系统图及平面图。

【例 3-4】 某高校电教信息大楼火灾自动报警及联动控制系统施工图，如图 3-23 所示。其中图 3-23（a）为系统图，图 3-23（b）为平面图。

本实例识读要点如下：

（1）建筑概况：本建筑是某高校教学大楼，共 6 层，建筑高度超过 24m，划分为一类建筑，火灾自动报警系统选用控制中心报警系统形式，采用总线制报警控制方式。

（2）图例说明：火灾报警及设备联动系统施工图使用图例见图 3-23（a）右上角所示。

（3）平面图识读：选用二层标准层平面图见图 3-23（b）所示。28 个感烟探测器分布在该楼层各位置，走廊左右楼梯旁边分别设置了两个手动报警按钮、两个警铃，左右楼梯处设置消火栓启泵按钮，其设备的选择与布置符合《火灾自动报警系统设计规范》GB 50116—2013 规范规定。二层平面图有两个火警电话插孔、4 个壁式扬声器、28 个感烟探测器、两个手动报警按钮、两个消火栓启泵按钮、两个火警警铃、1 个水流指示器、1 个水信号阀。上述各设备为二层安装设备，其中火警警铃、水流指示器、水信号阀通过联动控制模块（即图中 SD6013、SD6012 所表示的模块）连接到各设备，将各设备信号反馈到报警控制器。消防广播线接 4 个扬声器，分别放置在左右走廊中心位置及两个楼梯位置；另 1 路消防电话对讲线接两个消防电话对讲插孔，分别放置在走廊左右楼梯旁边。各设备安装方式见图 3-23（a）图例中所示。

（4）系统图识读：系统图见图 3-23（a）所示。由报警控制器引出的是 3 回路信号线 a、b、c 及 1 回路电源线（VG1），分别用于连接 1～6 层的火灾探测器、报警按钮、控制模块等设备。信号线采用“RVS-2×1.5-G20”敷设方式，即采用软铜芯导线，两根截面积 1.5mm^2，配线方式为 ϕ20 的钢管。其余敷设方式表示方法类同。用虚线框出的 M1～M6 表示控制模块集中箱，该模块箱放置在每层竖井内，如二层模块箱 M2 位置见图 3-23（b）所示。除此之外，消防泵、喷淋泵、湿式报警阀设在大楼地下一层水泵房内，相应模块箱放置在水泵房内。而各层楼风机盘管的模块控制箱 M11 放置在地下一层的中央空调制冷机房。

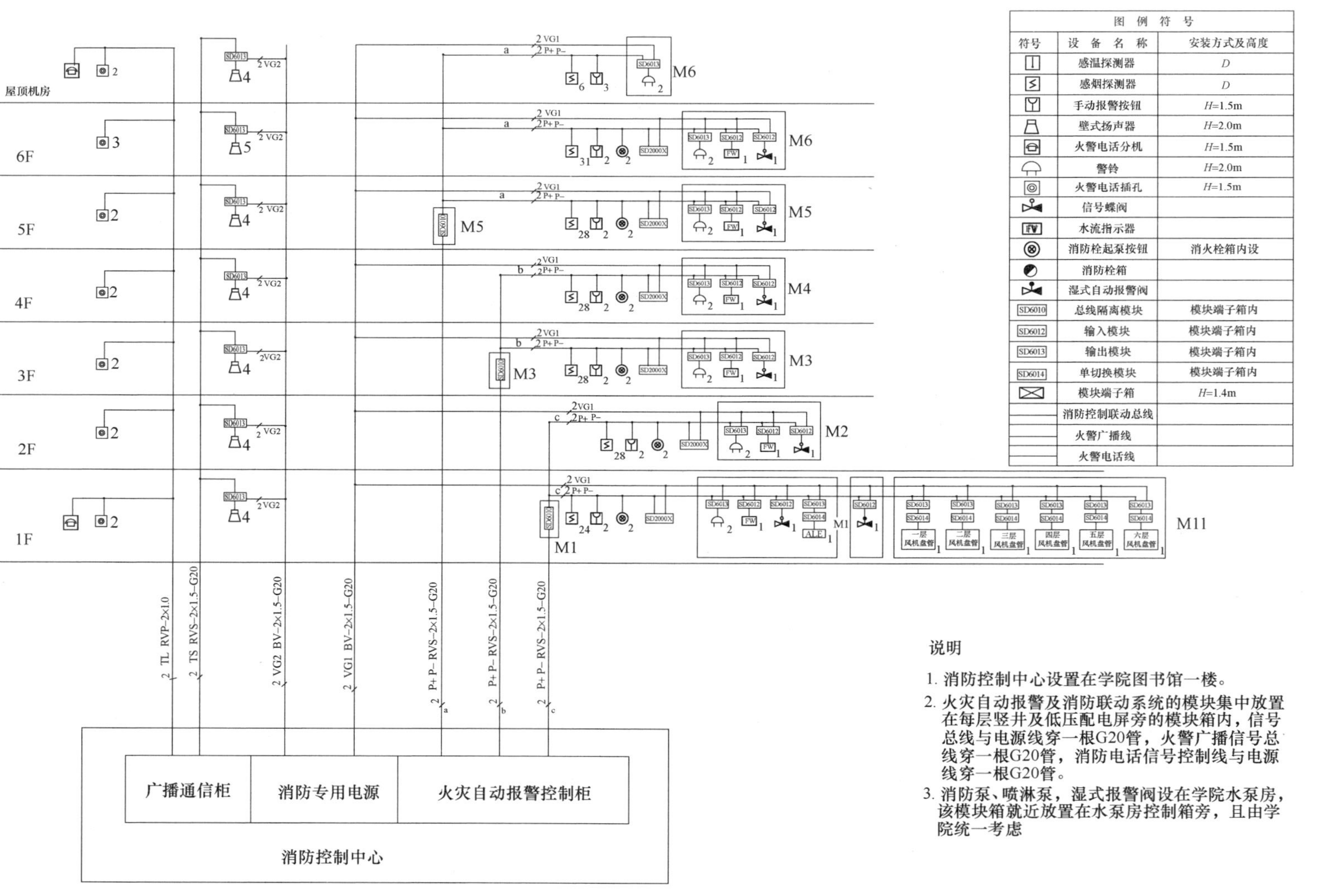

图例符号		
符号	设备名称	安装方式及高度
	感温探测器	*D*
	感烟探测器	*D*
	手动报警按钮	*H*=1.5m
	壁式扬声器	*H*=2.0m
	火警电话分机	*H*=1.5m
	警铃	*H*=2.0m
	火警电话插孔	*H*=1.5m
	信号蝶阀	
FW	水流指示器	
	消防栓起泵按钮	消火栓箱内设
	消防栓箱	
	湿式自动报警阀	
SD6010	总线隔离模块	模块端子箱内
SD6012	输入模块	模块端子箱内
SD6013	输出模块	模块端子箱内
SD6014	单切换模块	模块端子箱内
	模块端子箱	*H*=1.4m
	消防控制联动总线	
	火警广播线	
	火警电话线	

说明

1. 消防控制中心设置在学院图书馆一楼。
2. 火灾自动报警及消防联动系统的模块集中放置在每层竖井及低压配电屏旁的模块箱内，信号总线与电源线穿一根G20管，火警广播信号总线穿一根G20管，消防电话信号控制线与电源线穿一根G20管。
3. 消防泵、喷淋泵，湿式报警阀设在学院水泵房，该模块箱就近放置在水泵房控制箱旁，且由学院统一考虑

图 3-23（a）　某高校教学楼火灾报警与设备联动系统图

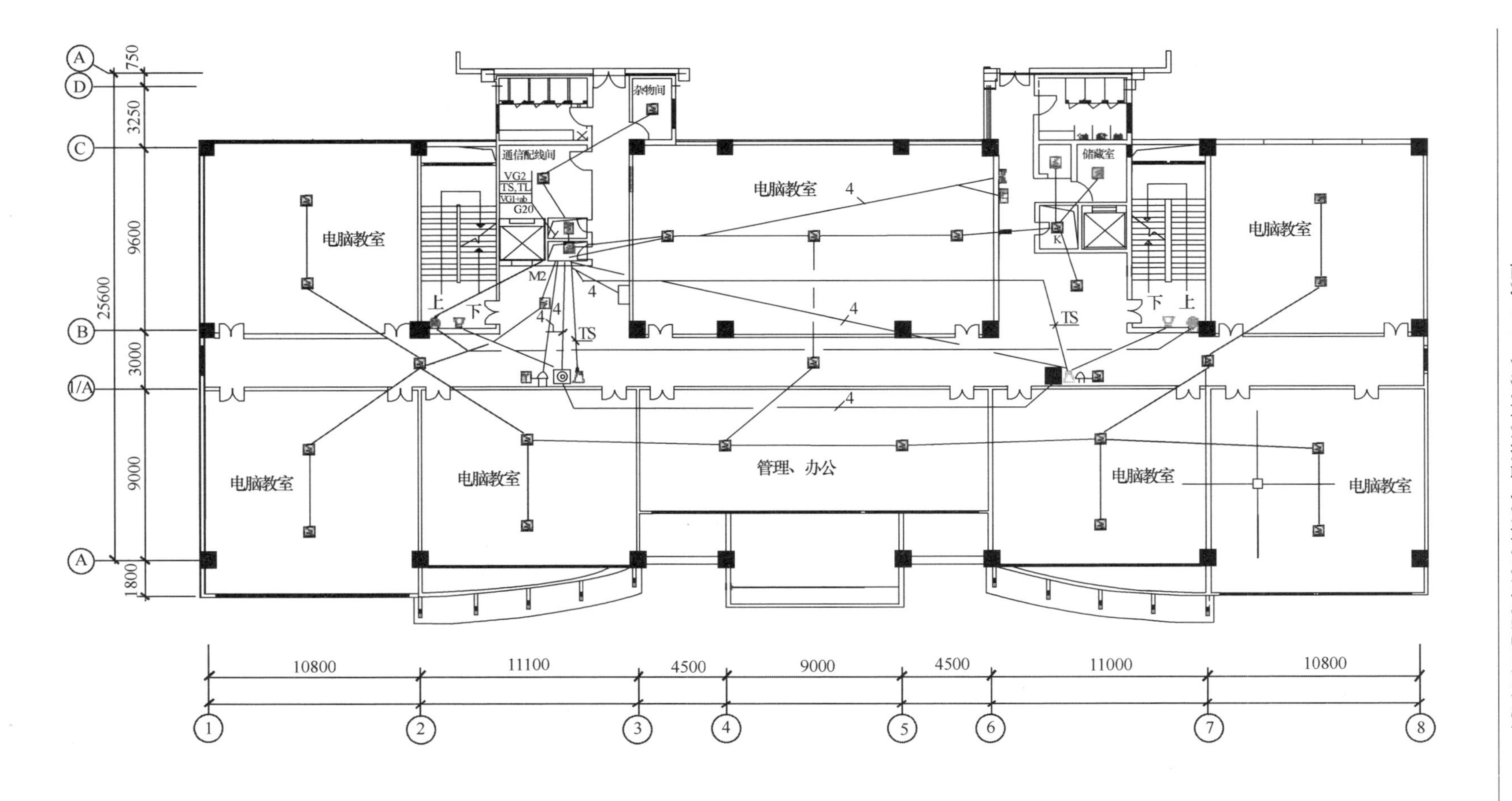

注：探头安装需与暖通、强电专业密切配合施工。

——— 报警信号总线与电源线管。

- - - - 火警广播信号总线管。

-·-·- 消防电话信号控制线与电源线管。

图 3-23（b）　某高校教学楼火灾报警与设备联动平面图

项目小结

智能建筑火灾自动报警及消防设备联动系统是本书的重点之一。火灾自动报警及消防设备联动系统是一套规模庞大系统，包括火灾探测自动报警系统；消火栓、水喷淋、气体等灭火系统；排烟、防火门、防火卷帘等防排烟系统；以及应急照明、消防电梯、消防广播等疏散诱导系统。通过本项目理论知识的学习和基本技能实训，了解火灾自动报警及消防设备联动系统的相关规范、工程设计及施工的基本内容和基本方法，学会识读火灾自动报警系统施工图，熟悉设备接线，为从事火灾自动报警系统设计和施工打下基础。

技能训练6 基本的火灾自动报警系统线路实施

一、实训目的

1. 熟悉火灾自动报警系统常用设备、元件；
2. 能根据产品说明书，搭建一个基本的火灾自动报警系统线路；
3. 能调试基本报警功能。

二、实训所需材料、设备

1. 选用典型火灾自动报警控制器；
2. 选用典型火灾探测器、报警按钮等。

三、实训内容、步骤

1. 根据原理图及设备接线说明书，完成报警系统接线；
2. 设置报警功能；
3. 完成实训报告。

四、实训报告

1. 画出火灾自动报警系统原理结构图；
2. 如表3-4列出你所调试设置的报警功能。

火灾自动报警系统功能设置 **表3-4**

序号	报警设备	报警功能描述	设置参数

技能训练7 某智能建筑火灾自动报警与设备联动系统施工图识读

一、实训目的

1. 认识火灾自动报警与设备联动系统常用设备图例符号；
2. 会读火灾自动报警与设备联动系统图；
3. 会读火灾自动报警与设备联动平面图。

二、实训所需材料、设备

1. 教师选用点型火灾自动报警与设备联动系统施工图；

2. 施工图可以纸质版，可以电子版，也可参考网上工程实例。

三、实训内容、步骤

1. 根据选用图纸，识读火灾自动报警与设备联动系统常用设备图例符号；

2. 根据选用图纸，识读火灾自动报警与设备联动系统图；

3. 根据选用图纸，识读火灾自动报警与设备联动平面图。

4. 完成实训报告。

四、实训报告

填写表 3-5 并完成读图表格。

火灾自动报警及消防设备联动系统施工图识读 **表 3-5**

序号	报警设备及回路	图例表示	系统图表示/数量	平面图表示/位置及安装

习 题 与 思 考 题

一、单项选择题

1. 起到灭火作用的消防子系统是______。

A. 火灾报警系统　B. 消火栓系统　C. 防排烟系统　D. 防火卷帘

2. 感温探测器适合装在下列哪个场所______。

A. 办公室　B. 酒店客房　C. 地下停车库　D. 体育场馆

3. 气体灭火系统适用于下列哪个场合______。

A. 地下停车库　B. 体育场馆　C. 办公室　D. 变配电房

4. 物业公司对其管辖物业的消防设备______。

A. 禁止擅自更改　B. 可根据用户要求更改

C. 可根据上级领导要求更改　D. 可根据物业实际情况自行更改

5. 下列哪个灭火介质不能用______。

A. 水　B. 油　C. 无毒气体　D. 粉末

6. 火灾发生时，当卷帘下落到离地面某一限定高度时，例如离地面 1.5m 时________。

A. 卷帘门继续下落直至到底

B. 停止并经短时延迟后，卷帘再继续下落直到底

C. 停止在此处，便于人们疏散

D. 火灭后继续下落直至到底

7. 见图 3-12 消火栓灭火系统示意图，图中细实线表示______。

A. 消火栓水管网　B. 报警控制信号线　C. 报警系统电源线　D. 无具体指向

8. 见图 3-14 自动喷水灭火系统示意图，图中粗实线表示______。

A. 喷淋水管网　B. 报警控制信号线　C. 报警系统电源线　D. 无具体指向

9. 如图 3-16 气体灭火系统示意图，图中安装了 2 个探测器，一般是______。

A. 2个感温探测器　　　　B. 2个感烟探测器
C. 感温＋感烟探测器　　　D. 随便2个

10. 火灾报警一个探测报警区域的面积不宜超过：______。

A. $50m^2$　　B. $100m^2$　　C. $500m^2$　　D. $1000m^2$

二、简答题

1. 简述自动喷水系统的工作原理。
2. 简述气体灭火系统的工作原理。

三、识图题

某配电房火灾报警系统与气体灭火联动系统施工图识读，见图3-24。

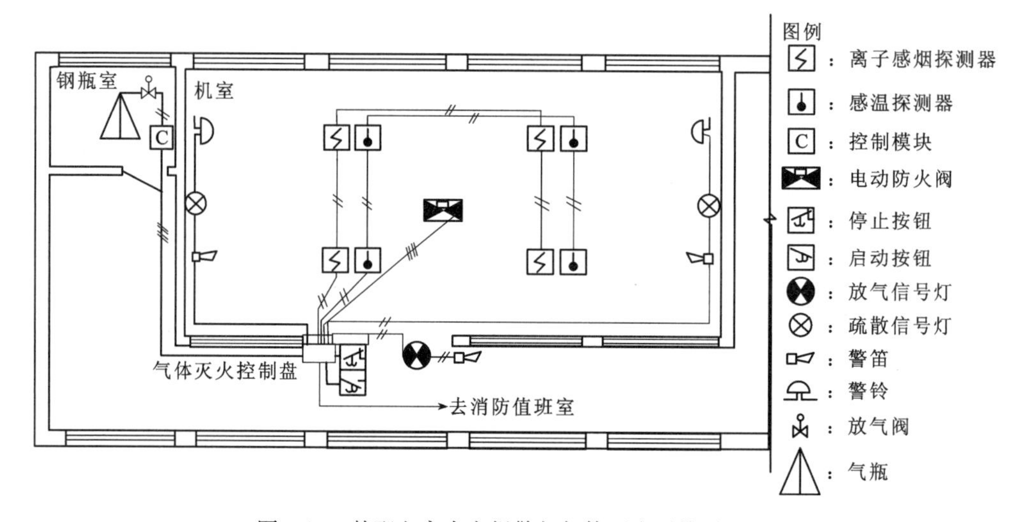

图3-24　某配电房火灾报警与气体灭火系统平面图

项目4　智能建筑安全技术防范系统

本项目要点：安全技术防范系统是智能建筑公共安全系统之一，为应对非法侵入等危害人们生命财产安全的各种突发事件，建立起应急及长效的技术防范保障体系。学习本项目要求掌握出入口控制、入侵报警、视频监控等系统设备设施、工作原理等知识，能够识读这些系统施工图表，掌握基本的安装施工技能。

线上、线下教学导航

<table>
<tr><td rowspan="4">教</td><td>重点知识</td><td>1. 出入口控制、视频监控、入侵报警系统组成、工作原理及作用。
2. 掌握上述各种安防系统功能。
3. 摄像机、各种报警探测器的选用及设置。
4. 识读入侵报警、视频监控系统图、平面图</td></tr>
<tr><td>难点知识</td><td>1. 入侵报警系统防区划分与系统设置。
2. 视频监控系统中的矩阵控制</td></tr>
<tr><td>推荐
教学方式</td><td>对重点知识处理：
1. 指导学生线上预习，通过微课视频、动画深入浅出讲解出入口控制、入侵报警、视频监控系统组成、工作原理及作用。
2. 线下指导学生查阅现行规范，根据建筑功能确定安防子系统。
3. 安防各系统结构与图1～9对应讲解，使学生对概念清楚。
4. 参照相关设计规范讲解报警探测器、摄像机的选用及设置。
5. 线下实训，完成技能训练7、8，巩固知识的掌握。
对难点知识处理：
1. 通过实训让学生掌握基本的入侵监控系统防区划分与系统设置。
2. 通过实训让学生掌握视频监控系统中的控制功能</td></tr>
<tr><td>建议学时
（10学时）</td><td>理论6学时：参照线上学习资源，项目4微课、课件、自主测试等
实践4学时：参照本书技能训练8、9</td></tr>
<tr><td rowspan="3">学</td><td>推荐
学习方法</td><td>1. 线上预习，通过微课视频、动画掌握出入口控制、入侵报警、视频监控系统组成、工作原理及作用。
2. 各种安防产品可在相关网址搜索大量产品资料，阅读安全防范系统相关设计规范。
3. 线上自主测试，巩固知识概念，通过技能训练，掌握出入口控制、入侵报警、视频监控系统基本实施及施工图识读</td></tr>
<tr><td>必须掌握的
理论知识</td><td>1. 熟悉并掌握出入口控制、入侵报警、视频监控系统组成、工作原理及功能。
2. 熟悉并掌握安防系统设备及功能</td></tr>
<tr><td>必须掌握
的技能</td><td>1. 能识读入侵报警、视频监控系统图、平面图。
2. 能进行基本的入侵报警、视频监控、出入口控制系统线路接线、功能设置</td></tr>
</table>

认知4.1　安全技术防范系统

 **认知导入** 扫一扫看微课视频：智能建筑需要什么样的安防系统 A4-1	人工智能时代的"安防"含义已经不仅仅是安全防范了，智能化的人脸识别功能，既可以查找犯罪嫌疑人，还可以寻找走失亲人。那么智能建筑需要什么样的安防系统？本认知告知读者智能建筑安全技术防范系统组成及智慧安防
 **认知目的** 扫一扫看工程案例：住宅小区安全技术防范系统案例 B4-1	通过对安全技术防范系统组成的认知，重点掌握出入口控制、视频监控、入侵报警三大技术防范系统，其他系统是在此基础上衍生出来，并了解智慧安防系统平台功能

扫一扫看：本认知PPT课件
C4-1

扫一扫看：本认知教案设计
D4-1

公共安全系统是建筑智能化系统的重要组成部分，参见图1-1。公共安全系统包括火灾自动报警系统、安全技术防范系统和应急响应系统等。参见图4-1所示。所以安全技术防范系统属于公共安全系统。

4.1.1　安全技术防范系统认知

安全技术防范系统是公共安全系统重要组成之一，是以建筑物自身物理防护为基础，运用电子信息技术、信息网络技术等进行构建，采用网络化信息采集、平台化信息汇聚、数字化信息存储及实施专业程序化综合监管的整体解决方案。

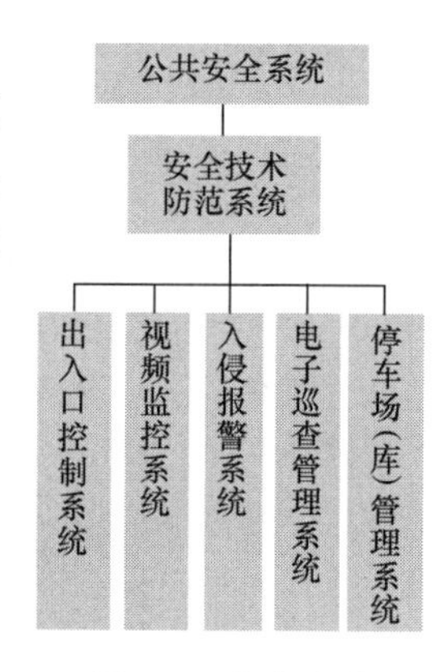

图4-1　公共安全系统基本组成

1. 安全防范保护对象

物业管理中的安防工作管理方式主要有封闭式管理和开放式管理。封闭式管理适用于办公单位、住宅小区等物业，其特点是整个物业为封闭体系，入口有保安人员每天24h看守。开放式管理适用于商业楼宇、医院等场所，外来人员也可自由进出。另外也有将这两种结合起来的管理方式。

一个完整的安防系统要提供以下三个层次的保护：

(1) 外部入侵保护

外部入侵保护是为了防止无关人员从外部侵入，譬如说防止犯罪嫌疑人从门、周界等部位侵入楼内。因此，这一道防线的目的是把犯罪嫌疑人排除在所防卫区域之外。

(2) 区域保护

进入楼内，保安系统则要提供第二个层次的保护：区域保护。这个层次保护的目的是探测是否有人非法进入某些区域。

(3) 目标保护

第三道防线是对特定目标的保护。如保险柜、重要文物等均列为这一层次的保护对象。这是在前两道防卫措施都失效后的又一项防护措施。

无论是封闭式管理还是开放式管理的物业，都可采用这三个层次的保护，只是依据物业的特点使其侧重点不同。例如，开放式物业不使用外部入侵保护方式。

2. 智能建筑安全技术防范系统组成

智能建筑技术安防子系统主要如下：

（1）出入口控制系统

（2）视频监控系统

（3）入侵报警系统

（4）周界防护入侵报警系统

（5）电子巡查系统

（6）访客对讲系统

（7）停车场（库）管理系统

（8）安全防范综合管理系统（平台）

其中，出入口控制系统、视频监控系统、入侵报警系统是基础技术防范系统，其他系统是在此基础上衍生出来。这些系统由计算机协调起来共同工作．构成集成化安全防范系统，进行实时、多功能的监控，并能对得到的信息进行及时的分析与处理，实现高度的安全防范目的。

3. 安全技术防范系统结构

智能建筑的安全技术防范系统结构采用总线式系统结构，参见本书图 1-9 所示。随着人工智能技术、微电子技术、通信技术的发展，过程控制功能进一步分散下移，涌现出各种智能现场仪表，如智能识别摄像机、智能探测器、人脸识别等。这些智能传感器、探测器、执行器等不仅可以简化布线，网络上传输的是双向的数字信号，而且便于共享数据以及在线自检。

安全技术防范系统在整个智能化系统中不是孤立系统，其自身的各子系统能够有机的协调运作，统一控制和管理，相互联动。其系统示意图如图 4-2 所示。

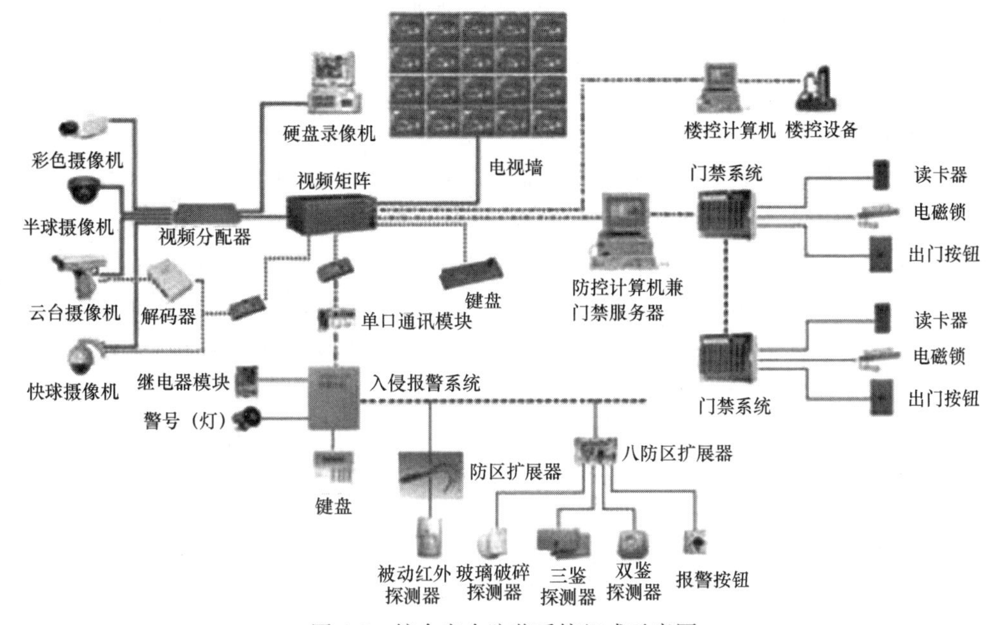

图 4-2　综合安全防范系统组成示意图

特别提示：

安全防范系统简称安防系统，一般由三部分组成，即：物防、人防、技防。物防即物理防范或称实体防范，它是由能保护防护目标的物理设施（如防盗门、窗、铁柜）构成；人防即人力防范，是指能迅速到达现场处理警情的保安人员。技防即技术防范，是由自动探测、识别、报警、信息传输、控制、显示等技术设施所组成，其功能是迅速将监控信息传送到指定地点。本项目重点介绍技术防范系统。一个完整的安全防范系统是否有效是由物防、技防、人防以及管理系统的有机结合决定的。

4.1.2　智慧安防

1. 智慧安防概念

智慧安防是以视频监控、出入口控制、入侵报警等系统为核心，应用人工智能、云计算、大数据、物联网等技术，依托有线、无线、移动互联网等现代通信手段，对现场事件、入侵报警等进行信息获取、通信、处理、研判、应用，对城市安全技术防范基础设施、建筑安全防范等设施进行互联、监控，提高管理效率和技术防范水平。因此智慧安防系统是基于信息化、智能化社会管理与服务的一种新的安防管理形态。

智慧安防是将“硬件＋软件＋平台＋服务”这四个基本点有机结合一起，硬件上结合摄像机、探测器、刷卡（码）等终端以及安防联动设备，软件平台连接安防基础数据采集设备、显示终端、物联网、云平台等，并为事件分析、安全管理、智慧化的大数据应用提供解决方案，为各方创造价值。简而言之，就是政府部门通过智慧安防云平台，实现对整个社会安全防范工作的监管、决策、调动，企业商家通过智慧安防平台为系统提供远程运维服务，社会个体身处其中，能够更直接地参与到身边的安全防范活动中去，真正实现全民安全，全社会受益。

2. 智慧安防系统功能

智慧安防系统将“政府的决策管理、应急指挥”、“安防企业的设备维保、运营服务”以及“社会用户或个体”有机统一起来，依托于地理信息技术、图形学技术、通信技术、物联网技术、大数据分析技术等先进技手段，对终端设备采集的数据进行管理与分析，根据不同事件的需求进行“预案式”推送和执行，让每一种平台都能达到自我监控、自我管理、协同处理的能力。其功能如下：

（1）智慧安防系统在决策管理、安全监管、应急指挥等方面功能

智慧安防系统是“平安城市”、“智慧城市”应急管理系统的重要组成之一。智慧安防在决策管理、安全监管、应急指挥等方面功能通常包括大数据可视化分析系统、GIS地图综合监控平台、智慧安防综合管控平台、智慧决策智能调度平台等系统平台。综合利用和处理监控视频、地理信息、电子警察和智能识别等与警务相关的信息资源，通过信息采集处理和数据交换，在一个平台上实现对不同专业警种业务的应用服务和资源共享，打造标准化、通用化、智能化的“城市警务信息综合管理平台”，构建“大安防”体系。

某案件采用人工智能结构化大数据分析，大大提高破案效率。

人工智能（AI）的应用大大提高了安防事件、案件的识别效率，传统的事件判别，通常是摄像头来收集信息，需要人工进行检测非安全举动，再对非安全举动进行排查梳理，费时费力。而应用人工智能、大数据分析系统则大大提高效率。

【例 4-1】 表 4-1 所示以某个抢劫案为例。为了从大量的视频图像中找到嫌疑人，需要对 500 多个监控点的长达 250 个小时的视频进行分析，如果采用人力查阅，需要至少 30d 时间，但如果采用人工智能结构化大数据分析仅需 5s，大大提高破案效率。

某案件采用传统人工分析与大数据结构化分析破案效率对比　　表 4-1

	人工分析	人工智能结构化分析
监控点数量	500	
视频时长	250h	
检索时长	30d	5s 内
视频中人流量	50 万人	
优劣	尝试使用人海战术进行查看 耗时久、易疲惫，可能遗漏关键信息	分析速度快、效率高 节省公安干警办案时间

（2）智慧安防系统对安防设备维保、企业运营服务方面功能

智慧安防设备设施管理是以信息技术为基础的通信、检测、维护等技术手段，实现安防设备管理的信息化、智能化。智慧安防系统平台通过物联网技术，实时收集各类安防设备相关数据，进行数据计算与处理。例如出入口控制系统数据、入侵报警系统数据、视频监控系统数据等。智能设备管理系统每天产生的数据有很多，每天都会自动生成巡检日报、巡检月报、排班计划表、维保工单以及管理人员所需要设备管理，数据查询、险情处理等。

（3）智慧安防系统对业主用户服务方面功能

在智慧安防系统平台上，详细记录业主用户信息，为公安部门、监管部门、维保企业等分别提供相关信息与依据。

特别提示：

智慧安防是“平安城市”的重要组成部分。而智能建筑又是平安城市的组成节点。当前社会可以说是一个人、财、物大流动的社会，社会面的信息千变万化，这极大地增加了我们公安机关管理社会的难度，使我们传统的治安管理和社会防控工作的方法和手段很难满足当前的工作要求。智慧安防系统作为大型、综合性非常强的管理系统，可满足治安管理、城市管理、交通管理、应急指挥等需求，它将 110/119/122 报警指挥调度、GPS 车辆反劫防盗、远程可视图像传输及地理信息系统（GIS）等有机结合在一起，实现事件发生实时报警、犯罪现场远程可视化及定位监控、同步指挥调度等，从而有效实现城市安防从“事后控制”向“事前预防”转变，提升城市的安全程度和人民生活的舒适程度。

任务 4.2　出入口控制系统

任务导入  扫一扫看系列动画：出入口控制系统是如何工作的 A4–2	扫码？刷脸？出门不带钥匙，带手、带脸就行。现代人已进入一部手机行天下的生活方式，那么这些扫码、刷脸的出入口控制是怎样工作的呢？本任务解决智能建筑出入口控制系统是如何工作的，及其基本线路实施
任务目的  扫一扫看工程案例：出入口控制系统案例 B4–2	通过对智能建筑出入口控制系统工作原理的认知，熟知出入口控制系统的监控功能，了解不同种类出入口检验装置应用场合，能接线完成一个基本的出入口控制系统

扫一扫看：本任务PPT课件

C4–2

扫一扫看：本任务教案设计

D4–2

4.2.1　出入口控制系统认知

出入口控制系统（Access Control System 简称 ACS）也称门禁管制系统，是采用现代电子设备与软件信息技术，在出入口对人或物的进出进行放行、拒绝、记录和报警等操作的控制系统，系统同时对出入人员编号，出入时间，出入门编号等情况进行登录与存储，从而成为确保区域的安全，实现智能化管理的有效措施。

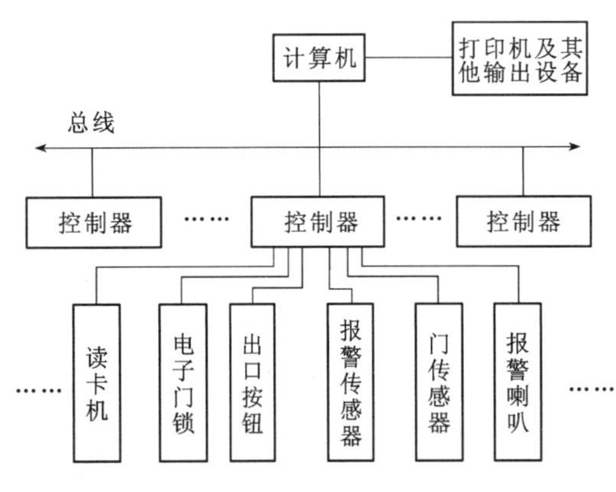

图 4-3　出入口控制系统基本结构

1. 出入口控制系统基本结构及组成

出入口控制系统一般具有如图 4-3 所示的结构。它包括 3 个层次的设备。

（1）底层是直接与人员打交道的设备，有读卡机为代表的各种读取装置、电子门锁、出口按钮、报警传感器和报警喇叭等。

（2）中层是控制器接收底层设备发来的信息，同自己存储的信息相比较以作出判断，然后再发出处理的信息。

（3）顶层是管理计算机，多个控制器通过通信网络与计算机连接起来就组成了整个建筑的出入口系统。

出入口系统的工作原理是底层设备将相关信息发送到控制器，控制器接收底层设备发来的信息，同自己存储的信息相比较以做出判断，然后再发出处理（开锁、闭锁等）的信息。例如读卡器读卡时，将卡上信息送给控制器，根据卡号，当前时间和已登记储存的信息，控制器判断并识别卡的有效性，控制电子门锁开启；控制器所记录的卡号、登记时间、是否注册、是否有效等信息、门的状态信息，都显示在计算机上。单个控制器就可以组成一个简单的门禁控制系统，用来管理一个或几个门。多个控制器通过通信网络与计算机连接起来就组成了整个建筑的门禁控制系统。计算机装有门禁系统的管理软件，它管理着系统中所有的控制器，完成系统中所有信息的分析与处理。如图 4-4 所示。

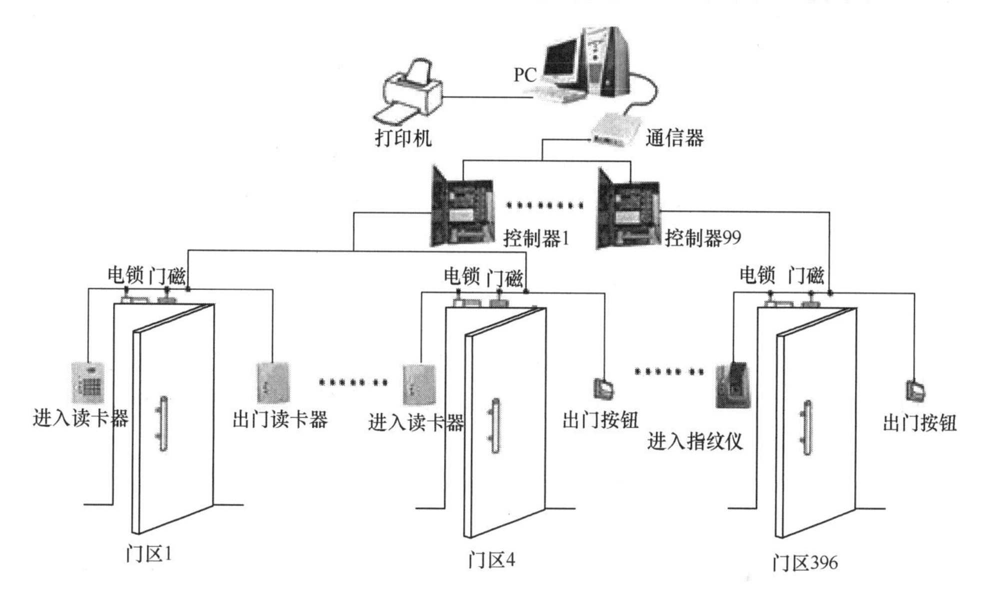

图 4-4　出入口控制系统示意图

2. 出入口控制系统典型设备

(1) 各种出入凭证的识读装置

出入凭证的识读检验装置目前使用的有各类卡片读卡器、二维码扫码识别、拍摄图像识别、授权密码检验以及人体生物识别（刷脸、指纹、掌纹、视网膜、声音）等装置，如图 4-5 所示。电子读取装置的识别过程是：将读取的特征信息转换为电子数据，然后与存储在装置存储器中的数据进行对比，实现身份的确认和权限的认证。其主要功能是通过对出入凭证的检验，判断出入人员是否有授权出入。只有进入者的出入凭证正确才予以放行，否则将拒绝其进入。

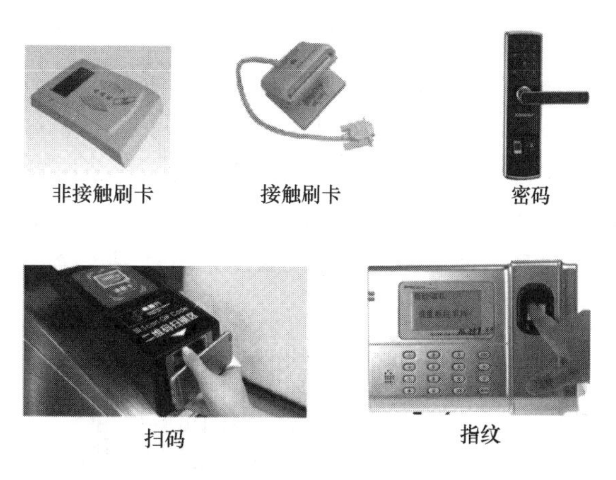

图 4-5　出入口系统常用识读装置

早期常用智能卡分接触式、非接触式两种，接触式 IC 卡发展较早，卡片上封有电路芯片，信息的读写需要通过直接电路接触，实现对芯片数据的读写。非接触式 IC 卡采用射频识别技术，将具有微处理器的集成电路芯片和天线封装于塑料基片中，卡与读卡器之间通过无线电波来完成读写操作。随着人工智能等技术发展，扫码、刷脸、指纹等识别装置应用越来越广泛。

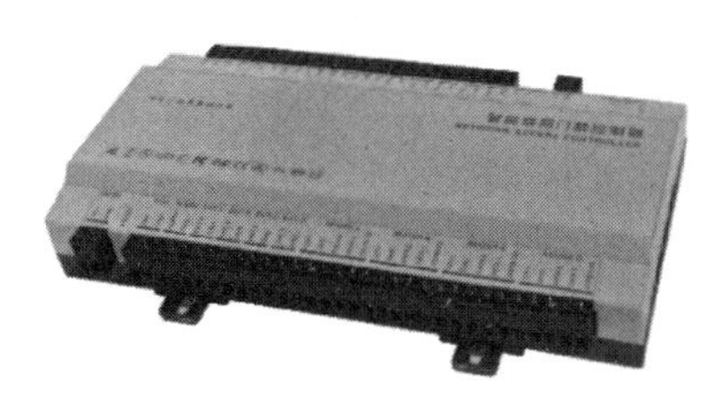

图4-6 典型出入口管理系统控制器

(2) 控制器

控制器是出入口管理系统的核心部分，它负责整个系统的输入、输出信息的处理和储存，它验证门禁读卡器输入信息的可靠性，并根据出入规则判断其有效性，如若有效则对执行部件发出动作信号。典型出入口管理系统控制器见图4-6所示。

(3) 出入口锁定机构

出入口锁定机构根据出入需求不同有多种形式，不同形式的锁定机构就构成了各种不同出入口控制系统。比如，地铁收费系统的拨杆、停车场的挡车闸、自助银行的收出钞装置。如果锁定机构是一个门，就是使用电锁对门进行控制，即所谓“门禁”系统。

3. 出入口控制系统的功能

(1) 设定出入权限

出入口控制系统可以设定识读卡(码)出入权限，指定可以接受哪些通行卡的使用，编制每张卡的权限，即每张卡可进入哪道门，何时进入，需不需要密码。系统可跟踪任何一张卡，非正常信息就发出报警信号。

(2) 能实时收到所有读卡的记录

(3) 实时监测门的状态

通过设置门磁开关等传感器，实时监测门当前状态，如门在设定范围内出现异常，则系统会发出警报信号。

(4) 当接到消防报警信号时，系统能自动开启电动锁，保障人员疏散

知识链接：二维码的基本原理及发展历程

二维码又称二维条码(2-dimensional bar code)，是用某种特定的几何图形按一定规律在平面(二维方向上)分布的黑白相间的图形记录数据符号信息的；在代码编制上巧妙地利用构成计算机内部逻辑基础的“0”、“1”比特流的概念，使用若干个与二进制相对应的几何形体来表示文字数值信息，通过图像输入设备或光电扫描设备自动识读以实现信息自动处理，如图4-7所示。

(a)

(b)

图4-7 一维条码与二维码图

(a) 一维条码；(b) 二维码

由于二维条码在平面的横向和纵向上都能表示信息，所以与一维条码比较，二维条码所携带的信息量和信息密度都提高了几倍，二维条码可表示图像、文字、声音等。二维条码的出现，使条码技术从简单地标识物品转化为描述物品，它的功能起到了质的变化，条码技术的应用领域也就扩大了。

4.2.2　出入口控制系统安装接线及管理软件应用

1. 出入口控制系统设备安装接线

出入口控制系统设备的种类、型号、厂家不同，其安装接线有很大的不同，安装前一定要详看厂家提供的产品说明书及接线图。下面以典型产品的安装接线举例说明。

【例 4-2】某办公室门禁系统设备接线。

某办公室门禁系统包含设备：控制器、读卡器、电锁、门磁及出门按钮。其布线连接示意如图 4-8 所示。

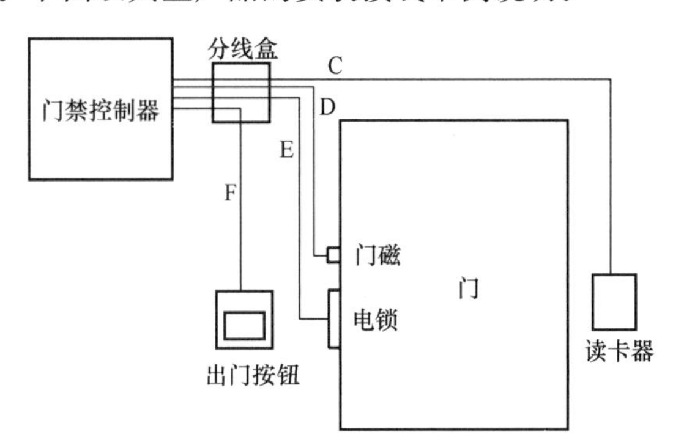

图 4-8　某办公室门禁系统设备接线示意

设备安装位置考虑因素如下：

(1) 门禁控制器的安装位置除了便于施工和操作外，还要考虑区域安全不能随意进入。一般一个控制器可带多个门，弱电井是比较合适的安装地点。如果没有弱电井可用，可将控制器安装在门上天花吊顶内，并考虑控制器与被控制门的线路长度限制。

(2) 读卡器可选用指纹与密码共用，安装在门外侧，一般装于门拉开的一侧，便于进门操作位置，安装高度通常在 1.0～1.4m。

(3) 电锁与门磁的安装，门磁有线的一端安装在门框上，无线的一端装在门框上，安装方式参见图 4-25 所示。

(4) 出门按钮安装在门内侧，用于出门。安装高度通常在 1.0～1.4m，一般装于门拉开的一侧。

2. 出入口控制系统管理软件应用

出入口控制系统管理软件是系统集中管理平台，并为管理人员提供直观的、图形化的界面，方便操作。出入口系统管理软件的开发一般都是根据用户的需求进行设计的，其设计开发过程遵循模块化和结构化原则，采用模块化的自顶向下的设计方法，既讲究系统的一体化和数据的集成管理；又注意保持各模块的独立性，模块间接口简单，同时预留接口以适用将来的变化和升级以满足用户对系统功能的扩展。

一般来讲管理软件都是和相应的出入口控制器配套使用的，因为只有相应的硬件生产商才能开发出与其相配套的管理软件，而各生产商控制信号格式、通信协议都是私有，所以没有统一的标准，使用前一定要详看厂家提供的产品说明书。

【例 4-3】某办公室门禁系统管理软件功能模块。

图 4-9 是某门禁管理软件功能模块，它是通过设置出入人员的权限来控制通道的系统，它在控制人员出入的同时可以对出入人员的情况进行记录和保存，在需要用的时候可以查询出这些记录，所以门禁系统管理软件一般包含以下几个功能模块：系统管理、权限管理、持卡人信息管理、门禁开门时段定义、开门记录信息管理、实时监控管理（安防联动需求）、系统日志管理、数据库备份与恢复等。

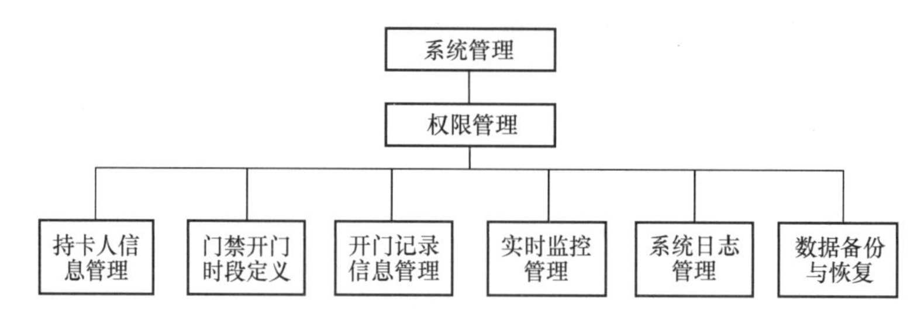

图 4-9　某办公室门禁系统管理软件功能模块

特别提示：安防系统使用综合布线作为传输线路

综合布线系统（参见本书任务 5-2）属于任何智能系统的物理层，由于价格和意识上的原因，综合布线系统长期以来大量被用于电话和计算机网络系统，随着综合布线系统的技术日益得到普及，许多智能系统逐步开始使用综合布线系统作为其传输线路。

在出入口控制系统、视频监控系统、入侵报警系统等安防系统中有两种传输线路：信号线和电源线。信号线主要用于系统中各设备之间的信号传输，如门禁控制器与识别装置、数字摄像机与视频服务器、报警控制器与探测器等之间的信号传输，这些信号线就可以使用综合布线中的双绞线替代。电源线主要用于给控制器、摄像机、电锁等设备供电，通常配备有稳压电源，将交流 220V 电源变换成直流 12V 或 24V，分别供给控制器、探测器等，并配选标准的电源线。

任务 4.3　视 频 监 控 系 统

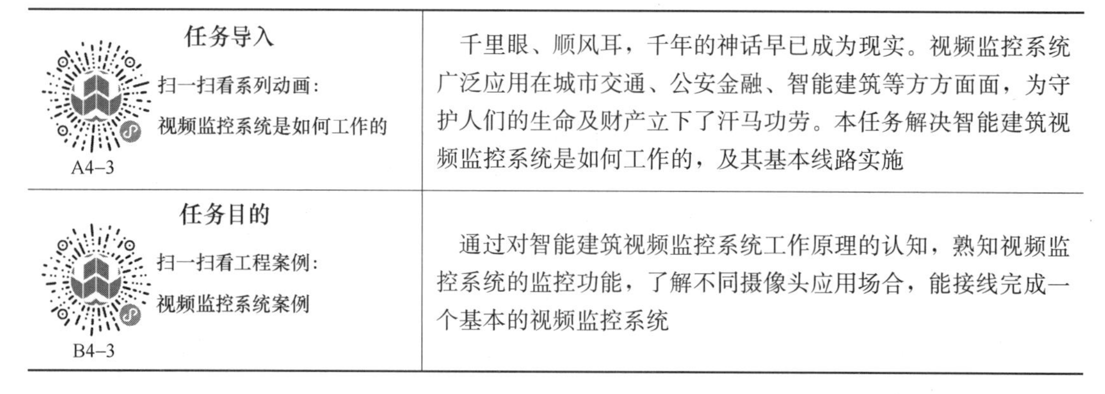

任务导入 扫一扫看系列动画：视频监控系统是如何工作的 A4–3	千里眼、顺风耳，千年的神话早已成为现实。视频监控系统广泛应用在城市交通、公安金融、智能建筑等方方面面，为守护人们的生命及财产立下了汗马功劳。本任务解决智能建筑视频监控系统是如何工作的，及其基本线路实施
任务目的 扫一扫看工程案例：视频监控系统案例 B4–3	通过对智能建筑视频监控系统工作原理的认知，熟知视频监控系统的监控功能，了解不同摄像头应用场合，能接线完成一个基本的视频监控系统

4.3.1　视频监控系统认知

视频监控（Cameras and Surveillance）是安全防范系统的重要组成部分，系统通过摄像机、监视器等设备直接观察被监视场所的情况，并进行同步录像。另外视频监控系统还可以与入侵报警系统等其他安全技术防范体系联动运行，提高安全防范能力。

1. 视频监控系统基本结构及组成

视频监控系统依功能可以分为：摄像、传输、控制、显示与记录五个部分，其结构示意图如图4-10所示。

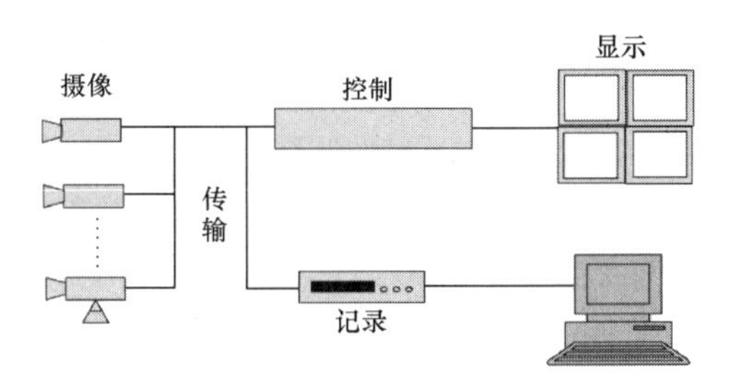

图4-10　视频监控系统结构示意图

(1) 摄像部分是安装在现场的，称为前端设备，其任务是对被摄体进行摄像并将其转换成电信号。主要包括摄像机、防护罩、支架和电动云台。

(2) 传输部分是把现场摄像机发出的电信号传送到控制中心。主要有线缆、交换机、视频分配器等。

(3) 控制部分负责对系统内各个设备（摄像机云台、镜头等）进行控制，以及对图像信号处理。主要有视频服务器、矩阵主机等。

(4) 显示部分是把从现场传来的电信号转换成图像在监视设备上显示。主要有监视器。

(5) 记录部分负责图像存储。主要有硬盘录像机。

2. 两种不同技术路线的视频监控系统

视频监控系统有两种技术路线：一种是基于模拟信号的传统视频监控系统，另一种是基于IP的网络视频监控系统，如图4-11所示。

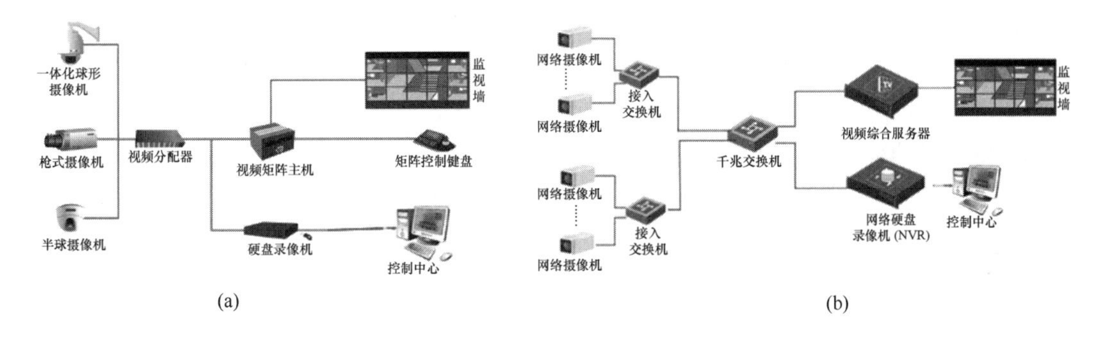

图4-11　两种不同技术路线的视频监控系统

（a）基于模拟信号的传统视频监控系统基本结构；（b）基于IP的网络视频监控系统基本结构

(1) 传统视频监控系统

传统视频监控系统是基于模拟信号的传输，见图4-11（a）。摄像机采用普通摄像机，即可以是模拟摄像机，也可以是数字摄像机。传输线路使用同轴视频线缆，经视频分配器送到控制主机。控制部分对大型楼宇主要采用矩阵控制主机，其功能是对前端设备控制以及图像信号进行分配、切换处理；例如使M台摄像机摄取的图像（产生的视频信号）送到N台监视器上轮换分配显示，同时处理多路控制命令，与操作键盘、多媒体计算机控制平台等设备通过通信连接组成视频监控中心。

传统视频监控系统的主要设备有：摄像机、视频分配器、矩阵控制主机，监视器及硬盘录像机等，信息传输采用视频传输线连接。

（2）网络视频监控系统

网络视频监控系统是基于IP网络信号的传输，是将图像信息数字化，并通过有线或无线IP网络进行传输，如图4-11（b）。摄像机采用网络数字摄像机，网络摄像机是融摄像、视频编码、Web服务于一体的摄像设备，内嵌了TCP/IP协议栈，可以直接连接到网络。传输线路使用网络传输线缆，包括双绞线电缆和光纤，以及交换机、服务器等网络设备。控制部分通过计算机监控平台软件可进行对监视器画面的控制、调用及分配。网络数字硬盘录像机，在这里简称NVR，它不仅解决了视频的数字化压缩和存储，实现大容量硬盘自动循环存储，而且添加了人工智能芯片和应用处理软件的网络硬盘录像机，能够实现图像识别，特征提取、人脸识别、人员检索等功能，为管理者提供决策分析。

网络视频监控系统的主要设备有：网络数字摄像机、交换机、视频服务器、监视器及网络硬盘录像机等。信息传输采用有线或无线网络连接。

随着网络通信技术、多媒体技术的发展，视频监控技术也从传统的模拟视频监控系统向数字化网络监控系统发展，数字化网络监控系统是将计算机技术、图像压缩、存储、解压、传输技术、监控技术、远程通信技术、多媒体技术的优势优化组合产生的新一代监控系统，通过有线或无线通信实现网络化管理和智能化监控，是目前的主流应用技术。

3. 常用视频监控系统设备

（1）摄像机

摄像机按其外形可分有枪式摄像机、半球式摄像机、笔式摄像头等。为使监视范围更广阔，摄像机与电动旋转云台、电动变焦镜头组合，通过对云台旋转控制，可全方位扩大监视范围；通过变换镜头焦距，可拉远或拉近监视画面，还可以锁定监视目标。目前使用较先进的是把云台、变焦镜头和摄像机封装在一起的一体化摄像机，它们配有高级的伺服系统，云台可以有很高的旋转速度，还可以预置监视点和巡视路径，这样平时可以按设定的路线进行自动巡视，一旦发生报警，就能很快地对准报警点，进行定点的监视和录像。常见的摄像机如图4-11所示。

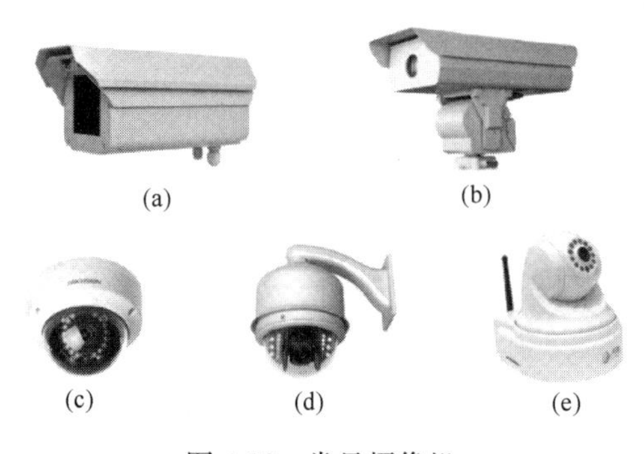

图4-12　常见摄像机

（a）枪式摄像机；（b）带云台摄像机；（c）半球式摄像机；（d）一体化摄像机；（e）小型监控网络摄像机

（2）控制设备

视频监控系统的控制功能主要有对图像的自动切换、画面分割功能；报警画面自动切换功能；以及对云台、镜头控制等功能。对于网络视频监控系统，这些功能通过计算机软件系统平台操作完成即可。如果是传统视频监控系统，需要的控制设备主要有：

1）画面分割器　把多路视频信号合成为一路输出，进入一台监控器的设备，可在屏幕上同时显示多个画面，分割方式常有4画面、9画面及16画面等。

2）矩阵切换主机　该设备是视频监控

系统中管理视频信号的核心设备。使 M 台摄像机摄取的图像（产生的视频信号）送到 N 台监视器上轮换分配显示，同时处理多路控制命令，与操作键盘、多媒体计算机控制平台等设备通过通信连接组成视频监控中心。

3）操作键盘　该键盘是视频监控系统中的专用控制键盘，一般用它来控制系统中的其他设备。如通过解码器控制云台上、下、左、右转动；通过解码器控制摄像机镜头的聚焦远近等。解码器在视频监控系统中主要负责将各操作键盘（或矩阵切换主机）发送来的指令进行译码，以驱动前端设备动作。解码器可与云台、镜头等控制的摄像机封装一起安装在现场。

（3）监视器

监视器也称为显示器，是监控系统的终端设备，充当着监控人员的“眼睛”。早期监视器分彩色、黑白两种，目前以液晶监视器为主，有多种规格尺寸。

从技术上说，监视器在功能上要比电视机简单，但在性能上，却比电视机要求高，其主要区别反映在如下几个方面：

1）清晰度和色彩还原度更佳。监视器由于用户需要观察的是监控画面，对比传统电视节目画面，监控画面需要为用户呈现更多的细节，甚至是一些暗画面的细节表现也需要分辨得很清楚，这就要求监视器的清晰度和色彩还原能力要远远高于普通的电视机。

2）产品稳定可靠性更高，传统的电视机设计需求为普通家庭用户，每天平均的开机时间为 4～5h，并不适合长时间开机。而监视器产品均采用耐高温原件及工业级线路设计，支持 7×24h 使用，即使在恶劣环境也能保持多年的稳定。

（4）硬盘录像机

传统视频监控系统采用数字硬盘录像设备（Digital Video Recorder，简称 DVR），DVR 解决了视频的数字化压缩和存储，实现了大容量硬盘自动循环存储，而且检索快速、重播录像清晰。

随着人工智能的发展，后端设备更加强化计算分析功能，以支持复杂的视频分析，网络硬盘录像机（Network Video Recorder 简称 NVR）除具备压缩存储视频信息功能外，通过添加 GPU 等人工智能加速芯片和应用处理软件，智能 NVR 能够实现图像识别，特征提取，人体识别、人员检索等功能。

常见的显示及控制设备如图 4-13 所示。

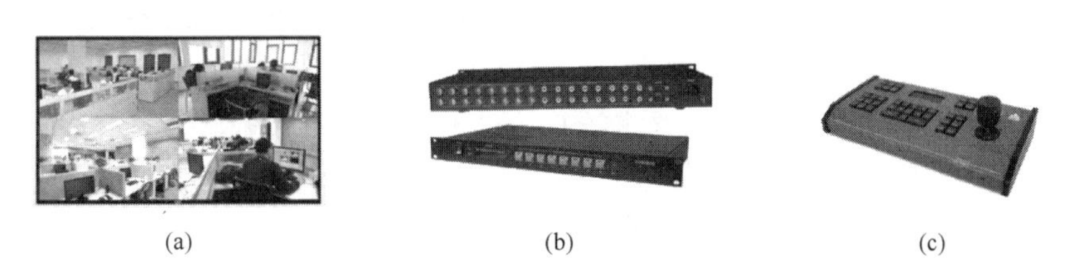

(a)　(b)　(c)

图 4-13　监视器及控制设备

（a）监视器；（b）矩阵及画面分割器；（c）操作键盘

知识链接：人工智能推动视频监控行业的升级换代

中国视频监控行业在近 20 年中经历的升级换代如图 4-14 所示。

(1) 高清化：在这次升级的主要变化是摄像机的清晰度从标清（30万像素）升级到100万像素或以上。图像传输方法从原本通过同轴电缆传输的模拟信号过渡到通过局域IP网 或同轴电缆传输的数字信号。后端设备也从数字硬盘录像机DVR（Digital Video Recorder）过渡到网络硬盘录像机NVR（Network Video Recorder）。

(2) 网络化：在这次升级中的主要变化是，基于IP网络的存储系统（IP-SAN）视频被直接传回数据中心内的集中存储。主要的优势是方便集中管理以及可监控的区域大大增加。

(3) 智能化：随着人工智能（AI）技术在视频分析领域的突破，视频监控行业正处在第三次重要的升级周期的开始阶段。这次升级主要包括：①前端摄像机的智能化升级以支持结构化数据提取。②后端设备强化计算分析功能，以支持复杂的视频分析。③对应特定行业应用的人工智能分析软件快速增长。

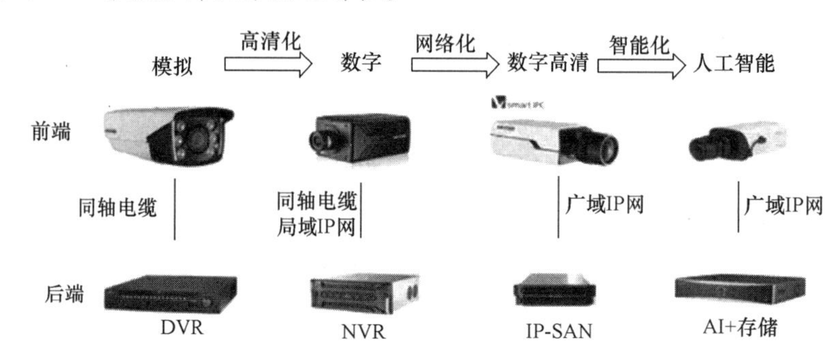

图4-14 视频监控系统的升级换代

4.3.2 视频监控系统施工图识读与设备安装

1. 视频监控系统设计要点

(1) 摄像机的选择与布置

摄像机的选择一般要求如下：

1) 应根据监视目标的照度选择不同灵敏度的摄像机。监视目标的最低环境照度应高于摄像机最低照度的10倍。

2) 摄取固定监视目标时，可选用定焦距镜头；当视距较小而视角较大时，可选用广角镜头；当视距较大时，可选用望远镜头；当需要改变监视目标的观察视角或视角范围较大时，宜选用变焦距镜头。当需要遥控时，可选用具有变焦距的遥控镜头装置。

3) 固定摄像机在特定部位上的支承装置，可采用摄像机托架或云台。当一台摄像机需要监视多个不同方向的场景时，应配置自动调焦装置和遥控电动云台。

4) 根据工作环境应选配相应的摄像机防护套。防护套可根据需要设置调温控制系统和遥控雨刷等。

5) 摄像机需要隐蔽时，可设置在顶棚或墙壁内，镜头可采用针孔或棱镜镜头。对防盗用的系统，可装设附加的外部传感器与系统组合，进行联动报警。

6) 监视水下目标的系统设备，应采用高灵敏度摄像管和密闭耐压、防水防护套，以及渗水报警装置。

摄像点的合理布置是影响设计方案是否合理的一个方面。对要求监视区域范围内的景物，要尽可能都进入摄像画面，减少摄像区的死角。要做到这点，当然摄像机的数量越多越好，但这显然是不合理的。为了在不增加较多的摄像机的情况下能达到上述要求，就需要对拟定数量的摄像机进行合理的布局设计。图 4-15 是几种监视系统摄像机的布置实例。

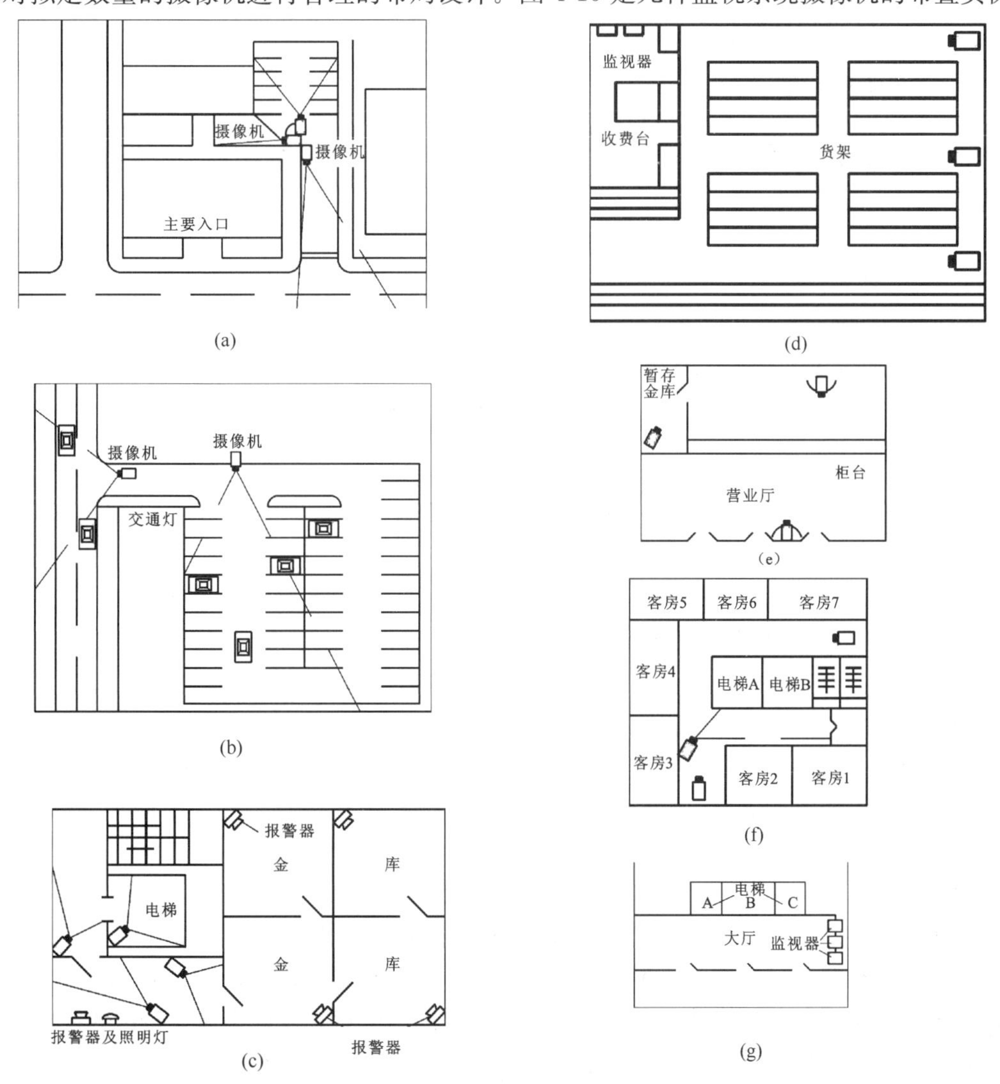

图 4-15 视频监控系统摄像机布置实例

(a) 需要变焦场合；(b) 停车场监视；(c) 银行金库监控；(d) 超级市场监视；(e) 银行营业厅监视；(f) 宾馆保安监视；(g) 公共电梯监视

(2) 视频监控系统连接方式

视频监控系统在工程布置上主要有两大部分。一部分是分布在现场的各类摄像机，另一部分就是监视控制中心设备，两者之间通过视频信号线、控制信号线及电源线连接，如图 4-16 所示。具体方式如下：

1) 视频信号线可采用同轴电缆、双绞线和光纤。传输距离较近，可采用同轴电缆传输视频基带信号的视频传输方式，同轴电缆传输距离见表 4-2。传输距离较远，监视点分布范围广可采用双绞线或光纤，但需增加中继器、光端接收机等设备。

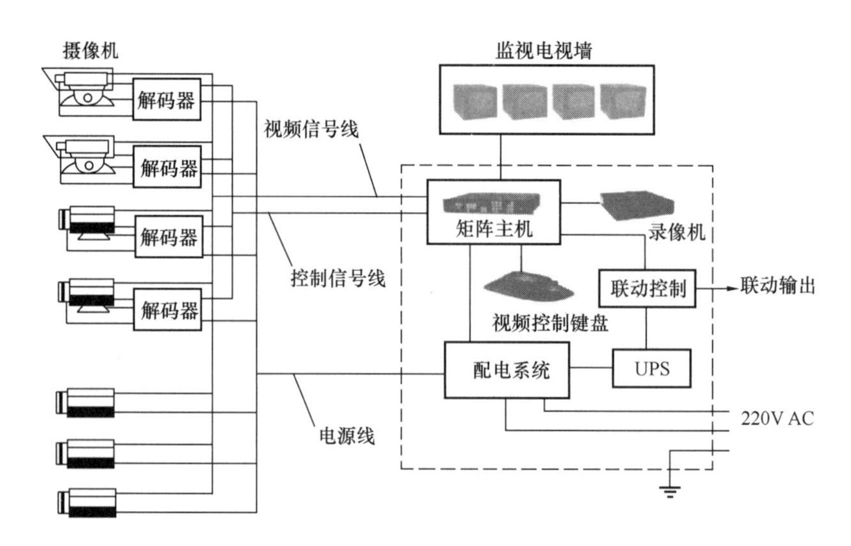

图 4-16　视频监控系统连接结构图

常用同轴电缆传输距离　　**表 4-2**

同轴电缆类型	最大有效传输距离	同轴电缆类型	最大有效传输距离
SYV-75-5（RG59）	3000ft（914.4m）	SYV-75-9（RG11）	6000ft（1828.8m）
SYV-75-7（RG6）	4500ft（1371.6m）	SYV-75-12（RG15）	8000ft（2438.4m）

2）控制信号线缆及电源线类同前述电路选线，专供摄像机电源线，通常有 24V 交流电压、12V 直流电压等。

带云台或变焦控制的摄像机与主机的连接除视频传输线及电源线外，云台等控制信号由解码器输出，解码器安装在摄像机现场，解码器通过总线与控制主机相连。另外控制中心的控制主机可通过通信接口模块与计算机相连。

特别提示：

上述论述的是同轴视频硬盘录像系统（DVR 系统），摄像头输出的是视频信号，输出接口是同轴线缆接口（BNC），BNC 对应的线缆是 75-3 或者 75-5 同轴电缆。这种电缆工作时信号是在全屏蔽中的线芯中传输的，很难受到外界干扰，同时摄像头传来的视频信号是没有经过任何转换的原始信号，所以提供给图像采集系统的是高保真的原始模拟图像。

如果是网络传输监控录像系统（NVR 系统），摄像头是通过综合布线系统信息接口（RJ45）输出标准的网络信号的，这种信号可以和常用的网络设备如交换机路由器等相兼容，所以采用的是标准的网线来传输信号。每个摄像头就相当于一个 PC 终端，每个终端都有独立的 IP 地址，而网络硬盘录像机（NVR）采集设备根据这些独立的 IP 地址来区分和识别每一路视频通道的录像。NVR 系统线缆抗干扰能力仅次于同轴电缆和光纤，但是传输距离较短，每个节点的单根网线长度不能超过 100m，需要更长距离时要加中继器或者采用光纤传输。

2. 视频监控系统施工图纸识读

视频监控系统施工图纸主要由系统图、平面图等组成。我们以典型例子来说明如何识读系统图及平面图。

【例 4-4】某超市视频监控系统设计。

某超市为地上 2 层，后面为 4 层办公楼。监控室拟设在办公楼 2 楼保卫中心旁边房间。办公楼 1 楼与地下室为商品库房。2 楼以上为办公区。

设计要求，对商场进行封闭监控，白天，应监控商场内的情况以及人员流动情况，重点监控收款处、珠宝柜台、财务室、地下仓库的出入库情况，并要求连续录像。晚上对整个商场，仓库等进行全面封锁。无紧急情况，安全保卫人员不需进入商场内巡逻，完全靠监控系统对商场内进行监控。突发事件要能实时录像，报警事件应能自动实时录像，并发出警报。该超市视频监控平面图如图 4-17 所示。

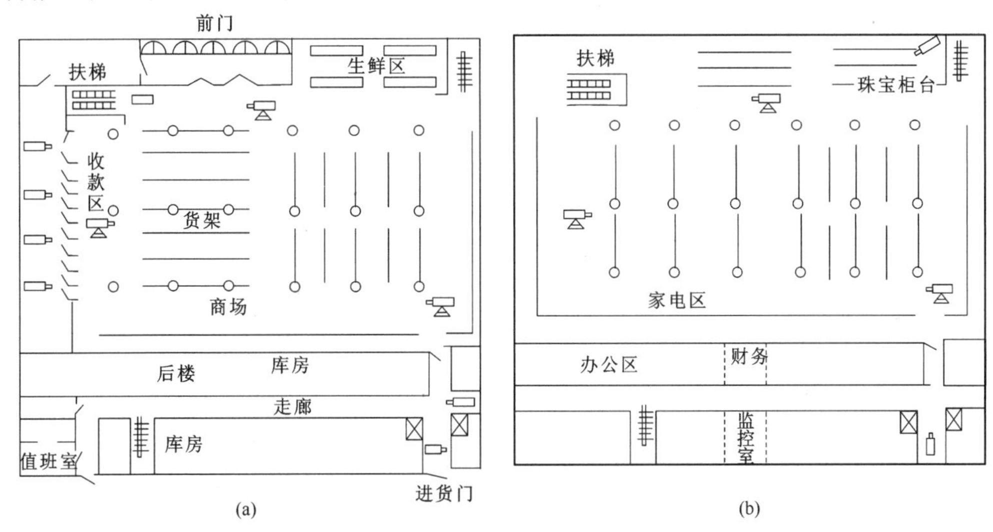

图 4-17 某超市视频监控平面图

(a) 一楼平面图；(b) 二楼平面图

根据现场勘察结果和用户设计要求，视频监控及报警系统设计方案如下：

(1) 摄像机的布置

在 1 楼超市和 2 楼超市大厅，各设置 3 台吸顶式全方位云台彩色摄像机、三可变镜头，用于对商场主要通道、货区观测，由于货架为 2m，上面有近 3m 空间，因此摄像机相对观测范围较大。1 楼收款处设置 4 台固定焦距摄像机，每个摄像机监控 3 个收款处。另外 1 台摄像机监控大件货物柜台。扶梯口 1 楼设置 1 台固定摄像机，用于上下扶梯的安全监控。珠宝柜台设置 1 台固定摄像机实行 24h 监控。

在 1 楼与 2 楼工作人员进出门各设置一台摄像机，用于对进出人员和货物监控。

货架中间人行通道、临街窗口、人行楼梯、进出口处，分别安装被动红外/微波报警探测器，按每台摄像机可观测范围设置报警防区，进行联动安全防范。这样，在系统布防后，可对商场实行全面封锁。

办公区和库房中的财务室各设置 2 台固定摄像机，被动红外/微波报警探测器，对财务室进行防范。放置在屋内的金柜在摄像机监视范围内。

1 楼和地下库房在走廊内各设 1 台固定摄像机。货物进入门口设 1 个固定摄像机。库房各设 1～2 台被动红外/微波报警探测器，振动探测器，用于对库房防卫。

因此，共需安装 6 台带三可变镜头、全方位云台的彩色摄像机，15 台固定摄像机，

60 个被动红外/微波报警探测器，10 个振动报警探测器。

根据商场装饰的特点，以及减少对顾客购物的心理压力。所有安装在商场内的摄像机，均采用隐蔽的半球摄像机。这样与商场装饰比较协调，顾客也不容易注意。

货架通道内被动红外/微波报警探测器选用长距离探测器，对通道进行封锁。由于已有照明和防火控制。设计时不再考虑。

（2）系统控制设备的设计选择

监控室设计安装控制台和电视墙。系统控制主机选择矩阵系统控制主机 AB2/50VAD32-8。该主机具有 32 路视频输入，8 路视频输出，以及 32 路报警输入，1 路报警输出。实际安装有 21 台摄像机输入，其余作为扩展用。选用 MV9016 型 16 画面处理器 1 台，用于对连续监视图像进行分割显示和录像。

选用 2 台录像机，一台用于 16 画面连续录像。另一台用于紧急事件录像。选用 3 台 3A、12V 直流稳压电源，用于对 $12V_{DC}$固定摄像机、报警探测器等的直流供电。

选择 1 台 5W、$12V_{DC}$警号，作为报警输出设备。选择 1 台 2kW 交流净化稳压电源，统一向系统供电。

选择一台 74cm 大屏幕彩色电视机，主要用于对 16 画面图像监视，其余 7 台 36cm 彩色监视器。一台彩色监视器设计安装在控制台上。

（3）传输系统设计

传输系统采用有线传输方式，由于传输距离较近，视频电缆选用 SYV75-5 视频同轴电缆。通信控制线选用单芯为 0.5mm^2双绞屏蔽电缆。报警探测器用线为 0.75mm^2四芯护套电缆，电源线（$220V_{AC}$）为 2.5mm^2三芯护套电源线。所有传输线，均采用阻燃塑料电线管进行保护。电源 $220V_{AC}$供电线单独在一根电线管内走线。在工程装修阶段，所有管线都预埋在墙内或吊棚内。根据情况设置接线盒和检修口。

超市视频监控系统图如图 4-18 所示。

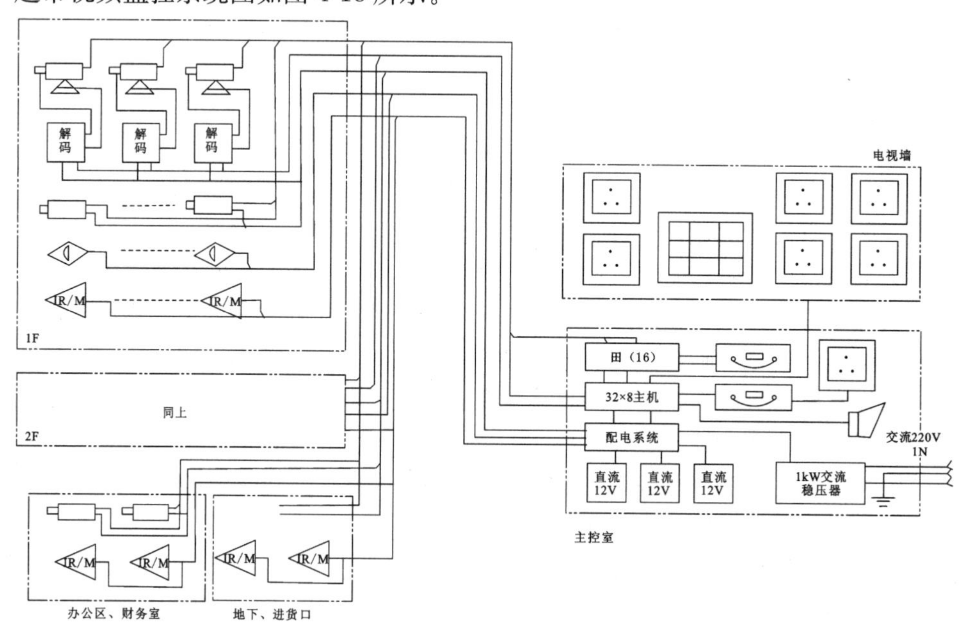

图 4-18　某超市视频监控系统图

3. 视频监控系统设备安装

视频监控设备安装应符合《安全防范工程技术标准》GB 50348—2018。其主要安装设备时摄像机，摄像机的设置位置、摄像方向及照明条件应符合下列规定：

（1）摄像机宜安装在监视目标附近不易受外界损伤的地方，安装位置不应影响现场设备运行和人员正常活动。安装的高度，室内宜距地面2.5～5m；室外应距地面3.5～10m，并不得低于3.5m。

（2）电梯厢内的摄像机应安装在电梯厢顶部、电梯操作器的对角处，并应能监视电梯厢内全景。

（3）摄像机镜头应避免强光直射，保证摄像管靶面不受损伤。镜头视场内，不得有遮挡监视目标的物体。

（4）摄像机镜头应从光源方向对准监视目标，并应避免逆光安装；当需要逆光安装时，应降低监视区域的对比度。

任务4.4　入 侵 报 警 系 统

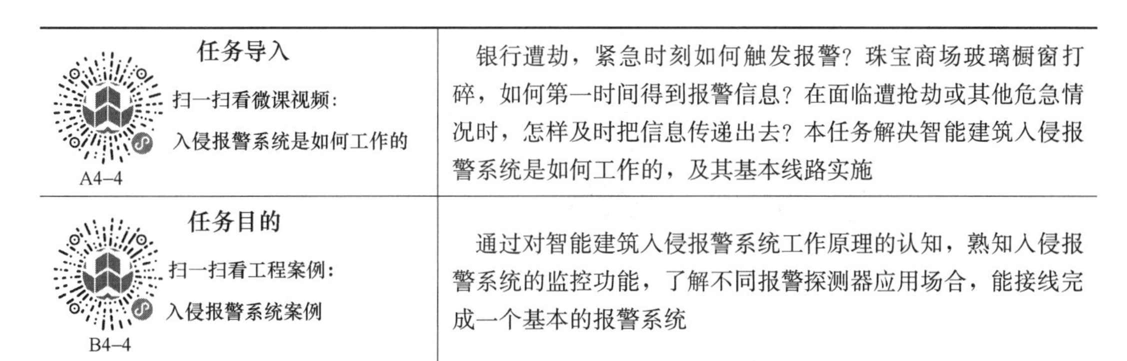

任务导入 扫一扫看微课视频： 入侵报警系统是如何工作的 A4–4	银行遭劫，紧急时刻如何触发报警？珠宝商场玻璃橱窗打碎，如何第一时间得到报警信息？在面临遭抢劫或其他危急情况时，怎样及时把信息传递出去？本任务解决智能建筑入侵报警系统是如何工作的，及其基本线路实施
任务目的 扫一扫看工程案例： 入侵报警系统案例 B4–4	通过对智能建筑入侵报警系统工作原理的认知，熟知入侵报警系统的监控功能，了解不同报警探测器应用场合，能接线完成一个基本的报警系统

4.4.1　入侵报警系统认知

入侵报警系统是指当非法侵入防范区时，引起报警的装置，它是用来发出出现危险情况信号的。入侵报警系统就是用探测器对建筑内外重要地点和区域进行布防。它可以及时探测非法入侵，并且在探测到有非法入侵时，及时向有关人员示警。

1. 入侵报警系统基本结构及组成

入侵报警系统一般具有如图4-19所示的结构。它包括3个层次的设备。

（1）底层是各种报警传感器。按各种使用目的和防范要求，在报警系统的前端安装一定数量的各种类型探测器，负责监视保护区域现场的任何入侵活动。如红外传感器、门磁等。

（2）中层是控制器，又称报警主机。用于连接报警探测器，判断报警情况，管理报警事件的专用设备。报警主机具有对防区分区设置与管理能力，对探测信号进行分析，对设防区域进行撤/布防操作，产生报警事件等，是整个安全系统的核心。

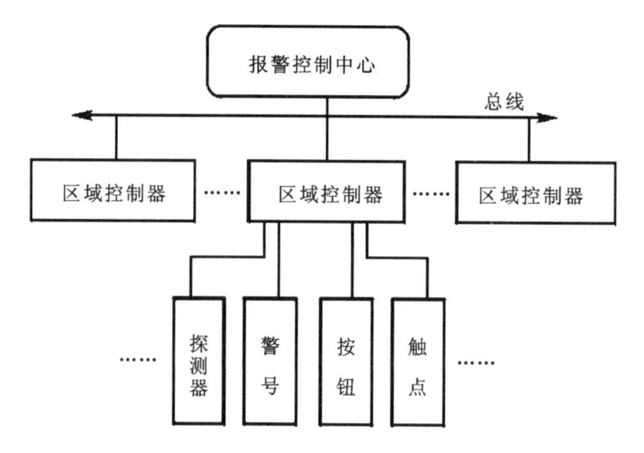

图 4-19　入侵报警系统基本结构

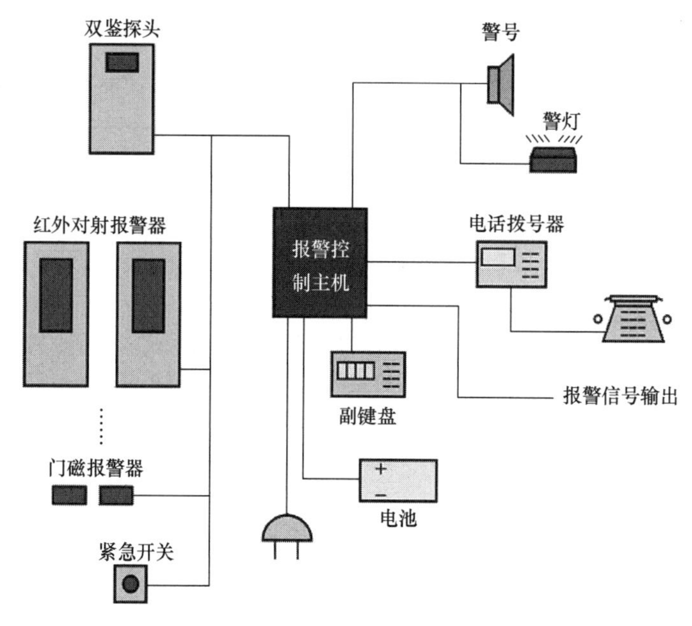

图 4-20　入侵报警控制系统示意图

(3) 顶层是管理计算机，多个控制器通过通信网络与计算机连接起来就组成了整个入侵报警系统，负责整体区域的各类报警记录、处理、联动等。

入侵报警信号传输系统是将探测器探测的信号送到报警控制器去进行处理、判断。信号传输方式主要有有线传输和无线传输。

有线传输是将探测器的信号通过导线传送到控制器。根据控制器与探测器之间采用并行传输还是串行传输的方式而选用不同的线制。线制是指探测器和控制器之间的传输线的线数，一般分有多线制、总线制和混合制（参见本书 3.2.2 基本的火灾自动报警系统线路实施）。有线传输系统稳定、可靠，但是管线敷设复杂，通常用于某些特定保护部门的防范。

无线传输是探测器输出的探测信号经过调制，用一定频率的无线电波向空间发送，由报警中心的控制器接受。无线传输具有免敷设线缆、施工简单、造价低、扩充容易的优点，尤其适合一些已完工的项目，不需破土敷设管线，破坏原有景观。其缺点是抗干扰能力差，在一定程度上影响系统运行的稳定。

2. 入侵报警系统典型设备

在入侵报警系统中需要采用不同类型的探测器，以适应不同场所、不同环境、不同地点的探测要求。根据探测器传感的原理可分为下列各种类型：

(1) 开关报警器

开关报警器是一种可以把防范现场传感器的位置或工作状态的变化转换为控制电路通断的变化，并以此来触发报警电路。由于这类报警器的传感器工作状态类似于电路开关，因此称为“开关报警器”，可分为如下几类：

1) 按钮。按钮是一种依靠外部机械力的推动实现电路通断的电路开关，如图4-21 (a) 所示。按钮开关最适用需人工手动紧急报警的场合，如银行交易柜台旁、独居老人住所等。

2) 微动开关。微动开关也是一种依靠外部机械力的推动实现电路通断的电路开关，其结构如图4-21 (b) 所示。微动开关适用于物体移动报警场所，如放在保险箱、贵重物品等的下面，一旦移动就报警。

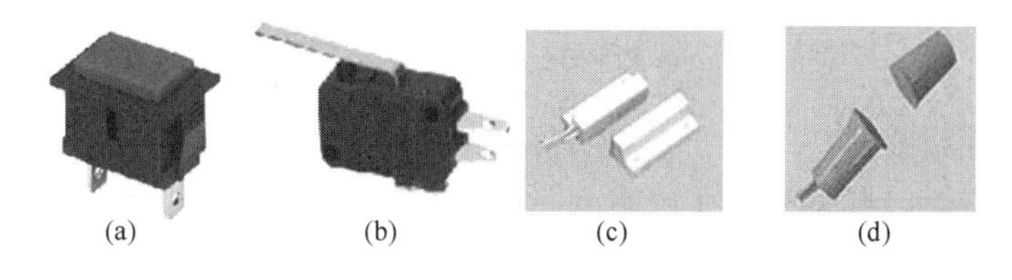

图4-21　开关类报警器
(a) 按钮；(b) 微动开关；(c) 门磁开关；(d) 窗磁开关

3) 磁控开关。也可称为门磁开关，主要由开关和磁铁两部分组成，开关部分由磁簧开关经引线连接，定型封装而成；磁铁部分封装于塑胶或合金壳体内；基本结构如图4-21 (c)、图4-21 (d) 所示。当两者分开或接近至一定距离后，磁铁磁场强度的改变引起开关的开断从而感应物体位置的变化。使用时，通常将磁铁安装在被防范物体（如门、窗）的活动位，把磁簧开关装在固定部位（如门框、窗框）。在设防状态下，若门窗被强行打开或遭破坏使门窗开启超过10mm时，磁簧开关触点断开，控制器立即产生断路报警信号。其结构见图4-22。

(2) 红外线探测器

红外报警探测器是依据红外线能量的辐射及接收技术构成的探测装置，是目前最常用的报警探测器，可分为主动式和被动式两种类型。

1) 被动式红外探测器。被动式红外探测器不向空间辐射任何形式的能量，而是利用人体具有的红外辐射，如果在防范区发生红外辐射能量的变化，探测器即发出报警信息。被动式红外探测器适用于建筑物的出入口、公共区域等场所，可直接安装在墙上、顶棚上或墙角。

2) 主动式红外探测器。主动式红外探测器是由收、发装置两部分组成。红外发射装置向红外接收装置发射一束红外光束，此光束如被遮挡时，接收装置就发出报警信号。主动式红外探测器适用于区域的周界防范。

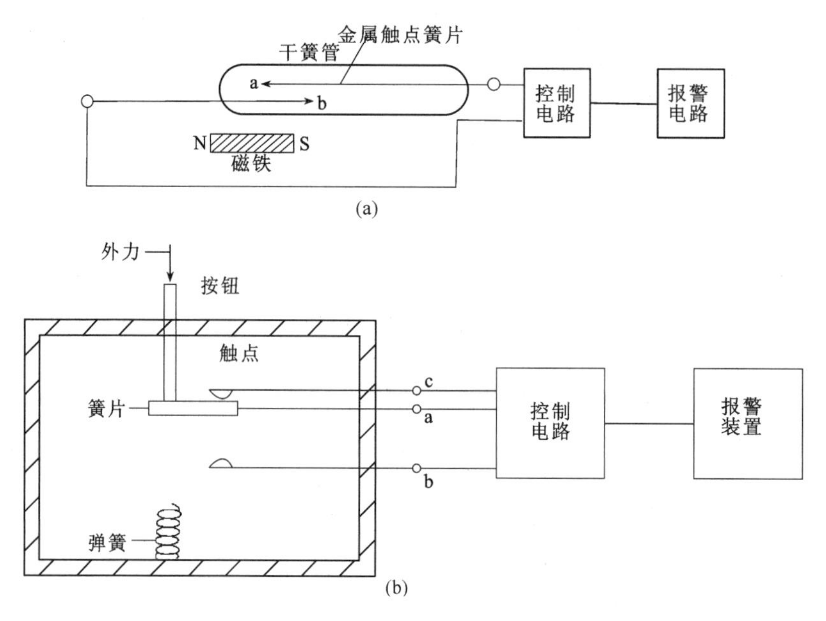

图 4-22　开关类报警器结构示意图

(a) 磁控开关报警器结构示意图；(b) 微动开关报警器结构示意图

(3) 玻璃破碎报警器

玻璃破碎报警器一般是粘附在玻璃上，利用振动传感器（开关触点形式）在玻璃破碎时产生的 2kHz 特殊频率，感应出报警信号。而对一般行驶车辆或风吹门、窗时产生的振动信号没有响应。

(4) 微波报警器

微波报警器是利用超高频的无线电波来进行探测的。探测器发出无线电波，同时接受反射波，当有物体在探测区域移动时，反射波的频率与发射波的频率有差异，两者频率差称为多普勒频率。探测器就是根据多普勒频率来判定探测区域中是否有物体移动的。由于微波的辐射可以穿透水泥墙和玻璃，通常适合于开放的空间或广场。

(5) 声控报警器

声控报警器用微音器做传感器，用来监测入侵者在防范区域内走动或作案活动时发出的声响（如启、闭门窗，拆卸、搬运物品及撬锁时的声响），并将此声响转换为电信号经传输线送入报警主控制器。

(6) 双鉴报警器

双鉴报警器产生的起因是由于单一类型的探测器误报率较高，多次误报将会引起人们的思想麻痹，产生了对防范设备的不信任感。为了解决误报率高的问题，人们提出互补探测技术方法，即把两种不同探测原理的探头组合起来，进行混合报警。如超声波和被动红外探测器组成的双鉴报警器、微波和被动红外探测器组合的双鉴报警器等。

常见报警探测器如图 4-23 所示。

(7) 入侵报警控制器

入侵探测报警控制器又被称为报警控制主机，是报警控制系统核心，负责控制、管理本地报警系统的工作状态；收集探测器发出的信号，按照探测器所在防区的类型与主机的

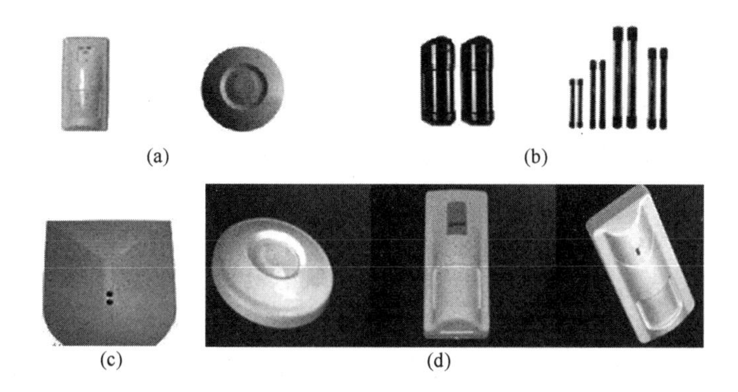

图 4-23　常见报警探测器

(a) 被动红外探测器；(b) 主动红外探测器；(c) 玻璃破碎探测器；
(d) 各类双鉴探测器

工作状态（布防/撤防）做出逻辑分析，进而发出本地报警信号，同时通过通信网络向接警中心发送特定的报警信息。图 4-24 所示典型报警主机以及防区扩展模块电路板图示。

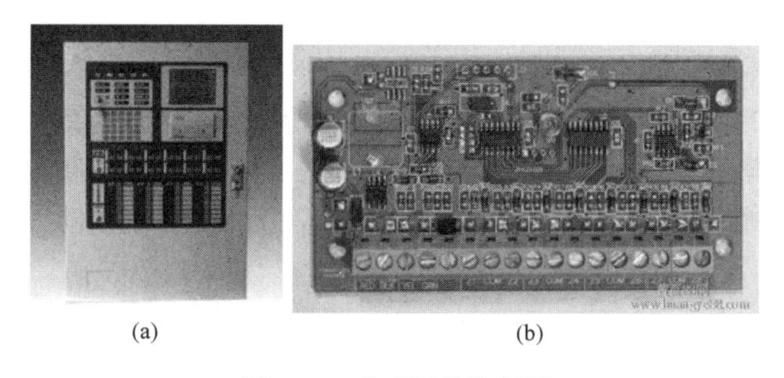

图 4-24　典型报警控制器

(a) 入侵报警控制器；(b) 报警控制器防区扩展模块

3. 入侵报警控制系统功能

一般的报警控制器具有以下几方面的功能：

(1) 布防与撤防

在正常工作时，工作人员频繁出入探测器所在区域，报警控制器即使接到探测器发来的报警信号也不能发出报警，这时就需要撤防；下班后，需要布防，如果再有探测器的报警信号进来，就要报警了。报警控制器一般都带有键盘来完成上述设定。

(2) 布防后的延时

如果布防时，操作人员正好在探测区域之内，那么布防就不能马上生效，这需要报警控制器能够延时一段时间，等操作人员离开后再生效。这是报警控制器的延时功能。

(3) 防破坏

如果有人对线路和设备进行预破坏，报警控制器应能发出报警。常见的破坏是线路短路或断路。报警控制器在连接探测器的线路上加上一定的电流，如果断线，则线路上的电流为零，有短路则电流大大超过正常值，这两种情况中任何一种发生，都会引起控制器报警，从而达到防止破坏的目的。

知识链接：入侵报警系统常用术语

（1）防区（ZONE）。指一个可以独立识别的安全防范区域，报警系统控制主机一般是以带有几路防区作为报警输入路数进行划分的。防区：即防范区域。

（2）布防（ARM）。对防区内的报警探测器的触发报警输出作出报警反应，对报警事件进行处理的工作状态。

（3）撤防（DISARM）。对部分防区停止对报警事件的反应和处理工作。

（4）出入防区。又称延时防区。主要用于出入口路线，在布防后产生一个外出延时，在规定时间内不触发报警，但一旦超过规定时间，马上起作用的防区。如门磁探测器。

（5）周界防区。用于建筑物四周防护，布防后立即起作用防区。如主动红外探测器等。

（6）立即防区。设在建筑内，一旦布防立即起作用的防区。如被动红外探测器、双鉴探测器等。

（7）24h防区（24小时防区）。不论是否布防，在任何时候均起作用的防区。如紧急按钮、烟感探测器、瓦斯探测器等。

特别提示：

随着科学技术的发展，数字视频监控系统设备价格越来越低，综合性能不断提高。数字视频监控系统，集图像、声音和入侵报警于一体，已经成为安全防范自动化技术的主要发展方向。所以视频监控系统应用越来越广泛，而入侵报警系统功能应用越来越淡化。

4.4.2　入侵报警系统设计要点与设备安装

1. 入侵报警系统设计要点

（1）依据设计要求确定防范区域与探测区域

防范区域（以下简称防区）划分可以是一个楼层，或几个房间，或一个房间，每个防区可包含任意数量的报警点，通过报警管理软件可操作各区域的布撤防、报警点等。

探测区域应按独立房（套）间划分。一个探测区域的面积由具体规格型号的探测器的技术参数决定，选择的入侵探测器其探测灵敏度及覆盖范围应满足使用要求，防范区域应在入侵探测器的有效探测范围内，防范区域内应无盲区。

（2）探测器的选择与布置

各种探测器的安装及设计要求见表4-3。

（3）传输方式、线缆选型与敷设

传输方式除应符合《安全防范工程技术标准》GB 50348—2018相关规定外，还应注意当探测器与报警控制器之间的距离不大于100m的场所，宜选用多线制入侵报警系统；当探测器与报警控制器之间的距离不大于1500m的场所，或现场要求具有布防、撤防等控制功能的场所，宜选用总线制入侵报警系统。当现场与监控中心距离较远时，可选用光缆传输。布线困难的场所，宜选用无线制入侵报警系统。或可采用以上方式的组合，即组合入侵报警系统。

常见入侵报警探测器设计安装要点 **表 4-3**

<table>
<tr><th>名　称</th><th colspan="2">适应场所与安装方式</th><th>主要特点</th><th>安装设计要点</th><th>适宜工作环境和条件</th><th>不适宜工作环境和条件</th><th>宜选用含下列技术器材</th></tr>
<tr><td rowspan="4">被动红外入侵探测器</td><td rowspan="4">室内空间型</td><td>吸顶</td><td rowspan="4">被动式（多台交叉使用互不干扰，功耗低，可靠性较好）</td><td>小于安装，距地宜小于 3.6m</td><td rowspan="4">日常环境噪声，温度在 15～25℃时探测效果最佳</td><td rowspan="4">背景有热冷变化，如冷热气流，强光间歇照射等；背景温度接近人体温度；强电磁场干扰；小动物频繁出没场合等</td><td rowspan="4">自动温度补偿技术；抗小动物干扰技术；防遮挡技术；抗强光干扰技术；智能鉴别技术</td></tr>
<tr><td>壁挂</td><td rowspan="2">距地 2.2m 左右，视场中心与可能入侵方向成 90°</td></tr>
<tr><td>幕帘</td></tr>
<tr><td>楼道</td><td>距地 2.2m 左右，视场面对楼道</td></tr>
<tr><td rowspan="3">微波被动红外双技术探测器</td><td rowspan="3">室内空间型</td><td>吸顶</td><td rowspan="3">误报警少（与被动红外探测器相比），可靠性较好</td><td>水平安装，距地宜小于 4.5m</td><td rowspan="3">日常环境噪声，温度在 15～25℃时探测效果最佳</td><td rowspan="3">背景温度接近人体温度；强电磁场干扰；小动物频繁出没场合等</td><td rowspan="3">双—单转换型，自动温度补偿技术；抗小动物干扰技术；防遮挡技术；智能鉴别技术</td></tr>
<tr><td>壁挂</td><td>距地 2.2m 左右，视场中心与可能入侵方向成 45°</td></tr>
<tr><td>楼道</td><td>距地 2.2m 左右，视场面对楼道</td></tr>
<tr><td>声控单技术玻璃破碎探测器</td><td colspan="2">室内空间型，有吸顶、壁挂等</td><td>被动式，仅对玻璃破碎等高频声响敏感</td><td>应尽量靠近所要保护玻璃附近的墙壁或顶棚上，夹角不大于 90°</td><td>日常环境噪声</td><td>环境嘈杂，附近有金属打击声、汽笛声、电铃等高频声响</td><td>智能鉴别技术</td></tr>
<tr><td>声控次声波玻璃破碎探测器</td><td colspan="2">室内空间型</td><td>误报警少（与声控单技术玻璃破碎探测器相比），可靠性较高</td><td>室内任何地方，但需满足探测器的探测半径要求</td><td>警戒空间要有较好密封性</td><td>简易或密封性不好的室内</td><td>智能鉴别技术</td></tr>
<tr><td>多普勒微波入侵探测器</td><td colspan="2">室内空间型，壁挂式</td><td>不受声、光、热的影响</td><td>距地 1.5～2.2m 左右，严禁对着房间的外墙、外窗</td><td>可在环境噪声较强，光变化、热变化较大的条件下工作</td><td>有活动物和可能活动物，微波段高频电磁场环境，防护区域内有过大、过厚的物体</td><td>平面天线技术；智能鉴别技术</td></tr>
<tr><td>开关、速度振动探测器</td><td colspan="2">室内、室外</td><td>灵敏度高，被动式</td><td>距地 2～2.4m（墙体安装），室外埋入地下 10cm 左右，与建筑实体一体化</td><td>远离振源（1～3m 以上）</td><td>地质板结的冻土或土质松软的泥土地</td><td>须配置具有信号比较和鉴别技术的分析器</td></tr>
<tr><td>压电式振动探测器</td><td colspan="2">室内、室外</td><td>被动式</td><td>墙壁、顶棚、玻璃，室外地面表层物下面、保护栏网或桩柱</td><td>远离振源（1～3m 以上）</td><td>时常引起振动或环境过于嘈杂的场合</td><td>智能鉴别技术</td></tr>
<tr><td>声控振动玻璃破碎探测器</td><td colspan="2">室内</td><td>误报警少、漏报警多（与声控单技术玻璃破碎探测器相比）</td><td>玻璃附近的墙壁或顶棚上</td><td>日常环境噪声</td><td>环境过于嘈杂的场合</td><td>双—单转换型，智能鉴别技术</td></tr>
</table>

常用智能化系统设备图形符号 **表 4-4**

序号	符号	名称	序号	符号	名称	序号	符号	名称
视频监控系统			综合布线系统			多媒体显示系统		
1		超低照度黑白摄像机	1	D	单口数据插座	1	PC	PC 机
2		半球形黑白摄像机	2	H	单口语音插座	2		$5m^2$ 室内双基色显示屏
3		彩色一体化半球形摄像机	3	D H	双口信息插座	3		$6m^2$ 室内双基色显示屏
4		警号	4		配线架	4		防拆开关
5	21″	21 寸彩色电视机	卫星/有线电视系统			观摩系统		
6	KB	云台控制键盘	1		宽带放大器	1		彩色快球摄像机
7	UPS	不间断电源	2	n	一分支器，n 为分支损耗	2	接交控制器	捷变调制器
入侵报警系统			3	n	二分支器，n 为分支损耗	3	29″	29 寸电视机
1		紧急按钮	4	n	四分支器，n 为分支损耗	4	9″	9 寸电视机
2	IR/M	双鉴探测器	5	n	六分支器，n 为分支损耗	程控交换系统		
3		门磁	6		双向数据终端盒	1	H	单口语音插座
4		布撤防键盘	7		75Ω 终端负载电阻	2	D H	双口信息插座
5		燃气泄漏探测器	背景音乐/广播系统			3		配线架
周界防越报警系统			1	SM	AM/FM 调谐模块	4		电话机
1	TX RX	红外对射探测器	2	CD	5 碟 CD 机	数字会议系统		
智能卡系统			3	SK	双卡座	1	控制主机	控制主机
1	E	出门按钮	4	MK	麦克风	2	TYZ	投影机
2		读卡器	5	GB	紧急广播主机	3	投影屏幕	投影屏幕
3	H	电控锁	6		功率放大器	扩音系统		
4		控制器	7		音量调节开关	1	TS-700	控制器
5		闭门器	8		吸顶式喇叭	2		UHF 无线接收机
6	CZ	射频卡充值机	9		壁挂式喇叭	3		主席法官机
7	PC	PC 机	10	ooooo	床头控制板	4		代表机
8	UPS	不间断电源	证据显示系统			5		壁挂式扬声器
9	MK1	传输模块	1	YD	影碟机	6		UHF 无线麦克风
10	SF	射频卡自动收费机	2	DVD	DVD 播放器	计算机网络系统		
11	MK2	传输模块	3	SK	双卡座	1	D	单口数据插座
12	KQ	考勤机	4	TY	实物投影仪	2	D H	双口信息插座
13		门磁	5	TYJ	投影机	3		配线架
			6	投影屏幕	投影屏幕	4		电脑

2. 入侵报警系统设备安装

入侵报警设备安装应符合《安全防范工程技术标准》GB 50348—2018。入侵报警设备的种类、型号、厂家不同，其安装接线有很大的不同，安装前一定要详看厂家提供的产品说明书及接线图。下面举例两个典型产品，介绍其安装接线。

【例 4-3】磁控开关的安装。如图 4-25 所示。

安装、使用磁控开关时，应注意如下一些问题：

(1) 磁控开关结构见图 4-22 (a)，干簧管应装在被防范物体的固定部分，安装应稳固，避免受猛烈振动而使干簧管碎裂。图 4-25 (a) 所示窗磁开关安装位置，图 4-25 (b) 所示门磁开关安装位置。

(2) 磁控开关不适用有磁性金属的门窗，因为磁性金属易使磁场削弱。可选用微动开关或其他类型开关器件代替磁控开关。

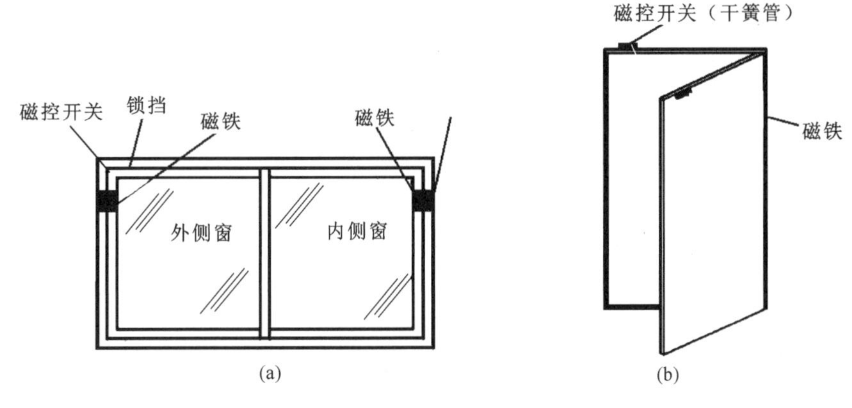

图 4-25 磁控开关的安装
(a) 拉窗；(b) 门

【例 4-4】被动式红外探测器的布置与安装。

被动式红外探测器根据视场探测模式，可直接安装在墙面上、顶棚上或墙角，其布置和安装原则如下：

(1) 探测器对垂直于探测区方向的人体运动最敏感，故布置时应尽量利用这个特性达到最佳效果。如图 4-26 (a) 中 A 点的布置效果好；B 点正对大门，其效果差。

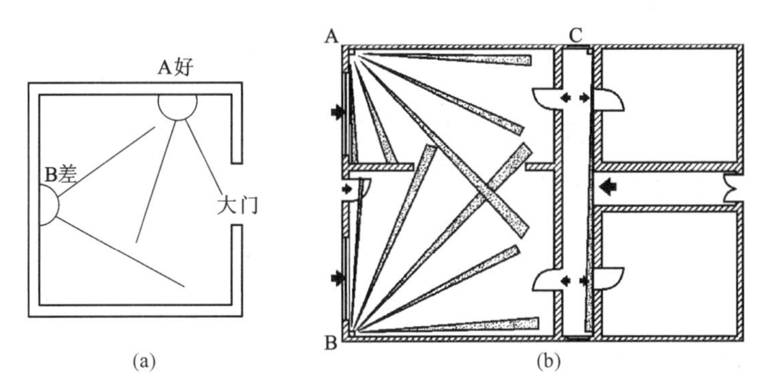

图 4-26 被动式红外探测器的安装布置
(a) 探测器布置；(b) 探测器探测范围

（2）布置时要注意探测器的探测范围和水平视角。如图4-26（b）所示，走廊处警戒对象再安装C点探测器。

（3）警戒区内注意不要有高大的遮挡物遮挡；探测器不要对准强光源和受阳光直射的门窗；探测器不要对准加热器、空调出风管道，如无法避免，则应与热源保持至少1.5m以上的间隔距离。

任务4.5 其他安全防范系统

任务导入  扫一扫看微课视频： 停车场管理系统是如何工作的 A4-5	家庭怎么智能化？停车场怎么智能管理？这些专属的地方都可以根据它的具体要求设计出智能化管理系统。本任务解决家庭智能化、周界防护、电子巡查、汽车场管理等系统是如何工作的，具备哪些功能
任务目的  扫一扫看工程案例： 停车场管理系统案例 B4-5	通过对家庭智能化、周界防护、电子巡查、汽车场管理系统工作原理的认知，熟知这些系统的监控功能，并了解不同产品应用场合

扫一扫看：本任务PPT课件
C4-5

扫一扫看：本任务教案设计
D4-5

在视频监控系统、入侵报警系统和出入口控制系统的基础上，可衍生出其他几种安全防范系统，包括家庭智能化系统、周界防护入侵报警系统、电子巡查管理系统、汽车库（场）管理系统等。

4.5.1 家庭智能化系统

家庭是小区与社会的组成细胞，同时又是小区与社会的主体和服务对象，要实现智能化小区，必须使小区内的每个家庭智能化。

1. 家庭智能化系统构成

家庭智能化系统构成如图4-27所示。常用控制功能如下：

（1）家庭安全报警系统

楼宇对讲、家庭三防（防盗、防火、防有害气体泄漏）、用户求助报警、门禁控制等是每户家庭的基本需求。家庭智能化系统首先应考虑能实现用户家庭的基本安防报警功能需求。

（2）家庭宽带信息通信

家庭宽带信息通信可实现家庭办公、家庭娱乐、家庭上网、网上教育、网上购物、远程医疗等功能。

（3）家电设备及环境调控智能化管理

由于家电的品种和品牌的不同，遥控器只能各用各的，无法通用，这就给使用者带来许多不便。因此，使用“万用遥控器”，并可实现用户远程遥控就成了人们的理想。如远

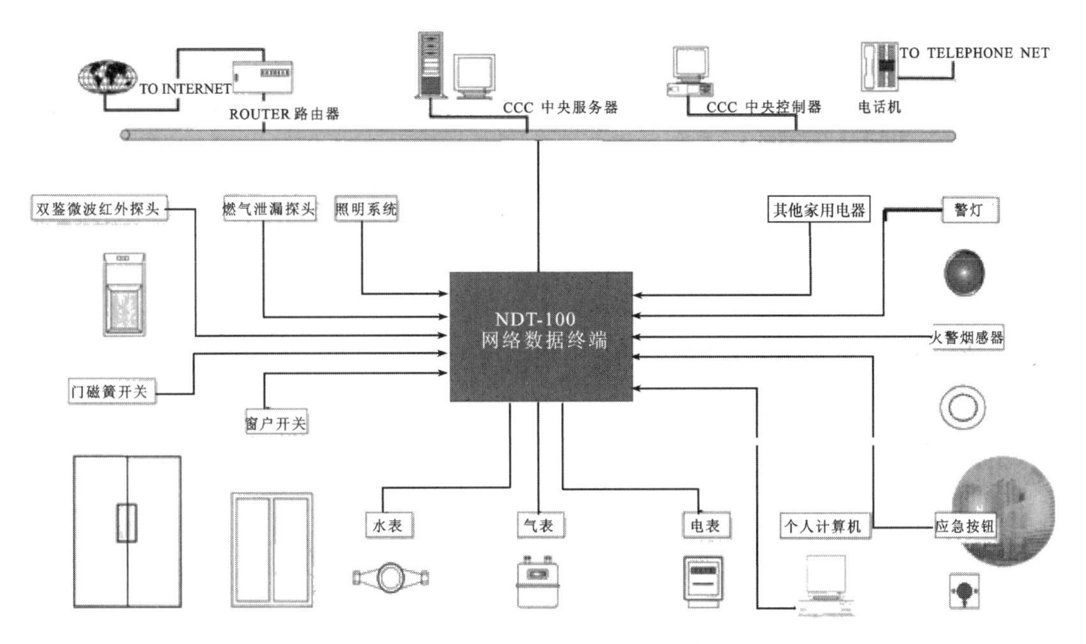

图 4-27　家庭智能化系统构成示意图

程开关空调、电饭煲等。家电设备智能化管理就要解决这些问题，同时还可实现家庭照明自动控制、家庭窗帘自动开、闭控制，以及其他连动控制（如燃气开关阀门、排气扇）等功能。

（4）物业管理及三表远程抄送

家庭智能化的根本目的就是要为居民提供安全、方便、舒适、温馨、有趣的家居环境，同时也能为物业管理公司尽可能提供现代化的技术手段。三表远程抄送就是一项非常实用的功能，它不仅可减轻了物业及具体职能部门的工作量，更重要的是为住户减少了许多由于人工抄表而带来的麻烦与安全隐患。另外，通过家庭智能化系统，物业管理公司和居民间能实现信息交互，如：物业管理公司的信息广播式发布和对每户的通知、居民对物业公司的服务请求等。

2. 常用家庭智能化系统设备

组成家庭智能化系统的常用设备如下：

（1）探测器

根据安防需要在住宅中要安装各种自动报警探测器。保护人身安全的探测器有燃气（CO）探测器、烟感探测器等；防盗用的红外线探测器、红外线微波双鉴探测器、玻璃破碎探测器、防宠物双鉴红外探测器和磁控开关（门磁、窗磁）等。

另外紧急按钮安装在卧室和客厅中用于防劫防抢，一旦住户被不法分子骚扰，触发手动紧急按钮，将报警信号送给报警控制箱。老年人或者病人遇到紧急情况也可以通过紧急按钮向小区中心报警救助。

（2）家庭报警控制器

家庭报警控制器主要的功能是接收探测器送来的报警信号，然后将报警信息通过网络线送往小区报警控制中心的数字接收机。家庭报警控制器通常与可视对讲、物业信息显示等功能一体化。

4.5.2　电子巡查系统

电子巡查系统是管理者考察巡更者是否在指定时间按巡更路线到达指定地点的一种手段。巡查系统帮助管理者了解巡更人员的情况，而且管理人员可通过软件随时更改巡逻路线，以配合不同场合的需要。

1. 电子巡查管理系统主要功能

巡查系统由信息感应器、信息采集器、控制器、电脑及其管理软件等组成。信息感应器安装在现场，如各住宅楼门口附近、车库、主要道路旁等处，信息采集器由巡更人员值勤时随身携带，采集方式可读卡、扫码等，通常现场控制器与监控中心与入侵报警系统共用。巡查系统的主要功能有：

（1）主控室实时监控巡查人员的行走路线情况，可以同时管理多条巡查路线。对于漏检点或未按时到达指定巡查点的事件自动产生报警信号。

（2）设定巡查路线，并能通过系统任意更改设置，实时监控并记录巡查情况。

（3）系统软件可以按照巡查人员、巡更点、巡逻路线和报警事件等打印报表，以供管理人员查询。

电子巡查系统应用示意图如图 4-28 所示。

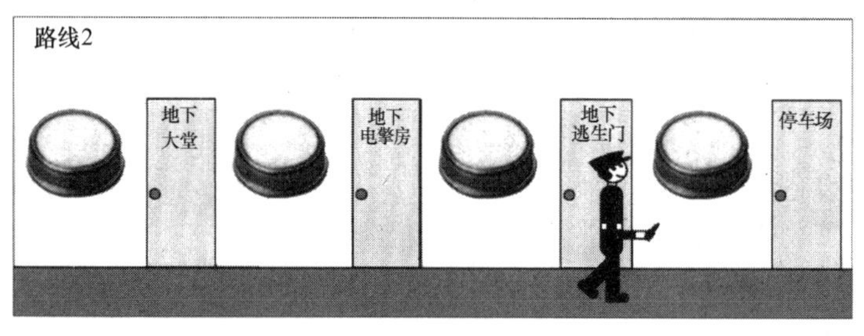

图 4-28　电子巡查系统应用示意图

2. 巡查系统设计要点

（1）巡查点/站的布置应合理，保证能确实控制正确的巡逻路线。

（2）设置巡查点重点考虑主要通道、道路附近；重要设施、设备区域内；地下车库；周界、闭路电视监控系统死角以及安防中心附近设置巡查点/站。

（3）要考虑巡查路线变化的可能，在点位的设置时，最好能满足通过变换顺序以达到路线变化的要求。

4.5.3　停车场（库）管理系统

停车场智能管理，是利用高度自动化的机电设备对停车场进行安全、快捷、有效的管理。由于减少了人工的参与，从而最大限度地减少人员费用和人为失误造成的损失，极大的提高了停车场的使用效率。

1. 停车场管理系统组成

停车场智能管理系统主要组成有：车辆自动识别系统、收费系统、车位提示和保安监控系统等。停车场管理系统的组成如图 4-29 所示。

车辆自动识别系统是停车场管理系统的核心。收费系统的主要功能是对入库车辆收取相应管理费用，系统根据车辆出入停车场的时间，自动计算停车费用，可以刷卡收费或扫码收费等。保安监控系统是为有效防止车辆被盗或被损，在停车场内部及出入口安装视频监控系统。

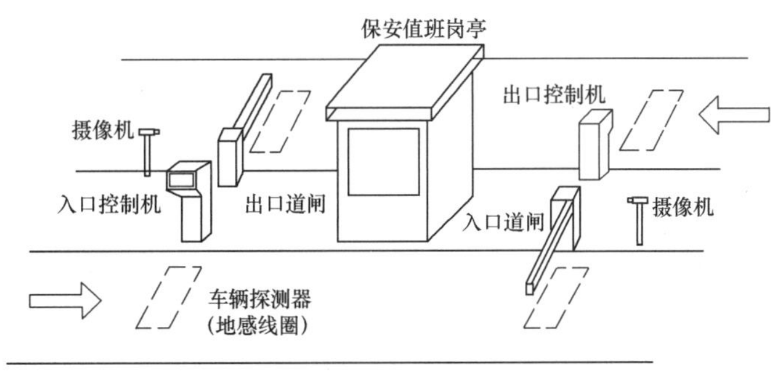

图 4-29　停车场管理系统示意图

2. 停车场管理系统设备及功能

停车场管理系统的主要设备及功能如下：

（1）车辆识别装置

停车场管理系统的核心就是车辆自动识别装置，以前采用磁卡、IC 卡、远距离射频识别卡等，现在大多数采用车牌识别技术。

智能停车场车牌识别管理系统通过计算机软件将摄像机在入口拍摄的运动车辆车牌号码图像自动识别并转换成数字信号，通过车牌提取、图像预处理、特征提取等技术，得到每一辆汽车唯一的车牌号码，从而完成识别过程。

（2）挡车器（道闸）

在每个停车场的出入口都安装电动挡车器，它受系统的控制升起或落下，只对合法车辆放行，防止非法车辆进出停车场。挡车器有起落式栏杆、升降式车挡等。

（3）车辆探测器和车位提示标识

设置在车位的车辆探测器对进位、出位车进行检测，并通过车位提示标识（如红、绿灯标识转换），显示车位状况。

（4）中央控制计算机

负责整个系统的协调与管理，包括软硬件参数控制，信息交流与分析，命令发布等。将管理、保安、统计及商业报表于一体，既可以独立工作构成停车场管理系统，也可以与其他计算机网相联。

(5) 收费系统

收费系统的主要功能是对入库车辆收取相应管理费用，系统根据车辆出入停车场的时间，自动计算停车费用。其主要设备包括刷卡、扫码等装置。

任务 4.6　中央监控管理中心与应急响应系统

任务导入  扫一扫看微课视频：智能建筑的指挥部—中央监控管理中心 A4–6	无论怎样规模的智能大楼，大楼一层都会有这样一间看起来并不是很大的房间，里面仅有一些设备和几台电脑，但它却掌管了大楼所有的设备信息，这就是智能建筑的心脏，我们称之为中央监控管理中心。本任务告知读者中央监控中心的职能及设置要求
任务目的  扫一扫看微课视频：应急响应系统案例 B4–6	通过对智能建筑中央监控管理中心的认知，熟悉监控中心的管理职能，熟悉监控中心的环境要求及设备布置，了解监控中心管理人员的日常工作，了解应急响应系统功能

扫一扫看：本任务PPT课件管理

C4–6

扫一扫看：本任务教案设计

D4–6

4.6.1　中央监控管理中心

在一个监控室内实施对大厦内的消防、安防、各类机电设备等进行监视、控制等集中管理，一方面提高管理和服务效率，降低物业的运行和维护成本；另一方面由于采用一个计算机操作平台的管理界面，便于实施全局事件和事务的处理，使物业管理更趋现代化。这样的监控室又称为中央监控中心。典型的智能建筑中央监控中心如图 4-30 所示。

图 4-30　典型的智能建筑监控中心

1. 中央监控管理中心职能

中央监控室是建筑设备监控的核心，建筑内各种各样的机械和电子设备，如空调、电梯、给水排水、防火防盗等设备，都要求具有智能监控，使之处于最佳状态下运行，以提高工作效率和质量，确保有一个舒适、清洁、安全的生活与工作环境。

中央监控管理室的功能通常以以下四个方面来概括：

是智能建筑的消防管理中心；

是智能建筑的安全防范管理中心；

是智能建筑的设备管理中心；

是智能建筑的信息情报咨询中心。

2. 中央监控管理中心的设置

公共安全系统、建筑设备管理系统、广播系统可集中配置在一个监控室内，或占有相邻房间，各系统设备应占有独立的工作区，且相互间不会产生干扰。火灾自动报警及消防联动控制系统设备均应设在其中相对独立的空间内。

通常监控中心要求环境安宁，宜设在主楼低层接近负荷中心的地方，也可以在地下一层。监控中心的设置，应符合消防的一般规定，即：监控室的门应向疏散方向开启，并应在入口处设置明显标志。

监控中心内应有本建筑物内重要区域和部位的消防、保安、疏散通道，及相关设备的所在位置的平面图或模拟图。

3. 中央监控管理中心的设备布置

为了满足综合功能要求和智能化管理的需要，最好建立和设置综合性的中央监控室。大型的监控中心一般设有给水排水、空调、供配电、照明、电梯、消防、安防、公共广播等监视控制计算机及各种控制操作盘，还有视频监视器、打印机等设备。

监控中心的布置通常是由两部分组成。一部分是中央监控与管理工作台，主要放置系统网络监控计算机及操作控制盘面；另一部分是视频监视屏；工作台与监视屏之间的空间应在 1.5m 以上。

4. 中央监控管理中心的环境要求

监控中心要求无有害气体、蒸气及烟尘，远离变电所、电梯、水泵房等电磁波干扰场所，远离易燃、易爆场所。要求无虫害和鼠害，上方无厨房、洗衣房、厕所等潮湿场所。

此外，对监控中心的环境有如下具体要求：

(1) 空调。可用自备专用空调或中央空调。

(2) 照明。消防控制室的照明灯具宜采用无炫光荧光灯具或节能灯具，应由应急电源供电。控制室照明应符合现行国家标准《建筑照明设计标准》GB 50034—2013 有关的规定。

(3) 消防。使用二氧化碳固定式或手提式灭火装置，禁止用水灭火装置。还要有火灾报警设备。

(4) 地面和墙壁。中央监控室的装饰，应进行专门的设计并符合消防规定。中央控制室宜用架空防静电活动地板，高度不低于 0.2m，以便敷设线路。地面和墙壁要有一定的耐火极限。

5. 中央监控管理中心主要功能

智能建筑对中央监控中心的主要功能：

（1）具备智能建筑智能化系统集成。通过统一的通信平台和管理软件将中央监控室设备与各子系统联网，实现由中央监控室对全系统进行信息集成的智能化管理。见本书图1-1所示。

（2）对各子系统的运行状态进行监测和控制，对系统运行状况和报警信息数据等进行记录和显示，数据库的设置可以方便用户对系统的运行历史情况进行调阅查询。

（3）建立以有线传输为主、无线传输为辅的信息传输系统。中央监控室对信息传输系统进行检测，并与所有重要部位进行无线通信联络，设置紧急报警装置。有线通信和无线通信各有利弊，对重要的监控系统，应设置无线通信，防止通信线路遭到人为破坏而导致安全防范系统失灵。

（4）留有向外部报警中心联网的通信接口。智能建筑是智慧城市节点，是城市智慧消防、智慧安防等平台节点，因此智能建筑集成系统应具备可扩充性，以实现大规模的系统集成。

【例4-5】智能建筑中央监控中心人员岗位职责。

1. 主管工程师岗位职责

（1）负责中控室的全面管理工作。

（2）负责设备维护检查工作，制定建筑设备年维修计划。

（3）负责员工培训。

（4）若有火灾发生，马上赶到中控室，确保通信和消防设备的正常运行。

2. 中控室值班长岗位职责

（1）在部门经理和工程师的领导下负责中控室的运行管理。

（2）综合调度处理中控室事件，并负责有关事件的对外联系。

（3）负责中控室值班员的日常工作安排。

（4）协助主管工程师主持消防系统、安防系统、设备监控系统等运行管理、维修保养等工作。

3. 中控室值班员岗位职责

（1）负责监控消防报警及联动系统、建筑设备监控管理系统、视频监控系统等，防止和监控各种突发事件的发生。

（2）故障、报警或紧急情况发生时沉着冷静，及时通知相关人员，采取相应措施。

（3）中控室24h人员值班，不得无故擅离岗位。按规定填写有关值班记录包括中控室运行记录、消防火灾自动报警系统运行记录、中控室值班日志、特殊事件处理登记表、未处理事件汇总表等，交换班时应交接清楚后方可离开岗位。

（4）监视、打印、记录各主要设备投入运行、停止时间、状态、根据实际情况调整运行、参数上报上级主管。

（5）保持中控室整洁、安静的工作环境。当值人员应保持得体的坐、立姿势，不得吸烟、吃零食，不得聚集闲谈等。

4.6.2　应急响应系统

公共安全系统包括火灾自动报警系统、安全技术防范系统和应急响应系统（见图4-1）。应急响应系统又称应急联动系统，智能建筑中的应急响应系统是以火灾自动报警系统、安全技术防范系统为基础而构建的，其功能是当有紧急的突发事故时，立即作出响应，防止事故的扩散。对各类危及公共安全的事件进行就地实施报警，采取多种通信方式对自然灾害、重大安全事故、公共卫生事件和社会安全实现本地报警和异地实施报警，实施管辖范围内的应急指挥调度、紧急疏散与逃生紧急呼叫和导引、事故现场紧急处置等，并可接上级应急指挥系统各类指令信息，采集事故现场信息，多媒体信息显示、建立各类安全事件应急处理预案等，为大型建筑物或群体内的用户提供相应的紧急救援服务，为大楼公共安全提供保障。

智能建筑中的应急系统主要包括有线/无线通信、指挥和调度系统、紧急报警系统、火灾自动报警系统与安全技术防范系统的联动设施、火灾自动报警系统与建筑设备管理系统的联动设施、紧急广播系统与信息发布与疏散导引系统的联动设施。还可以配置基于建筑信息模型（BIM）的分析决策支持系统、视频会议系统和信息发布系统等。具体表现如下：

1. 有线/无线通信、指挥和调度系统

有线/无线通信、指挥和调度系统以计算机网络系统、监控系统、显示系统、有线/无线通信系统、图像传输系统等为支撑平台，在组织整合与信息整合的基础上，建立应急处置预案数据库，根据经验积累，对各类事件总结出一套行之有效的处理方案，使事件处理更为程序化。有线/无线通信系统提供应急响应系统需要的有线/无线通信网。图像监控系统对监控场所进行实时集中监控，多所需的各种视频、音频、计算机文字、图形信息得等进行收集、选取、存储，并控制显示在大屏幕、大尺寸视频监视器和多媒体终端等显示设备上，实现直观、完整、准确、清晰、灵活的各项信息显示。

2. 紧急报警系统

紧急报警系统的主要功能是在紧急情况刚发生时，利用应急联动系统的外部通信功能，在智能建筑自身采取应急措施的同时，及时向城市其他安全防范部门和应急市政基础设施抢修部门报警，综合各种城市应急服务资源，联合行动，为大楼用户提供相应的紧急救援服务，为公共安全提供强有力的保障。当发生重大的安保事故，如盗窃、强行入侵等情况，及时向公安部门 110 或者当地报警电话报警；当出现人员受伤情况时即使自动拨通急救中心电话 120，请求急救中心进行紧急应急医疗处理；当火警发生时，一方面应急系统启动智能建筑内自动灭火装置，同时拨通火警电话 119，请求当地消防火灾；另一方面当建筑物内出现电力供应中断、停水、停气等情况，及时向市政设施抢修中心报警，及时排除故障。

3. 火灾自动报警系统与建筑设备管理系统的联动设施

火灾自动报警系统与建筑设备管理系统的联动设施是指在出现火灾时，火灾自动报警系统对建筑设备采取相应的联动措施，防止火灾蔓延和方便人员疏散，联动的对象有供配电系统、应急照明系统、电梯控制系统、空调设备及排烟正压送风设备等。

供配电及照明应急联动控制主要包括对非消防电源、备用电源、火灾应急照明核安全疏散指示标志的联动控制。在火灾确认后，切断在发生火灾时没必要继续工作的电源，或切断后也不会带来损失的非消防电源，比如普通动力负荷、自动扶梯、排污泵、空调用电等。当需要切断正常照明时，应在自动喷淋系统、消火栓系统动作前切断。在正常照明电源切断后，联动备用电源自动投入，为应急照明供电。

火灾自动报警系统与电梯系统的联动如上节应急疏散装置部分所述，消防联动控制器应具有发出联动控制信号强制所有电梯停于首层或电梯转换层的功能，当确认火灾后，根据建筑物的特点发出联动控制信号使发生火灾及相关危险部位的电梯回到首层或转换层。电梯停于首层或电梯转换层开门后的反馈信号作为电梯电源切断的触发信号，切断电梯的电源，避免人员在火灾中使用电梯造成的危险。但是消防电梯应当保持通畅，以方便消防人员进行灭火处理。

空调通风系统是火灾发生时有毒气体扩散和传播的重要通道，因此空调风系统设计时在风管的各个支管处均设置防火阀，火灾发生时阀门自动关闭，同时空调系统的送风机和回风机立即关闭，避免有毒气体通过空调风系统扩散到未发生火灾的区域。当火灾探测器报警后，按空调系统分区停止与报警区域有关的空调机、送风机关闭管道上的防火阀，同时启动与报警区域有关的排烟阀及排烟风机并且返回信号，总之，在火灾确认后，关闭有关部位电动防火阀、防火卷帘门，同时按照防火分区和疏散顺序切断非消防用电源、接通火灾事故照明灯及疏散指示标志灯等。

4. 火灾自动报警系统与安全技术防范系统的联动设施

火灾自动报警系统与安全技术防范系统的联动设施一方面是安防视频监控设备，火灾时开启相关层安全技术防范系统的摄像机监视火灾现场，客观及时地掌握现场情况，另一方面是门禁系统，主要是疏散通道控制，智能建筑消防疏散门一般采用电磁门锁集中控制方式，即平时楼层疏散门紧锁闭，在火灾时，火灾自动报警系统与安全技术防范系统的门禁系统联动，自动打开疏散通道上有由门禁系统控制的门，以确保人员的迅速疏散。

5. 紧急广播系统与信息发布与疏散导引系统的联动设施

在智能建筑中，一旦发生突发事件（如火灾），将可能造成人员伤亡和财产损失，为了减少人员伤亡和降低财产损失，需要设置紧急广播系统与信息发布与疏散引导系统的联动设施。当突发事件发生时，向建筑中突发事件发生区域进行应急广播，同时向楼内暂时还没有受到突发事件影响的楼层发布事件信息，启动相关的疏散导引设备，按照一定的紧急疏散预案进行有组织的疏散，以确保人员安全。当火灾确认后向全楼广播，由发生火灾的报警区域开始，顺序启动全楼疏散通道的消防应急照明和疏散指示系统，确保安全疏散。

项 目 小 结

智能建筑安全防范系统是本书的重点之一。安全防范系统根据防范功能不同分几种防范子系统，包括出入口控制系统、视频监控系统、入侵报警系统以及其他安防子系统。通过本项目理论知识的学习和基本技能实训，了解安全防范系统的相关规范、工程设计及施工的基本内容和基本方法，学会识读安全防范系统施工图，熟悉设备接线，为从事安防设计和施工打下基础。

技能训练8 基本的出入口控制系统线路实施

一、实训目的

1. 掌握出入口控制系统监控原理；

2. 熟悉出入口控制系统常用设备、元件；
3. 能根据产品说明书，搭建一个基本的入侵报警系统电路；
4. 能调试基本报警功能。

二、实训所需材料、设备

1. 典型出入口控制器、按钮等；
2. 选用典型报警控制器。

三、实训内容、步骤

1. 根据选用设备，设计并绘制出入口控制系统原理结构图；
2. 根据原理图及设备接线说明书，完成报警系统接线；
3. 完成实训报告。

四、实训报告

1. 画出出入口控制系统原理结构图；
2. 如表4-5所示，列出你所调试设置的报警功能。

出入口控制系统功能设置　　表4-5

序号	出入口设备	功能描述	软件参数设置

技能训练9　基本的视频监控系统线路实施

一、实训目的

1. 掌握视频监控系统监控原理；
2. 熟悉视频监控系统常用设备、元件；
3. 能根据产品说明书，搭建一个基本的视频监控系统电路；
4. 能调试基本监控功能。

二、实训所需材料、设备

1. 典型摄像机、监视器；
2. 选用典型画面分割器、视频切换器或矩阵。

三、实训内容、步骤

1. 根据选用设备，设计并绘制监控系统原理结构图；
2. 根据原理图及设备接线说明书，完成监控系统接线；
3. 设置监控功能；完成实训报告。

四、实训报告

1. 画出监控系统原理结构图；
2. 如表4-6所示，列出你所调试设置的监控功能。

视频监控系统功能设置　　**表 4-6**

序号	视频监控设备	功能描述	软件参数设置

习 题 与 思 考 题

一、多选题

1. 智能建筑安全防范主要包括__________。

A. 出入口管理　　B. 入侵防范报警

C. 视频监控　　D. 监控中心

2. 在出入口管理系统中，常用的识别方式有：__________。

A. 扫码　　B. 指纹或刷脸

C. 输入密码　　D. 刷卡

3. 入侵报警系统常用的探测器有__________。

A. 开关报警器　　B. 红外线报警器

C. 玻璃破碎报警器　　D. 超声波报警器

4. 视频监控系统功能包括 __________。

A. 摄像　　B. 传输

C. 控制　　D. 显示与记录

5. 一个智能住宅小区较完整的安防系统包括 __________。

A. 出入口管理　　B. 入侵防范报警

C. 视频监控　　D. 停车库管理

二、单选题

1. 扫描二维码的识别技术，可以基本理解为是(　　)。

A. 密码技术　　B. 摄像技术

C. 扫描技术　　D. 图形对比技术

2. 指纹、掌纹、视网膜的识别技术，可以基本理解为是(　　)。

A. 密码技术　　B. 摄像技术

C. 扫描技术　　D. 图形对比技术

3. 智能网络摄像机除去具有普通摄像机功能外，还具备(　　)。

A. 摄像功能　　B. 控制云台转动

C. 控制变焦　　D. 采集数据信息

4. 通过监视活动目标在防范区引起的红外辐射能量的变化，从而启动报警装置的探测器是(　　)。

A. 被动红外探测器　　B. 主动红外探测器

C. 超声波探测器　　D. 微波探测器

5. 智能监控通过对前端摄像头和后端系统进行智能化升级，利用前端摄像头对抓取的图像快速处理，可以对现场图像进行(　　)。

A. 图像传输　　B. 图像录制

C. 图像存储　　　　　　　　　　　　　　　D. 图像智能识别

三、简答题

1. 简要论述什么是技术安全防范技术。

2. 简述安防控制中心的重要性。

四、如图 4-31 小型银行营业厅，图 4-31（a）为一层营业厅平面图，图 4-31（b）为二层金库平面图，简要编写安全防范系统设计方案。

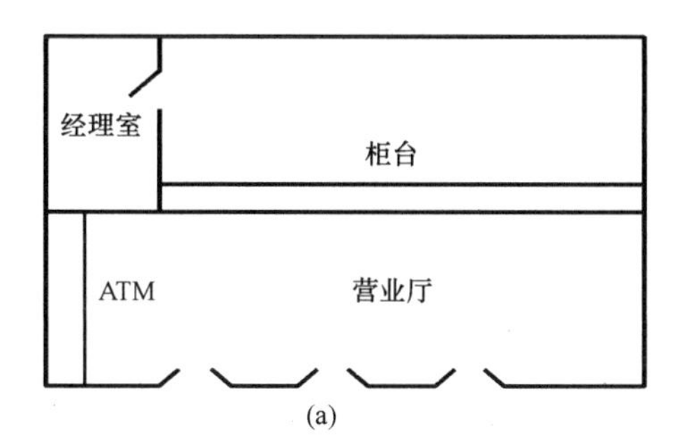

(a)

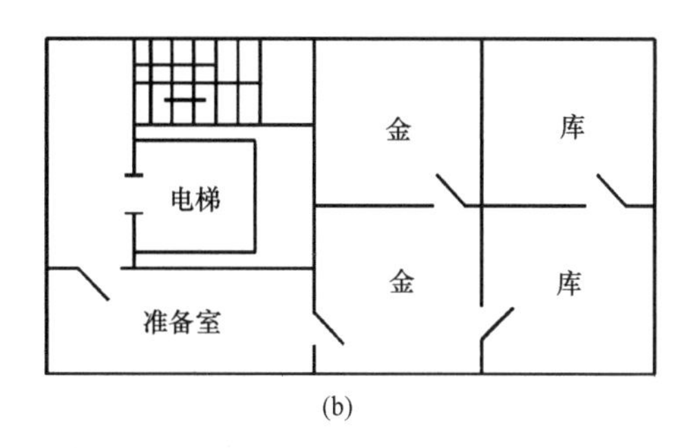

(b)

图 4-31　某小型银行营业厅平面图

（a）一层营业厅平面图；（b）二层金库平面图

项目 5　智能建筑信息设施与信息化应用系统

本项目要点：智能建筑信息设施系统是建筑通信基础设施系统，信息化应用系统是在此基础上的专业化信息管理系统，用以满足建筑中通信及各种业务管理功能。学习本项目要求掌握综合布线系统、信息网络系统设备设施组成及基本工作原理，能够识读综合布线系统施工图表，掌握基本的安装施工技能，最后了解几个典型信息化应用系统。

线上、线下教学导航

教	重点知识	1. 综合布线系统组成及其在建筑内的信息点布置及布线。 2. 信息化应用系统内容及应用场景。 3. 识读综合布线系统平面图、系统图
	难点知识	1. 计算机网络系统设备及工作原理。 2. 综合布线系统设备、线缆
	推荐 教学方式	对重点知识处理： 1. 指导学生线上预习，通过微课视频、动画深入浅出讲解计算机网络系统、综合布线系统设备及线路设施。 2. 线下重点指导学生参照附录 1，根据建筑功能确定信息设施系统及信息化应用系统。举例信息化应用系统典型场景。 3. 通过实训，完成技能训练 10、11，巩固知识的掌握。 4. 参照线上、线下工程实例，讲解若干综合布线施工图纸，使学生对概念清楚。 对难点知识处理： 1. 实训室以实物讲解计算机网络系统、综合布线各系统设备、线缆。 2. 重点讲授信息点布置要点
	建议学时 （8 学时）	理论 4 学时：参照线上学习资源，项目 5 微课、课件、自主测试等
		实践 4 学时：参照本书技能训练 10、11
学	推荐 学习方法	1. 线上预习，通过微课视频、动画掌握计算机网络系统、综合布线系统设备及线路设施。 2. 各种通信线缆、配线设备可在相关网址搜索大量产品资料，阅读计算机网络、综合布线系统相关设计规范。 3. 线上自主测试，巩固知识概念，通过技能训练，掌握计算机网络系统、综合布线系统基本实施及施工图识读。 4. 线上微课视频了解信息化应用系统典型应用场景案例
	必须掌握的 理论知识	1. 熟悉并掌握综合布线系统组成、信息点的设置及布线。 2. 熟悉并掌握计算机网络、综合布线系统设备设施作用
	必须掌握的 技能	1. 能识读综合布线系统图、平面图。 2. 能进行基本的综合布线线路接线、调试

认知 5.1　信息设施系统

认知导入	
 扫一扫看微课视频：智能建筑需要什么样的通信系统 A5-1	没有水、没有电可以，要是没有网络则“活不下去”。现代人已经把信息通信纳入“衣食住行”生活必备条件。那么智能建筑需要什么样的通信系统？本认知告知读者智能建筑信息设施系统组成及信息设施智能化管理
认知目的  扫一扫看看工程案例：信息设施系统综合案例 B5-1	通过对智能建筑信息设施系统组成的认知，重点学习信息设施系统中的综合布线及信息网络系统，其他系统有兴趣读者可自主学习，并了解信息设施的智慧管理

扫一扫看：本认知PPT课件
C5-1

扫一扫看：本认知教案设计
D5-1

信息设施与信息化应用系统是建筑智能化系统的重要组成部分，参见图 1-1。信息设施系统是智能建筑通信的基础设施，包括信息接入系统、综合布线系统、信息网络系统等，见图 5-1（a）；信息化应用系统是在信息设施系统基础上，配置相关软、硬件，构成信息专用应用系统，包括公共服务系统、信息安全管理系统、业务信息化应用系统等，见图 5-1（b）。

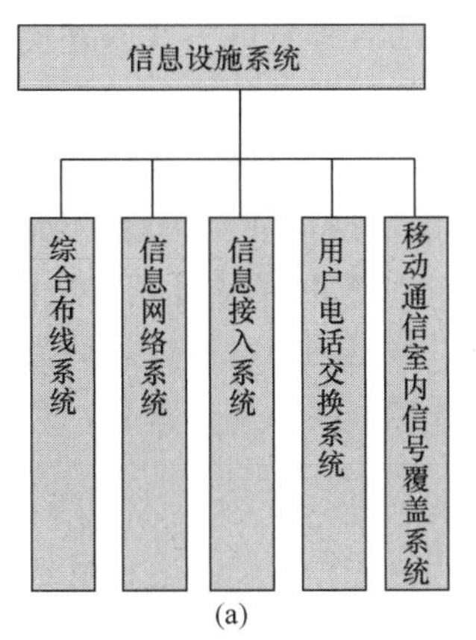

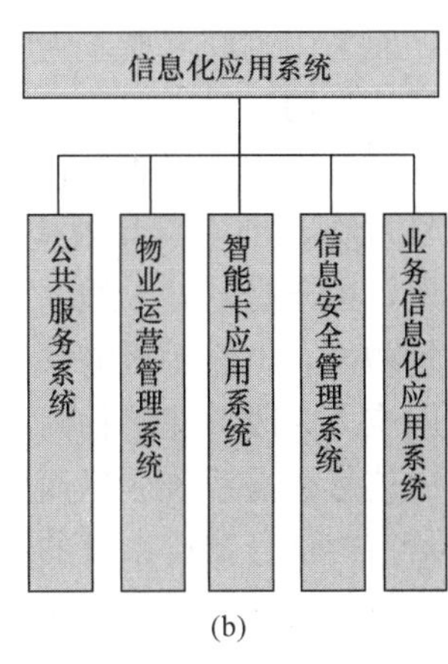

图 5-1　信息设施与信息化应用系统基本组成
（a）信息设施系统主要组成；（b）信息化应用系统主要组成

5.1.1　信息设施系统认知

信息设施系统（Information Facility System）是为满足建筑物的应用与管理对信息通信的需求，具有对建筑内外相关的语音、数据、图像和多媒体等形式的信息予以接收、交换、传输、处理、存储和显示等功能的信息系统整合，形成建筑物公共通信服务综合基础条件的系统。简而言之信息设施系统是为人们提供各种通信手段，以及实现通信的建筑物接入和布线系统。

1. 智能建筑信息设施系统组成

智能建筑信息设施系统主要包括信息基础设施：

（1）信息接入系统

（2）移动通信室内信号覆盖系统

（3）综合布线系统

（4）卫星通信系统

语音应用支撑设施：

（5）电话交换系统

（6）无线对讲系统

语音应用支撑设施：

（7）信息网络系统

多媒体应用支撑设施：

（8）有线电视及卫星电视接收系统

（9）公共广播系统

（10）会议系统、信息导引及发布系统

（11）时钟系统和其他相关的信息通信系统等

本项目重点阐述综合布线系统和信息网络系统，简要阐述下移动通信室内信号覆盖系统，其余系统参考相关资料。

2. 移动通信室内信号覆盖系统

随着移动通信的快速发展，移动电话已逐渐成为人民群众日常生活中广泛使用的一种现代化通信工具。而采用钢筋混凝土为骨架和全封闭式外装修方式的现代建筑，对移动电话信号有很强的屏蔽作用。对大型建筑物的地下商场、地下停车场等低层环境，移动通信信号弱，手机无法正常使用，形成了移动通信的盲区和阴影区；在中间楼层，由于来自周围不同基站的信号重叠，产生乒乓效应，手机频繁切换，甚至掉线，影响手机的正常使用；在建筑物高层，由于受基站天线的高度限制，无法正常覆盖，也是移动通信的盲区。另外，在有些建筑物内，虽然手机能够正常通话，但是用户密度大，话务密集，基站信道拥挤，手机上线困难。为改善建筑物内移动通信环境，解决室内覆盖，提高网络的通信质量，移动通信室内信号覆盖系统应运而生。

（1）移动通信室内信号覆盖系统的工作原理

移动通信室内信号覆盖系统的工作原理是将基站的信号通过有线的方式直接引入到室内的每一个区域，再通过小型天线将基站信号发送出去，同时也将接收到的室内信号放大后送到基站，从而消除室内覆盖盲区，保证室内区域拥有理想的信号覆盖，为楼内的移动通信用户提供稳定、可靠的室内信号，改善建筑物内的通话质量，从整体上提高移动网络的服务水平。移动通信室内信号覆盖系统应用图如图5-2所示。

（2）移动通信室内信号覆盖系统的组成

移动通信室内信号覆盖系统由信号源和信号分布系统两部分组成。

1）信号源

信号源设备主要为微蜂窝、宏蜂窝基站或室内直放站。

室内微蜂窝系统作为室内覆盖系统的信号源，具有以下优点，一是对外通过有线方式

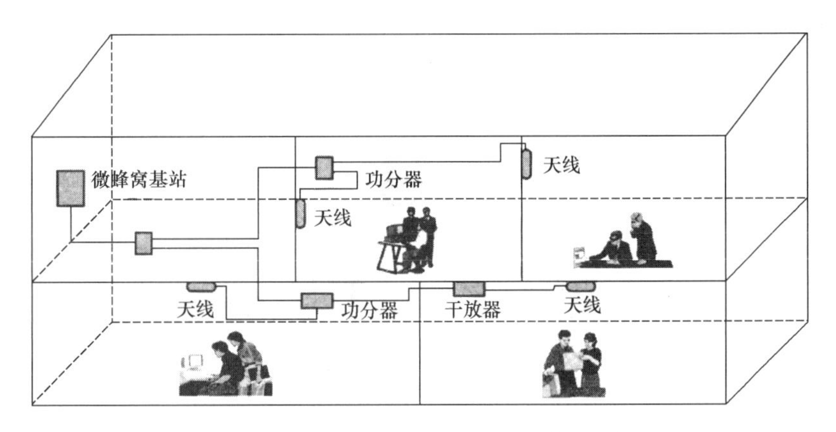

图 5-2　移动通信室内信号覆盖系统应用图

与蜂窝网络的其他基站连接，信号纯度高，避免同频干扰和通话阻塞，提高接通率；二是微蜂窝基站提供空闲信道，增加网络信道容量，因而适用于覆盖范围较大且话务量相对较高的建筑物内，但工程一次性投资大。

室外宏蜂窝作为室内覆盖系统的信号源是无线接入方式，其优点在于成本低、工程施工方便，占地面积小；缺点是对宏蜂窝无线指标影响明显，通话质量相对微蜂窝较差，因而适用于低话务量和较小面积的室内覆盖盲区。

直放站系统主要通过施主天线（朝向基站的天线）采用空中耦合的方式接收基站发射的下行信号，然后经过直放机进行放大，再通过功分器将一路信号均分为多路信号，最后由重发天线将放大之后的下行信号对楼内的通信盲区进行覆盖，直放站不需要基站设备和传输设备，安装简便灵活，但只能覆盖较小面积的区域，适合应用于话务量不高的室内环境中。

2）信号分布系统

信号分布系统主要由同轴电缆、光缆、泄漏电缆、电端机、光端机、干线放大器、功分器、耦合器、室内天线等设备组成。

同轴电缆是最常用的材料，性能稳定、造价便宜但线路损耗大。大型同轴电缆分布系统通常需要多个干线放大器作信号放大接力。光纤线路损耗小，不加干线放大器也可将信号送到多个区域，保证足够的信号强度，性能稳定可靠，但在近端和远端都需要增加光电转换设备，系统造价高，适合质量要求高的大型场所。泄漏电缆系统不需要室内天线，通过电缆外导体的一系列开口，在外导体上产生表面电流，从而在电缆开口处横截面上形成电磁场，这些开口就相当于一系列的天线，起到信号的发射和接收作用，在电缆通过的地方，信号即可泄漏出来，完成覆盖。泄漏电缆室内分布系统安装方便，但系统造价高，对电缆的性能要求高，适用于隧道、地铁、长廊等地形。

5.1.2　信息设施运行智慧管理系统

信息设施运行管理系统是一个管理平台，是对建筑物各类信息设施的运行状态、资源配置、技术性能等相关信息进行监测、分析、处理和维护的管理系统，目的是实现对建筑信息设施的规范化、智能化管理。

信息设施运行管理系统主要包括信息基础设施层、系统运行服务层、应用管理层如

图 5-3 所示。

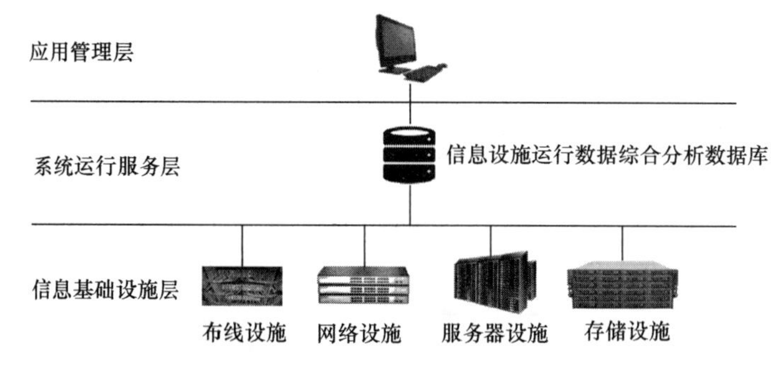

图 5-3　信息设施运行智慧管理系统组成架构

（1）信息基础设施层由基础硬件支撑平台（网络、服务器、存储备份、布线设施等）和基础软件支撑平台（操作系统、数据库等）信息设施组成。也可以认为就是我们在本项目介绍的所有软硬件信息设施。

（2）系统运行服务层由信息设施运行综合分析数据库和若干相应的系统运行支撑服务模块组成，信息设施运行综合分析数据库涵盖应用系统信息点标识、交换机配置与端口信息、服务器配置运行信息和操作系统、数据库应用状态等配置信息及相互通信状态信息；系统运行支撑服务模块包括资源配置、预警定位、系统巡检、风险控制、事态管理、统计分析等应用服务程序，为设施维护管理、系统运行管理及主管协调人员提供快速的信息系统运行监管的操作，对信息化基础设施中软、硬件资源的关键参数进行实时监测，当出现故障或故障隐患，通过语音、数字通信等方式及时通知相关运行维护人员，并且可以根据预先设置程序对故障进行迅速定位及原因分析、建议解决办法。

（3）应用管理层提供系统面向业务的全面保障。

信息设施管理系统起着支撑各类信息化系统应用的有效保障作用。

任务 5.2　综 合 布 线 系 统

任务导入  扫一扫看系列动画：综合布线系统在大楼里如何布局的 A5-2	智能建筑通信的“神经网络”就是布线，良好的布线要使连接终端设备灵活化、模块化。综合布线就是智能建筑强大的“神经网络”？那么综合布线在大楼里是如何布局的？它的灵活性表现在哪里？本任务解决综合布线系统构成，及其基本线路实施及施工图识读
任务目的 扫一扫看工程案例：综合布线系统案例 B5-2	通过对综合布线系统构成的认知，熟知综合布线的线缆设备在建筑内布局，能操作完成一个基本的工作区、水平布线连接。基本能读懂综合布线系统施工系统图与平面图

扫一扫看：本任务PPT课件

C5-2

扫一扫看：本任务教案设计

D5-2

5.2.1 综合布线系统认知

1. 综合布线的概念

综合布线系统（Premises Distribution System，PDS）是用通信电缆、光缆、各种软电缆及有关连接硬件构成的通用布线系统，是能支持语音、数据、影响和其他控制信息技术的标准应用系统。简单地讲，综合布线系统就是连接计算机等终端之间的缆线和器件。

在传统的布线方式中，各个系统是封闭的，其体系结构固定，终端设备的迁移或增加相当困难。而采用模块化设计的综合布线系统除去敷设在建筑物内的电缆或光缆外，其余所有的接插件都是模块化的标准件，不仅维护人员管理和使用方便，而且易于扩充及重新配置，为传输语音、数据、图像以及多媒体信号提供了一套实用、灵活、可扩展的模块化通道。

特别提示：

综合布线系统具有标准化、模块化、灵活性等特点，是智能建筑快速发展的基础和需求，没有综合布线技术的快速发展就没有智能建筑的普及和应用。

2. 综合布线系统构成

综合布线系统由七个独立的功能模块构成，其模块化结构如图 5-4 所示。

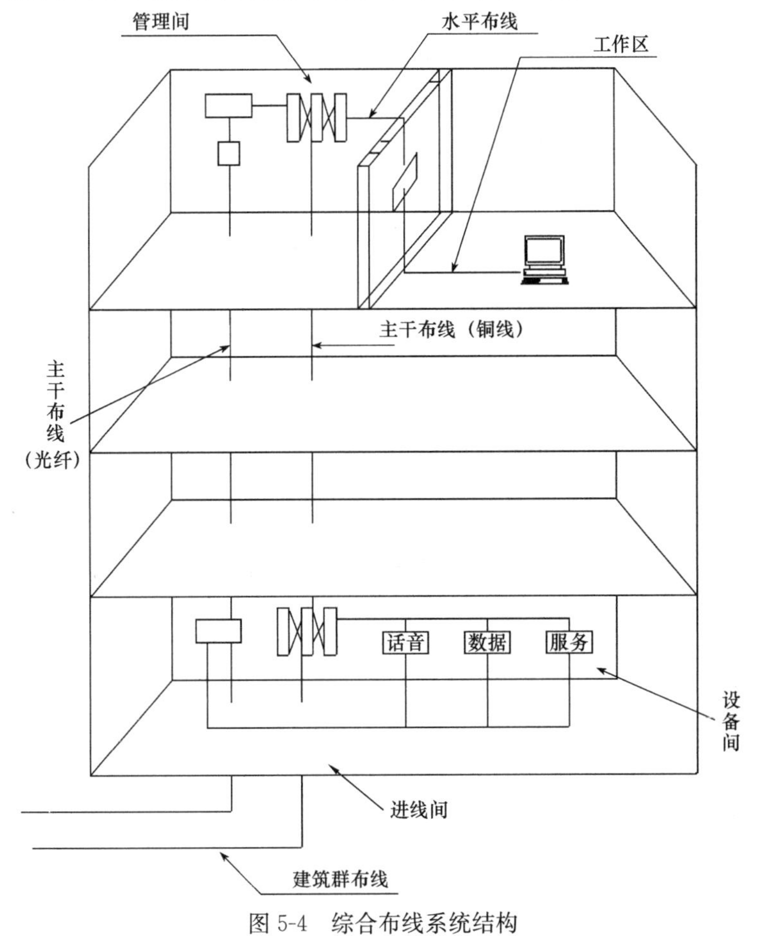

图 5-4 综合布线系统结构

（1）工作区

工作区又称工作区子系统，由终端设备连接到信息插座（TO）的跨接线组成，它包括信息插座、网卡和连接所需的跨接线。典型的终端连接系统如图5-5（a）所示。终端设备可以是电话、计算机和数据终端，也可以是仪器仪表、传感器和探测器，工作区布线随着系统终端应用设备不同而改变。

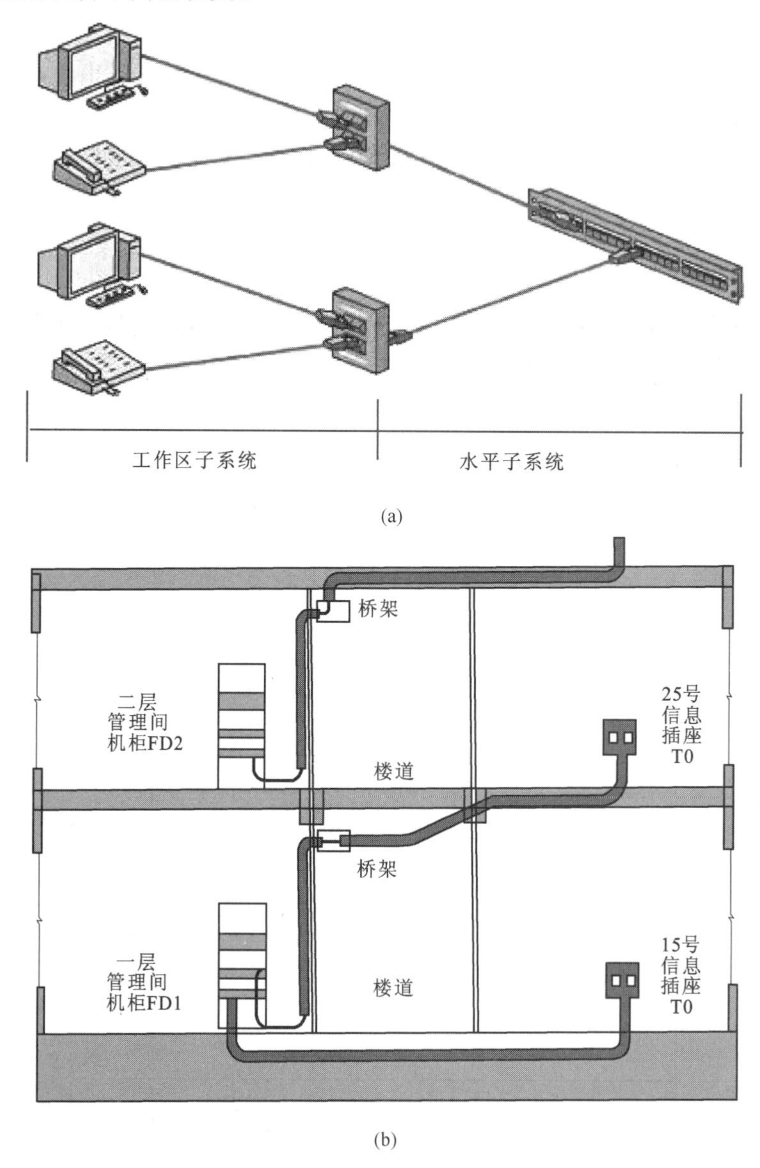

图5-5　工作区与水平子系统构成
（a）工作区子系统和水平子系统结构示意图；（b）水平子系统布线路由示意图

（2）水平布线

水平布线子系统一般由工作区信息插座模块、水平缆线、配线架等组成，实现工作区信息插座和管理间子系统的连接，亦即将电缆从本楼层各工作区的信息插座（TO）连接到楼层配线架（FD）上。如图5-5（b）所示。水平子系统一般使用双绞线电缆，常用的连接器件有信息模块、面板、配线架、跳线架等附件。

(3) 干线(垂直)布线

干线布线子系统是把建筑物各个楼层管理间的配线架连接到建筑物设备间的配线架,也就是负责连接管理间子系统到设备间子系统,实现中间配线架与主配线架的连接。如图5-4(b)所示。这些缆线包括双绞线电缆和光缆。一般这些缆线都是垂直安装的,因此,在工程中又称为垂直子系统。

(4) 管理间

管理间又称电信间或配线间,是专门安装楼层机柜、配线架、交换机的楼层管理间,使各楼层水平布线与垂直干缆相连接。管理间一般设置在每个楼层靠中间位置的弱电井内,对于信息点较少无弱电井的建筑物,也可将楼层管理间设置在房间的一个角或者楼道内,若在楼道必须使用壁挂式机柜。

管理间既连接水平子系统,又连接干线子系统,从水平子系统过来的电缆全部端接在管理间配线架中,然后通过跳线与楼层接入层交换机连接。布线系统的灵活性和优势主要体现在配线管理上,只要简单的跳线就可以完成任何一个信息插座对任何一类智能系统的连接,极大的方便了线路重新布置和网络终端的调整。

(5) 设备间

设备间子系统就是建筑物的网络中心,也称为建筑物机房,如图5-6所示。一般智能建筑物都有一个独立的设备间,它是对建筑物的全部网络和布线进行管理和信息交换的地方,也就是全楼信息的出口和入口部位。

(6) 进线间

为建筑物外部信息通信网络管线的入口部位,作为入口设施的安装场地。

(7) 建筑群布线

建筑群布线子系统主要实现建筑物与建筑物之间的通信连接,一般采用光缆并配置光纤配线架等相应设备,它支持楼宇之间通信所需的硬件,包括缆线、端接设备和电气保护装置。

(a)

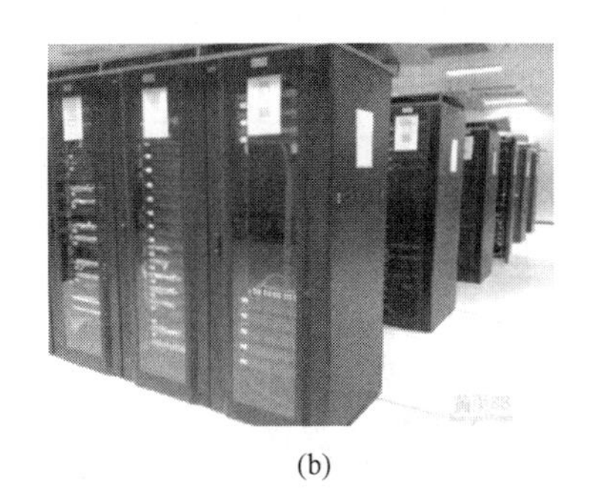

(b)

图5-6 管理间与设备间

(a) 管理间;(b) 设备间

特别提示:

终端设备可以是电话、计算机和数据终端,也可以是仪器仪表、传感器和探测器,工作区布线随着系统终端应用设备不同而改变。

综合布线系统是开放式结构，由工作区、水平布线、垂直主干布线及建筑群主干布线4个布线子系统，以及楼层配线管理间和设备间构成。其中水平布线、垂直主干布线及建筑群主干布线这3个布线子系统是固定不变的，而2个管理子系统和工作区子系统是可变的，综合布线的灵活性主要表现在工作区布线及配线设备管理子系统。

3. 常用综合布线系统线缆与设备

（1）双绞线电缆

双绞线（Twisted Pair，TP）是由两根具有绝缘保护层的铜导线组成，把两根绝缘的铜导线按一定密度互相绞在一起，可降低信号干扰的程度，是综合布线工程中最常用的一种传输介质。由于输入信号和输出信号各使用一对双绞线，因此综合布线工程使用的双绞线都是多对双绞线构成的双绞线电缆。连接用户插座的是4对双绞线构成的8芯电缆，干线使用多对双绞线构成的大对数电缆，如25对电缆、100对电缆。

按导线传输信号频率的高低，双绞线电缆分为5类、超5类、6类等多种。5类及超5类其传输特性规格为100～155MHz，是构建10M/100M局域网的主要通信介质；6类传输特性规格为1000MHz，适合千兆以太网。按电缆是否屏蔽，分为非屏蔽双绞线电缆（Unshielded Twisted Pair，UTP）和屏蔽双绞线电缆（Shielded Twisted Pair，STP）。目前非屏蔽双绞线电缆的市场占有率高达90％，主要用于建筑物楼层管理间到工作区信息插座等配线子系统部分的布线，也是综合布线工程中施工最复杂，材料用量最大，质量最主要的部分。双绞线表示方式如CAT5. UTP表示5类非屏蔽双绞线。

（2）光缆　　光缆是光导纤维电缆的简称。与电缆相比，光缆的频带宽、容量大、损耗小，没有电磁辐射，不会干扰邻近电器，也不会受电磁干扰。

光缆的芯线里可以是一根光纤，也可以是多根光纤捆在一起。光缆末端与光接收机连接时，不能用整根光缆连接，而是要使用一根单芯光缆进行连接，这根光缆称为光纤跳接线。

光缆连接采用光纤连接器。光纤按传输点模数分单模光纤和多模光纤两大类，从传输性能方面考虑，目前多选用单模光纤。

（3）网络模块　　综合布线工程用户端使用RJ45型信息插座，RJ45型插座与RJ45连接头（水晶头）是综合布线系统中的基本连接器。

网络模块面板常用的有单口面板和双口面板，可根据需要，选择适合墙面、地面安装，分别具备防尘、防水等功能。

（4）配线架　　是电缆或光缆进行端接和连接的装置，在配线架上可进行互连式交接操作，用来完成干线与用户线分接。铜缆配线架系统分110型配线架系统和模块式快速配线架系统，光缆使用光缆配线架。

110型配线架有25对、50对、100对、300对连接块等多种规格可应用于所有场合，特别是大型电话应用场合，也可应用在配线间接线空间有限的场合。模块式快速配线架又称为机柜式配线架，有24口、48口、96口等几种端口规格。

（5）交换机　　交换机（Switch）和网络集线器（Hub）、路由器（Router）这些网络设备并非布线系统产品，尽管不要求布线设计安装人员调试网络，但对网络结构和设备状况的了解有助于与网络工程师协同工作。典型综合布线线缆与设备如图5-7所示。

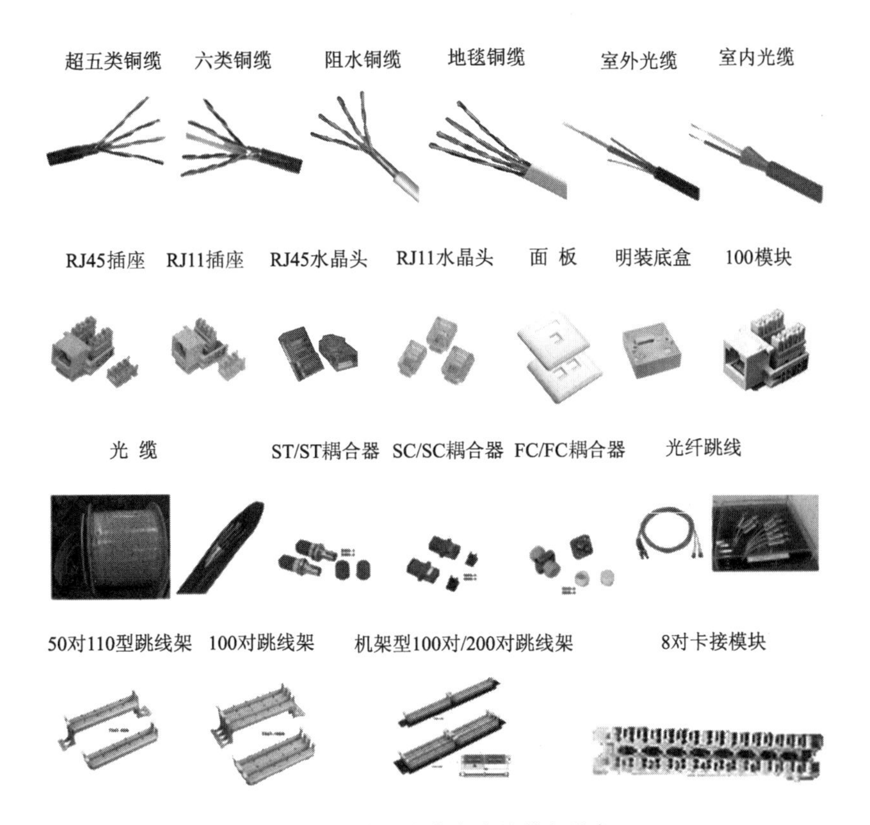

图5-7 典型综合布线线缆与设备

5.2.2 综合布线系统施工图识读

1. 综合布线系统施工图设计要点

(1) 确定工作区信息点数量

在进行综合布线设计之前，首先根据建筑平面图，并按照用户的需求确定工作区。如按每5～10m²设置一个工作区，大致估算出每一个楼层的工作区多少，既可计算出整个大楼的工作区信息点数量。每个工作区配备几个信息插座，这要看业主对大楼如何定位。如果按最低配置，每个工作区配备一个RJ45信息插座，则可计算出每层楼需配备RJ45插座的个数。当网络使用要求尚未明确时，宜按表5-1的规定配置。

常见工作区信息点的配置原则 **表5-1**

工作区类型及功能	安装位置	信息点数量	
		数　据	语　音
网管中心、呼叫中心、信息中心等终端设备较为密集的场地	工作台附近的墙面 集中布置的隔断或地面	1个/工位	1个/工位
集中办公区域的写字楼、开放式工作区等人员密集场所	工作台附近的墙面 集中布置的隔断或地面	1个/工位	1个/工位
研发室、试制室等科研场所	工作台或试验台处墙面或者地面	1个/台	1个/台

续表

工作区类型及功能	安装位置	信息点数量	
		数　据	语　音
董事长、经理、主管等独立办公室	工作台处墙面或者地面	2 个/间	2 个/间
餐厅、商场等服务业	收银区和管理区	1 个/50m^2	1 个/50m^2
宾馆标准间	床头或写字台或浴室	1 个/间，写字台	1～3 个/间
学生公寓（4 人间）	写字台处墙面	4 个/间	4 个/间
公寓管理室、门卫室	写字台处墙面	1 个/间	1 个/间
教学楼教室	讲台附近	2 个/间	0
住宅楼	书房	1 个/套	2～3 个/套
小型会议室/商务洽谈室	主席台处地面或者台面 会议桌地面或者台面	2～4 个/间	2 个/间
大型会议室，多功能厅	主席台处地面或者台面 会议桌地面或者台面	5～10 个/间	2 个/间
大于 5000m^2 的大型超市或者卖场	收银区和管理区	1 个/100m^2	1 个/100m^2
2000～3000m^2 中小型卖场	收银区和管理区	1 个/30～50m^2	1 个/30～50m^2

工作区信息点确定后，接下来就是制作点数统计表。点数统计表的做法是首先按照楼层，然后按照房间或者区域逐层逐房间的规划和设计网络数据、语音信息点数，再把每个房间规划的信息点数量填写到点数统计表对应的位置。每层填写完毕，就能够统计出该层的信息点数，全部楼层填写完毕，就能统计出该建筑物的信息点数。

（2）各子系统选用导线类型的要求

工作区子系统通常选择 5 类双绞电缆，而选择水平子系统的线缆，要根据建筑物信息的类型、容量、带宽和传输速率来确定。线缆具体选择可参照以下几点进行：

1）一般数据传输在 10Mbps 以上，可采用 5 类或更高类别的双绞电缆。

2）高速率或特殊要求的场合可以采用光纤。

垂直主干布线子系统针对数据传输多选用光缆，而针对语音传输（电话信息点）目前多采用 5 类双绞线。

应当注意的是，综合布线系统设计中，所选的配线电缆、连接硬件、跳线、连接线及信息插座等类别必须相一致。

（3）各子系统线缆长度的要求

1）水平电缆是指从楼层配线架 FD 到信息插座间的电缆，其长度最多为 90m，可外加 5m 楼层配线架和 5m 工作区连线。故每条水平电缆的最大长度是 100m，其一端接至楼层的配线架上，另一端接至工作区的 RJ45 信息插座。

2）主干布线长度要求是：建筑群配线架（CD）到楼层配线架（FD）间的距离不应超过 2000m，建筑物配线架（BD）到楼层配线架（FD）的距离不应超过 500m。当超过上述距离时，可以分区进行布线，使每区的主干布线满足规定的距离要求。布线的长度要求如图 5-8 所示。

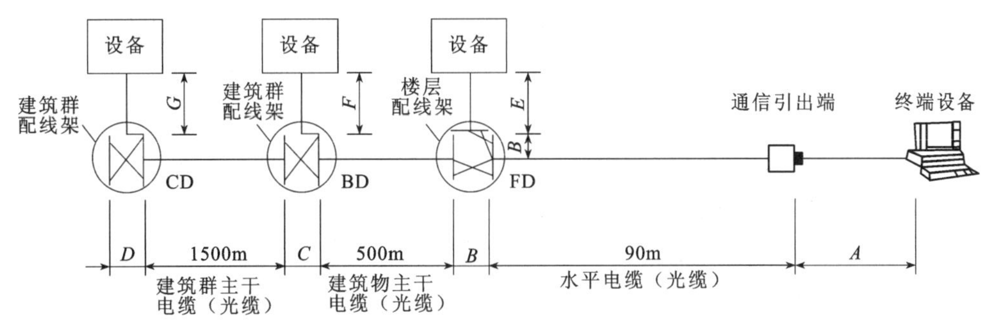

$A+B+E \leqslant 10$m　水平子系统中工作区电缆、工作区光缆、设备电缆、设备光缆和接插软线或跳线的总长度；

C和$D \leqslant 20$m　在建筑物配线架或建筑群配线架中的接插软线或跳线长度；

F和$G \leqslant 30$m　在建筑物配线架或建筑群配线架中的设备电缆、设备光缆长度。

图 5-8　综合布线系统设计线路长度要求

（4）确定路由

智能建筑一般都有天花吊顶，水平走线可在天花吊顶内桥架敷设。一般建筑物，水平子系统采用地板下管道布线方法。垂直走线是通过弱电井。

（5）配线架设计

对配线架的设计主要内容包括两个方面：配线架种类的选择和容量的确定。根据所选择的水平线缆的种类，可以决定是选择双绞线配线架还是光纤配线架。现在工程上多采用模块化配线架。

配线架中与水平线缆相连的部分称做配线架水平端，而与垂直主干相连的部分称做配线架垂直端。配线架的容量是由水平线缆和主干线缆的数量决定的，在设计时一般把配线架水平端、垂直端分开考虑，分别加以计算。

2. 综合布线系统施工图识读

综合布线系统施工图是由设计说明、系统图、平面图等组成，其中施工系统图反映出整个系统的布线关系；平面图是以建筑总平面图为依据，在图上绘出设备、装置及线路的安装位置、敷设方法等，是表示设备、装置与线路平面布置的图纸，是进行设备安装的主要依据。读图时系统图与平面图结合起来，系统图的识读，对于指导安装施工有着重要的作用。

以典型的例子来说明如何识读综合布线系统图及平面图。

【例 5-1】某高校电教信息大楼综合布线系统施工图，如图 5-9 所示。其中图 5-9（a）为系统图，图 5-9（b）为平面图。

本实例识读要点如下：

（1）工作区信息点设置。本建筑是某高校电教信息大楼共 6 层，实质就是机房大楼，依据学校的要求每个电脑教室不少于 40 台电脑，所以工作区的设置每个教室 50 个数据点，2 个语音点；教师办公室按每 5～10m^2 为一个工作区划分；以大楼二层为例，见

图5-9（b），该层共设置数据点390个，语音点36个，见图5-9（a）。

（2）水平及干线线缆选择。工作区布线和水平配线均采用CAT.5-UTP，即5类非屏蔽4对8芯双绞线。语音干线传输系统选用5类非屏蔽大对数电缆，其对数的选择依据语音点数量。以二层为例，有36个语音点，选择1根50对电缆。数据干线传输系统每层采用1根4芯单模光纤传输。

（3）楼层管理间及设备间。管理间设置在每层楼的通信配线间，包括楼层配线架（FD）、光端盒（LIU）及交换机（SW）等。对语音部分采用的大对数双绞线电缆接FD的110模块，对数据部分采用光缆，光缆接入光端盒（LIU）再经交换机（SW），先转换成电信号再分路接入FD模块端口。设备间位于该楼一层网络设备机房，设备间数据主配线架共用6根4芯光缆，采用24口光纤配线架。总设备间语音主配线架，采用8个100对110连接块。

（4）平面图识读，见图5-9（b）。按每个教室及办公室配置好的数据点和语音点分布

通信接线插座，采用双口信息插座，每2台学生电脑共插一个双口插座。线路在顶棚金属线槽内敷设，按线槽填充面积不大于40%，干线线槽选镀锌金属线槽500×60，支线线槽选镀锌金属线槽100×40。由顶棚引至信息插座的导线分别沿墙和地面穿Φ32的PVC塑料管暗敷，信息插座安装在电脑桌脚。按该建筑平面计算，离通信配线间最远端的信息点其工作区线缆加水平线缆的长度没有超过100m，符合双绞线传输距离要求。

（5）系统图识读，见图5-9（a）。楼层配线架FD的选取分两部分，一部分是与水平

线缆相连的配线架水平端采用模块化配线架，以二层为例，终端用户数据点390个，语音点36个，总共426个，选用48口端口模块10个。另一部分与垂直主干线缆相连的配线架，语音端选用110型连接块，36个语音点，选用1个50对110连接块；数据端垂直干线采用1根4芯单模光缆，光缆经过光端盒和交换机转换信号后，由交换机接跳线直接接到FD的48口端口模块上。

5.2.3　综合布线系统施工

综合布线系统的施工过程可以分为两大类：第一是布管及布线的施工，第二是连接设备的安装施工。

1. 布管及布线施工

布管及布线的施工具有较大的一般性，因为各厂商生产的铜缆和光缆的物理特性、通信特性、外形尺寸都几乎完全相同，施工的对象具有一般性。布线方式一般要求如下。

（1）水平子系统的布线方式

水平子系统的布线方法一般可采用以下三种类型：预埋管线布线方式、先走吊顶内线槽再走支管到信息出口的方式和地面线槽方式。

预埋管线布线方式是在土建施工阶段，采用金属钢管或PVC塑料管预埋在现浇楼板中，钢管或塑料管由竖井内配线架直接引至墙面或柱面接线盒处，也可与地面出线盒配合使用。这种方式具有节省材料、配线简单、技术成熟等优点，其局限性在于建筑楼板的厚度可能不够，现浇楼板厚度一般在80～120mm之间，而使用较多管径在20～32mm之间，如果发生管线交叉，只能牺牲建筑层高。该方式一般用于信息点少的地方。

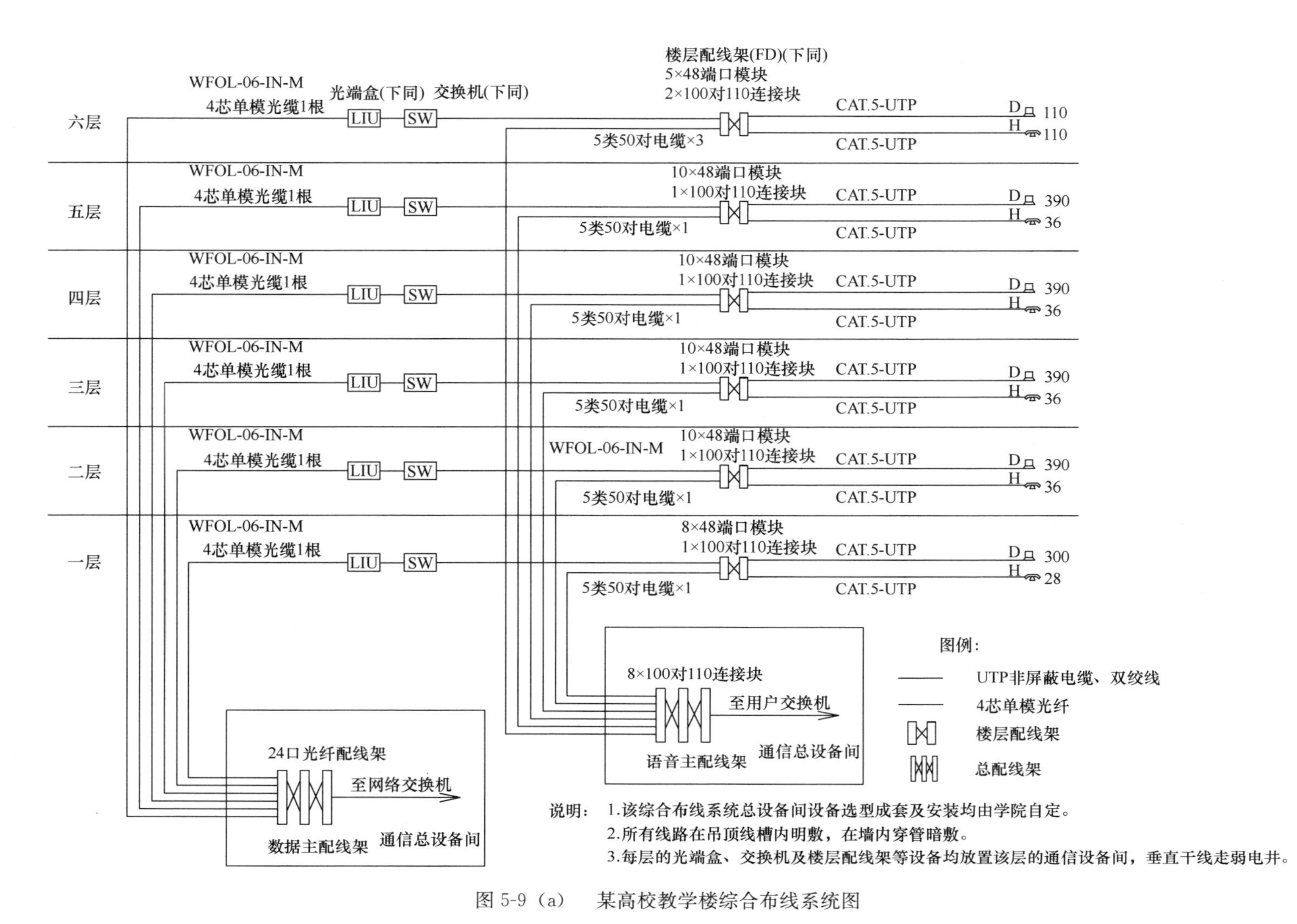

图 5-9（a） 某高校教学楼综合布线系统图

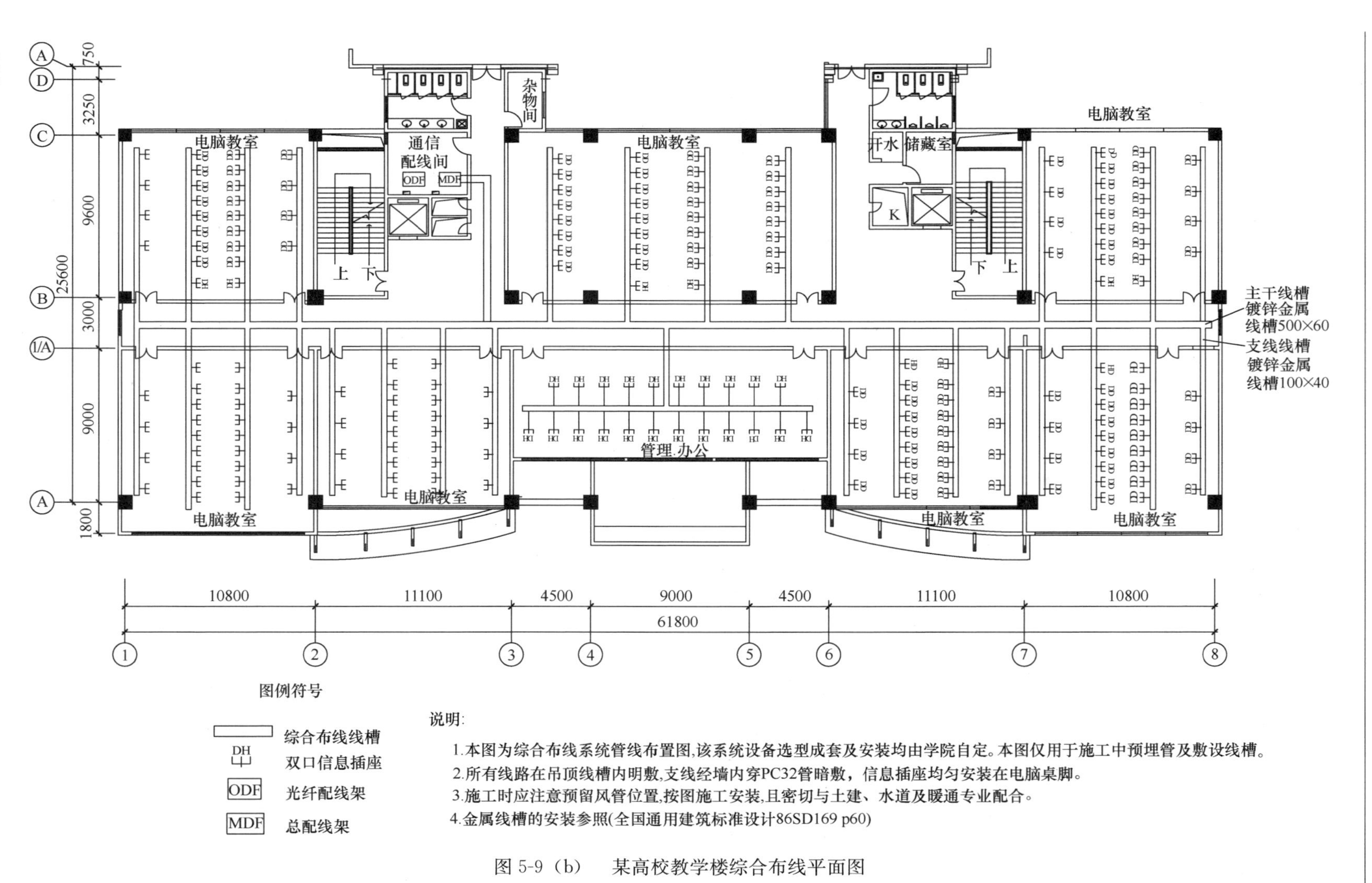

图 5-9（b）　某高校教学楼综合布线平面图

先走吊顶内线槽再走支管到信息出口的布线方式，线槽由金属或阻燃高强度PVC材料制成，配有各种规格的转弯线槽、T字形线槽等。安装时尽量将线槽放在走廊的吊顶内，以便维护。由弱电间出来的线缆先走吊顶内的线槽，到各房间后，经分支线槽将电缆穿过一段支管引向墙柱或墙壁，沿墙而下到本层的信息出口，或沿墙而上引到上一层的信息出口，最后端接在用户的信息插座上，如图5-10所示。

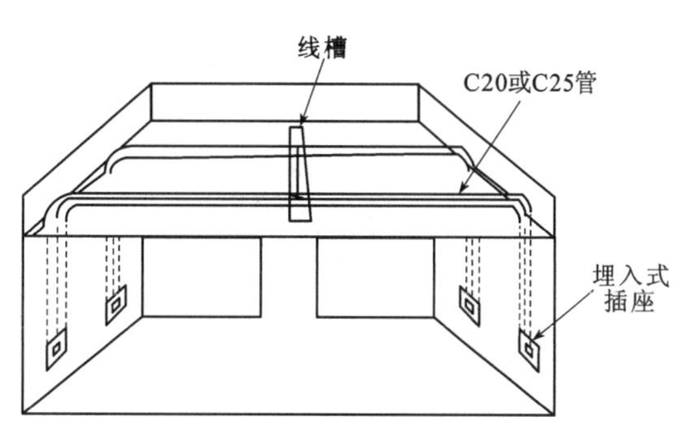

图5-10 先走吊顶线槽再走支管布线法

地面线槽方式就是由弱电间出来的缆线走地面线槽到地面出线盒，引至信息出口的接线盒。由于地面出线盒不依赖于墙或柱体直接走地面垫层，因此这种方式适用于大开间或需要打隔断的场合，不足之处是增加造价、局部利用率不高。

(2) 干线子系统的布线方式

建筑物垂直干线布线通道可采用电缆孔或电缆竖井等方式。

电缆孔方式通常是用一根或数根直径为100mm的金属管做成，浇筑混凝土时嵌入在地板中，比地板表面高出25～50cm，也可直接在地板中预留一个大小适当的孔洞。电缆往往捆在钢绳上，而钢绳又固定到墙上已铆好的金属条上。当配线间上下都对齐时，一般可采用电缆孔方法。

电缆井方式是指每层楼上开出一些方孔，将电缆捆在支撑用的金属桥架上，使电缆可以穿过这些电缆井从该楼层延伸到相邻的楼层。电缆井的大小依所用电缆的数量而定。在很多情况下，电缆井不仅仅是为综合布线系统的电缆而开设的，其他许多系统如有线电视系统、设备监控系统、消防系统、安防系统等智能化系统所用的电缆也都与之共用同一个电缆井。如果共用，有线电视电缆宜用金属板与其他线缆分开，这主要是因为有线电视电缆传输的是射频信号，而其他电缆传输的是音视频或控制信号，所以为了防止有线电视电缆对其他电缆电磁干扰，需要用金属板加以分开。

(3) 建筑群子系统的布线方式

建筑群间布线可采用架空布线、直埋布线、管道内布线三种方式。常用管道内布线方式。

2. 双绞线设备安装

双绞线设备安装主要包括双绞线水晶头端接、信息插座端接与安装、配线架端接与安装等。

(1) 双绞线水晶头制作

双绞线水晶头制作目前有T568A和T568B标准，端接方式见图5-11所示。

(2) 信息插座端接

信息插座的核心部件是模块化插座孔和内部连接件。对绞线在信息插座上进行终端连接时，必须按缆线的色标、线结组成以及排列顺序进行卡接，如为RJ45系列的连接硬件，其色标和线对组成及排列顺序应按EIA/TIAT568A或T568B的规定办理。

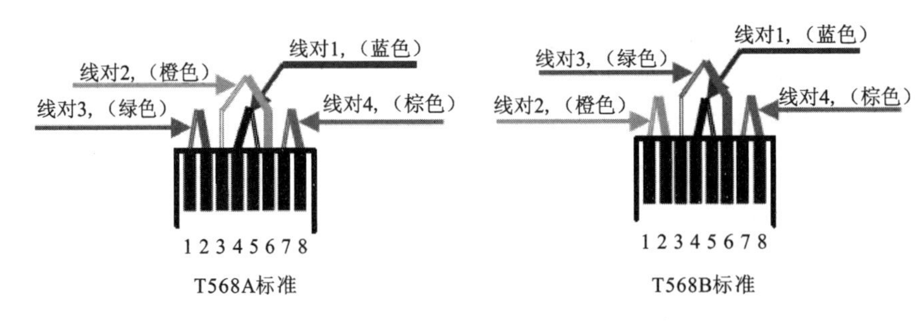

图5-11　双绞线水晶头的端接方式

(3) 信息插座安装

安装在墙体上的信息插座，宜高出地面300mm，如地面采用活动地板时，应加上活动地板内净高尺寸。

装在活动地板或地面上的信息插座，应固定在接线盒内，插座面板有直立和水平等形式，接线盒盖可开启，并应严密防水、防尘。接线盒盖面应与地面齐平。

图5-12所示，综合布线工程施工打线常见工具。

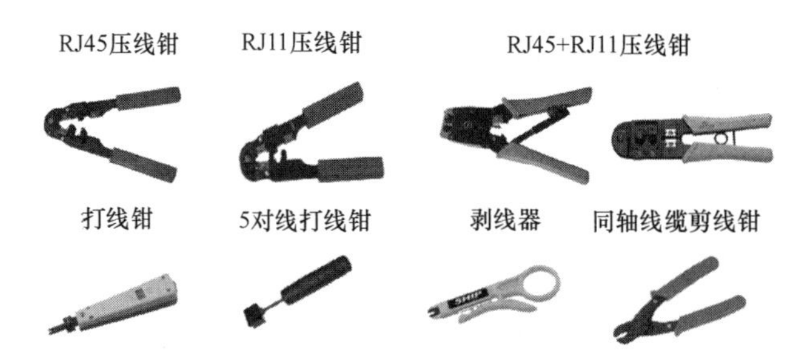

图5-12　综合布线施工常用工具

任务5.3　信息网络系统

任务导入	
 扫一扫看微课视频：信息网络系统功能与结构 A5-3	小王和三位伙伴自主创业注册成立了一家动画制作公司，配置了多台办公电脑和一台服务器，如何将这些独立的电脑组成网络共享每个员工的工作成果？如何让办公室的电脑也能快速浏览外网的信息？本任务介绍计算机网络系统的功能、组成及相关设置
任务目的  扫一扫看工程案例：信息网络系统案例 B5-3	通过对智能建筑计算机网络系统工作原理的认知，熟知计算机信息网络系统及功能，能组建一个基本的办公室局域网，能进行计算机网络系统IP地址基本设置

扫一扫看：本任务PPT课件
C5-3

扫一扫看：本任务教案设计
D5-3

5.3.1 信息网络系统认知

1. 信息网络系统及其功能

信息网络系统亦可称为计算机网络系统。信息网络系统是指将地理位置不同的具有独立功能的多台计算机及其外部设备，通过通信线路连接起来，在网络操作系统，网络管理软件及网络通信协议的管理和协调下，实现资源共享和信息传递的计算机网络系统。

信息网络系统已由一种通信基础设施发展成为一种重要的信息服务基础设施。如今的我们很难想象没有网络的日子。计算机网络带给我们的功能有：

(1) 计算机网络为我们提供浏览信息和发布信息的平台。经济、社会、生活、娱乐等搜索引擎中感兴趣的新闻、体育等信息。计算机网络以各种博客、微博、电子公告栏等各种信息发布平台。

(2) 计算机网络为我们提供通信和交流平台。从早期的电子邮件、网络电话，到今天的微信、QQ等各种及时通信工具，网络世界将人们的距离拉得越来越近。

(3) 计算机网络为我们提供休闲和娱乐的平台。

(4) 计算机网络为我们提供资源共享的平台。随着网络技术的发展，通过网络可共享的资源种类越来越丰富，共享方式越来越便捷。以云计算为例，利用云计算可将大量的用户数据、应用软件和计算任务放置在“云”端，从而使用户终端的计算能力和存储能力得到无限放大。

(5) 计算机网络为我们提供电子商务的平台。现代社会，不会网上购物、网上转账、网上约车等操作，将会发现生活变得越来越不方便。

(6) 计算机网络为我们提供远程协作的平台。计算机网络使得千里之遥的人们相互配合、协同工作，应用最广泛的远程协作包括远程教育和远程医疗。

(7) 计算机网路为我们提供网上办公的平台。通过计算机网络，政府、企业等部门的电子政务系统向公众提供在线咨询系统、网上申报、网上审批、网上投诉等服务。

特别提示：

信息网络系统不仅使智能建筑成为信息高速公路的信息节点，还是实现建筑智能化系统集成的支撑平台，各个智能化系统通过信息网络有机地结合在一起，形成一个相互关联、协调统一的集成系统。

2. 信息网络的拓扑结构

信息网络的分类方式有许多种，按拓扑结构可分为星形网络、总线型网络、树形网络和环形网络等；按使用范围可分为专用网络、公用网络；按网络规模可分为局域网、城域网、广域网。

网络拓扑结构是指用传输媒体互联各种设备的物理布局。将参与网络工作的各种设备用媒体互联在一起有多种方法，但实际上只有几种方式能适合网络的工作。目前大多数网络使用的拓扑结构有星形拓扑结构，树形拓扑结构、环形拓扑结构，总线形拓扑结构。见图5-13所示。

(1) 星形拓扑结构。星形结构是最古老的一种连接方式，大家使用的电话也属于这种结构。图5-13 (a) 为目前使用最普遍的以太网 (Ethernet) 星形结构，处于中心位置的网络设备称为集线器，英文名为Hub。这种结构便于集中控制，因为终端用户之间的通

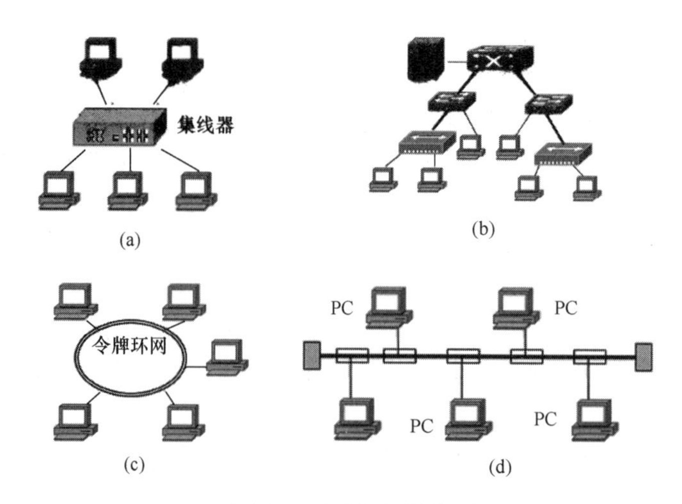

图 5-13　网络拓扑结构图

(a) 星形拓扑；(b) 树形拓扑；(c) 环形拓扑；(d) 总线拓扑

信必须经过中心站。由于这一特点，也带来了易于维护和安全等优点。终端用户设备因为故障而停机时也不会影响其他用户间的通信。但这种结构非常不利的一点是，中心系统必须具有极高的可靠性，因为中心系统一旦损坏，整个系统便趋于瘫痪。

(2) 树形拓扑结构。星形拓扑结构的一种扩充便是星形树，如图 5-13 (b) 所示。每个 Hub 与终端用户的连接仍为星形，Hub 的级连而形成树。然而，Hub 级连的个数是有限制的，并随厂商的不同而有变化。另外，以 Hub 构成的网络结构，虽然呈星形布局，但它使用的访问媒体的机制却仍是共享媒体的总线方式。

(3) 环形拓扑结构。环形结构在局域网中使用较多。这种结构中的传输媒体从一个终端用户到另一个终端用户，直到将所有用户连成环形，如图 5-13 (c) 所示。这种结构显而易见消除了用户通信时对中心系统的依赖性。环上传输的任何报文都必须穿过所有端点，因此，如果环的某一点断开，环上所有端间的通信便会终止。双环结构可克服这种网络拓扑结构的脆弱性，每个端点除与一个环相连外，还连接到备用环上，当主环故障时，自动转到备用环上。

(4) 总线拓扑结构。总线结构是采用一个信道作为传输媒体，所有站点都通过相应的硬件接口直接连到这一公共传输媒体上，该公共传输媒体即称为总线，如图 5-13 (d) 所示。任何一个站发送的信号都沿着总线传播，而且能被所有其他站所接收。

将以上两种单一拓扑结构混合起来，取两者的优点构成的拓扑称为混合型拓扑结构，比如星形拓扑和环形拓扑混合成的“星—环”拓扑，星形拓扑和总线拓扑混合成的“星—总”拓扑。

3. 信息网络的传输介质与典型设备

(1) 网络传输介质

网络传输介质分为有线传输介质和无线传输介质。有线传输介质采用双绞线和光缆(见本书任务 5.2 综合布线系统)；无线传输介质是指利用电波或光波等作为传输介质，主要有无线电波和红外线等。

(2) 典型网络设备

网络设备分为网络接入设备、网络连接和互联设备。

1）网络接入设备

网络接入设备是计算机与信息网络进行连接的设备，主要有网络适配器。网络适配器又称网卡或网络接口卡是将计算机内部信号格式和网络上传输的信号格式相互转换并在工作站和网络之间传输数据的硬件设备。网卡插在计算机主板插槽中，通过网卡，计算机与网络从物理上及逻辑上连接起来。

2）网络连接和互联设备

网络互联设备首先为两个网络连接提供基本的物理接口，更重要的是要协调网络之间通信协议，处理速率与带宽的差别，实现一个网络与另一个网络的互访与通信。网络互联设备包括交换机（Switch）、路由器（Router）、调制解调器（Modem）等。典型的网络连接设备如图5-14所示。

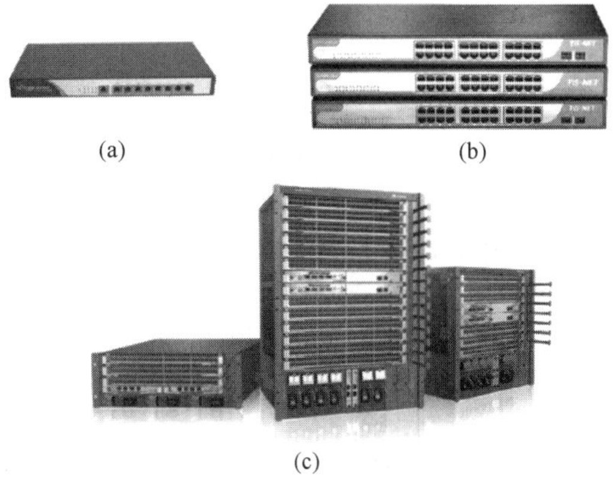

图5-14 典型网络连接设备

(a) 路由器；(b) 交换机；(c) 大型模块化交换机

路由器是一种连接多个网络（局域网和广域网）或网段的网络设备，它能在不同网络或网段之间进行数据信息的“翻译”，以使它们能够相互“读懂”对方的数据，从而构成一个更大的网络。路由器是依赖于协议工作，在它们使用某种协议进行数据的转发时，它们必须被设计或配置成为能够识别该种协议。

交换机又称网络开关，交换机通过对信息进行重新生成，并经过内部处理后转发至指定端口，交换机具备自动寻址能力和交换作用。广义的交换机就是一种在通信系统中完成信息交换功能的设备，是专门设计使计算机能够相互高速通信、独享带宽的网络设备。

调制解调器（Modem），人们亲昵地称之为“猫”，是一种信号转换装置。所谓调制，就是把数字信号转换成电话线上传输的模拟信号；解调，即把模拟信号转换成数字信号，合称调制解调器。调制解调器用于将计算机通过电话线路连接上网，并实现数字信号和模拟信号之间的转换。调制的目的是把要传输的信息转换成可以通过无线信道传物的形式，也就是把信号变换到适合传输的频率。现在常用的“光猫”是用光电信号的转换和接口协议的转换后接入路由器，属于广域网接入的一种，也就是常常说到的光纤接入，只要存在光纤的地方都需要光猫对光信号进行转换。

3）网络安全设备

网络中应用的典型安全设备是防火墙（Firewall），用来保护和维护网络安全。防火墙对网络中流经它的所有通信数据包进行扫描，以期过滤掉一些非法的数据包，免其在目标计算机上被执行，干扰网络安全。

5.3.2 计算机网络系统IP地址计算

不管是学习网络知识还是上网，IP地址都是出现频率非常高的词。Windows系统中设置IP地址的界面如图5-15所示，图中出现了IP地址、子网掩码、默认网关和DNS服

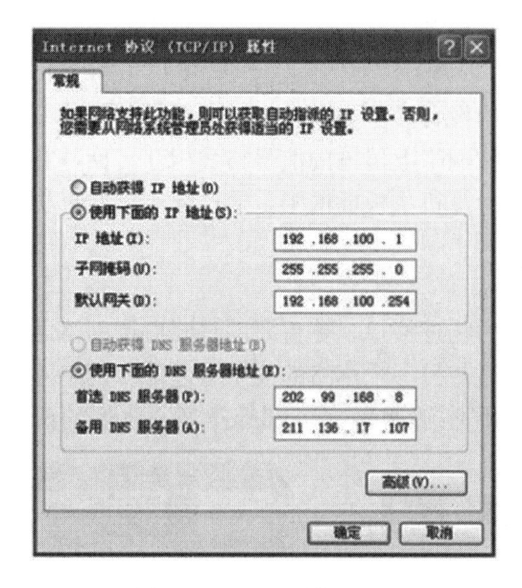

图5-15　IP地址设置界面

务器这几个需要设置的地方，只有正确设置，网络才能连通。

1. IP地址介绍

所谓IP地址就是给每个网络上主机分配的地址。按照TCP/IP协议规定，IP地址用32位二进制数来表示，即32比特，也就是4个字节。为了表达方便，IP地址通常被写成四段十进制数的形式，即将4个字节转换为对应的4个十进制数，中间使用符号“.”分开，比如“10.0.0.1”，这种表示法也叫作点分十进制表示法。

（1）IP地址的分类

IP地址由两部分组成，一部分为网络地址，另一部分为主机地址。根据实际节点所处的网络规模，IP地址可分为A、B、C、D、E类，不同类型具有不同的网络地址及主机的长度，见图5-16所示。

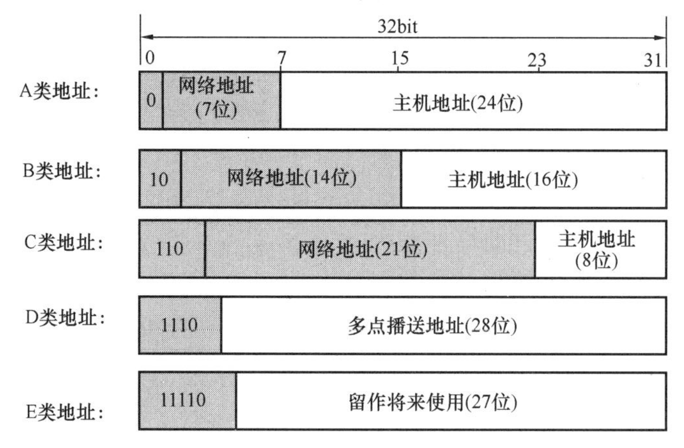

图5-16　IP地址的分类

A类IP四段地址中第一段为网络地址，后三段为主机地址，网络地址的最高位必须是“0”，地址范围为0.0.0.0～126.255.255.255。A类地址适用于网络较少而主机数量较多的大型网络，每个网络所能容纳的主机数达1600多万台。

B类IP四段地址中的前两段为网络地址，后两段为主机地址，网络地址的最高位必须是“10”，地址范围为128.0.0.0～191.255.255.255。B类地址适用于中等规模的网络，每个网络所能容纳的主机数为6万多台。

C类IP四段地址中的前三段为网络地址，最后一段为主机地址，网络地址的最高位必须是“110”，地址范围为192.0.0.0.～223.255.254.0。C类地址适用于小规模的局域网络，每个网络最多只能包含254台计算机。

D类地址用于在IP网络中的组播，地址的前4位恒为1110，地址范围为224.0.0.0～239.255.255.255。

E类地址被定义但却保留作为研究之用，地址范围为240.0.0.0～255.255.255.255。

（2）特殊IP地址

1）255.255.255.255：若一个IP地址的二进制数全为1，即IP地址为255.255.255.255，则这个地址用于定义整个互联网。如果设备想使IP数据报被整个Internet所接收，就发送这个目的地址全为1的广播包，但这样会给整个互联网带来灾难性的负担。因此网络上的所有路由器都阻止具有这种类型的分组被转发出去，使这样的广播仅限于本地网段。

2）主机地址全为1：主机使用这种地址把一个IP数据报发送到本地网段的所有设备上，路由器会转发这种数据到特定网络上的所有主机。

3）0.0.0.0：IP地址在IP数据报中只能用作源IP地址，这发生在当设备启动时但又不知道自己的IP地址情况下。在IP地址动态分配的网络环境中，这样的地址是很常见的。用户为获得一个可用的IP地址，就给动态主机地址配置服务器发送IP分组，并用这样的地址作为源地址，目的地址为255.255.255.255。

4）网络地址全为0：仅表示当前网段，不代表具体主机地址。当某个主机向同一网段上的其他主机发送报文时就可以使用这样的地址，分组也不会被路由器转发。

5）127. *. *. *：127网段的所有地址都称为环回地址，主要用来测试网络协议是否工作正常的作用。

6）专用地址：专用地址不能为Internet网络的设备分配，只能在企业内部使用。这些专有地址是：10.0.0.0～10.255.255.255 ；172.16.0.0～172.31.255.255；192.168.0.0～192.168.255.255。

2. 子网掩码

子网掩码（subnet mask）又叫网络掩码、地址掩码，它是一种用来指明一个IP地址的哪些位标识的是主机所在的子网以及哪些位标识的是主机的位掩码。子网掩码不能单独存在，它必须结合IP地址一起使用。子网掩码只有一个作用，就是将某个IP地址划分成网络地址和主机地址两部分。

子网掩码的设定必须遵循一定的规则。与IP地址相同，子网掩码由1和0组成，且1和0分别连续。子网掩码的长度也是32位，左边是网络位，用二进制数字“1”表示，1的数目等于网络位的长度；右边是主机位，用二进制数字“0”表示，0的数目等于主机位的长度。这样做的目的是让掩码与IP地址做逻辑“与”运算时用屏蔽主机地址，而只保留网络地址，即：子网掩码与IP地址进行逻辑“与”运算后得出的结果即为该子网的网络地址。对于A类地址来说，默认的子网掩码是255.0.0.0；对于B类地址来说默认的子网掩码是255.255.0.0；对于C类地址来说默认的子网掩码是255.255.255.0。通常通过在IP地址后加上“/”符号以及1～32的数字来表达子网掩码，其中1～32的数字即表示子网掩码中网络标识位的长度，如192.168.1.1/24，则说明IP地址为192.168.1.1，子网掩码为255.255.255.0。

子网掩码是用来判断任意两台计算机的IP地址是否属于同一子网的根据，两台计算机各自的IP地址与子网掩码进行“与”运算后，若得出结果相同，则说明这两台计算机处于同一子网。如192.168.1.1/24与192.168.1.3/24处于同一子网，而192.168.1.1/24与192.168.2.3/24则不在同一主网。

知识链接：云计算

云计算（Cloud Computing ）是一种计算模型，它将计算任务分布在由大量计算机构成的资源池上，使各类用户能够使用各种终端根据需要获取服务商提供的计算能力、存储空间和各种软件服务。云计算中的“云”指的是可以自我维护和管理的虚拟计算资源集合，通常是一些大型服务器集群，包括计算服务器、存储服务器和带宽资源等。被称为“云”主要是因为它在某些方面具有现实中云的特征：云一般都较大，其规模可以动态伸缩且边界是模糊的；云在空中飘忽不定，无法确定它的具体位置，但它确实存在于某处。云计算将计算资源集中起来，并通过专门软件实现自动管理。用户可以动态申请部分资源来支持各种应用程序的运行，这些资源可能分布在多台计算机系统之上，而用户无需关心这些具体的细节。

云计算的最终目标就是将计算、服务和应用作为一种公共设施提供给公众，使人们能够像使用水、电、煤气那样使用计算机资源。在云计算模式下，用户的终端计算机将变得很简单，甚至不需要硬盘和各种应用软件就可以满足需要。在云计算环境下，用户的观念也将发生巨大变化，即从“购买产品”向“购买服务”转变，他们直接面对的将不再是复杂和昂贵的硬件和软件，而是最终的服务。

任务5.4　信息化应用系统

任务导入  扫一扫看微课视频：智能建筑需要哪些信息化应用系统 A5–4	智慧校园、智慧医院、智慧工厂、智慧……在互联网+时代，这些都是信息化应用系统的丰硕成果。信息化应用系统的服务对象可以是各行各业，那么信息化应用系统主要包含什么？本任务告知读者信息化应用系统包含内容及应用功能
任务目的  扫一扫看工程案例：智慧校园信息化应用系统案例 B5–4	通过对信息化应用系统的认知，熟知信息化应用系统的组成及功能，了解智慧校园、智慧医院、智慧工厂等各类“智慧+”的基本构成

C5–4

D5–4

信息设施与信息化应用系统是建筑智能化系统的重要组成部分，参见图1-1。信息设施系统主要是智能建筑通信的基础软硬件设施，在这个基础之上，为满足各类不同功能建筑（学校、医院、产业园区等），应用多种类信息设备和专业应用软件的组合系统，我们又称之为信息化应用系统，目的是提供快捷、有效的业务信息运行功能和完善的业务支持辅助功能。

5.4.1　信息化应用系统认知

信息化应用系统（information application system）是以信息设施系统和建筑设备管理系统等智能化系统为基础，为满足建筑物的各类专业化业务、规范化运营及管理的需要，由多种类信息设施、操作程序和相关应用设备等组合而成的系统。

随着计算机网络产品（包括软、硬件）质量不断提高，以及数据库技术的成熟和软件工程方法的发展，信息化应用系统已成为计算机技术的重要应用领域。因此，智能建筑信息化应用系统是由计算机技术、网络通信技术、信息处理技术、管理科学以及人组成的一个综合系统。

1. 智能建筑信息化应用系统内容

信息化应用系统早期又称为办公自动化系统。综合型智能建筑的信息化应用系统，一般包括两大部分：一是服务于建筑物本身的通用型信息化应用系统，如物业管理系统、运营服务等公共管理服务部分；二是用户工作业务领域的信息化应用系统，如学校、医院、金融、外贸、政府部门等专用办公系统。

通用型信息化应用系统内容包括：

（1）公共服务管理系统

（2）智能卡应用系统

（3）物业管理系统

（4）信息设施运行管理系统

（5）信息安全管理系统

工作业务信息化应用系统内容包括：

（1）通用业务系统

（2）专业业务系统

2. 智能建筑信息化应用系统功能

智能建筑信息化应用系统应满足建筑物运行和管理的信息化需要，提供建筑业务运营的支撑和保障。其具体要求如下。

（1）公共服务系统应具有访客接待管理和公共服务信息发布等功能，并宜具有将各类公共服务事务纳入规范运行程序的管理功能。

（2）智能卡应用系统应具有身份识别等功能，并宜具有消费、计费、票务管理、资料借阅、物品寄存、会议签到等管理功能，且应具有适应不同安全等级的应用模式。

（3）物业管理系统应具有对建筑的物业经营、运行维护进行管理的功能。

（4）信息设施运行管理系统应具有对建筑物信息设施的运行状态、资源配置、技术性能等进行监测、分析、处理和维护的功能。

（5）信息安全管理系统应符合国家现行有关信息安全等级保护标准的规定。

（6）通用业务系统应满足建筑基本业务运行的需求。

（7）专业业务系统应以建筑通用业务系统为基础，满足专业业务运行的需求。

3. 通用型信息化应用系统简介

（1）公共服务系统

公共服务系统从广义上说，应包括应急管理与应急服务系统和常规管理与常规服务系统两部分。应急管理和应急服务系统主要为在紧急情况、突发事件与危急状态下的公共管理与公共服务提供信息化和高效化的技术支持。它包括对应急信息监测、收集、处理，以及应急决策、应急举措、应急善后等应急处理信息的形成、传达与执行，还包括应急力量、应急资源、应急手段、应急条件等之间的联动协调等，形成一系列极为快速、高效而规范的应急机制，化解突发紧急事件和公共危机，使民众得到最佳的应急管理保障与应急服务。

常规管理与常规服务主要包括访客接待管理和公共服务信息发布。访客管理系统通过将访客预约、通知、签入/签出与智能快速录入来访人员证件信息、图像信息的访客管理一体化、门禁、智能会议等应用集成，实现访客自动预约、自助签入/签出、智能迎宾、门禁授权及导航、访客统计等多种智能应用。公共服务信息发布系统基于信息设施系统之上，集合各类公共及业务信息的接入、采集、分类和汇总，并建立数据资源库，通过触摸屏查询、大屏幕信息发布、Internet查询向建筑物内公众提供信息检索、查询、发布和导引等功能。

（2）物业运营管理系统

物业是指建成并投入使用的各类房产及其与之配套的设备、设施、场地等。其中“各类房产”包括办公建筑、商业建筑、住宅小区、工业厂房等。“与之配套的设备、设施、场地”包括房屋内外给水排水、电梯、空调等设备；上下水管、供变电、通信等公用管线设施；开发待建、露天堆放货物或运动休憩的建筑地块、庭院、停车场、运动场、休憩绿地等场地。物业管理是运用现代管理科学技术和先进的维护保养技术，以经济手段对物业实施多功能、全方位的统一管理，并为物业的所有人提供高效、周到的服务，使物业发挥最大的实用价值和经济价值。物业管理的基本任务就是对物业进行日常维护、保养和计划修理工作，保证物业功能的正常发挥，另外，还应该提供收费、保安、消防、环境绿化、车辆交通等方面的管理和服务。

（3）智能卡应用系统

智能卡应用系统又称为“一卡通”，即将各种识别方式（包含不同类型的IC卡、二维码扫描、指纹等）管理系统连接到一个综合数据库，通过综合性的管理软件，实现统一的智能卡管理功能，从而使得同一张卡在各个子系统之间均能使用，真正实现一卡通。这些子系统包括门禁管理子系统、考勤管理子系统、消费管理子系统、巡更管理子系统、停车场管理子系统、电子门锁、宾客资料管理、物业及非现金消费管理（包括房屋、场地租金结算、水、电、气、通信费用结算、餐饮、娱乐、健身等非现金消费）、人事考勤和工资管理等。

（4）信息网络安全管理系统

随着Internet的发展，众多的企业、单位、政府部门与机构都在组建和发展自己的网络，并连接到Internet上，网络丰富的信息资源给用户带来了极大的方便，但同时带来了信息网络安全问题。信息网络安全管理系统通过采用防火墙、加密、虚拟专用网、安全隔离和病毒防治等各种技术和管理措施，使网络系统正常运行，确保经过网络传输和交换的数据不会发生增加、修改、丢失和泄漏等。

防火墙（Firewall）主要用于加强网络之间的访问控制，限制外界用户对内部网络的访问，管理内部用户访问外界网络的权限，防止外部攻击、保护内部网络，解决网络边界的安全问题，是提供安全服务、实现网络和信息安全的基础设施。

数据加密技术是通过对网络数据的加密来保障网络的安全可靠性，而不是依赖网络中数据通道的安全性来实现网络系统的安全。

虚拟专用网（Virtual Private Network，VPN）指的是在公用网络上建立虚拟专用网络，即整个VPN网络的任意两个节点之间的连接并没有传统专网所需的端到端的物理链路，而是架构在公用网络服务商所提供的网络平台（如Internet）之上的逻辑网络，用户数据在逻辑链路中传输。

（5）通用业务信息化系统

通用业务系统是以符合该类建筑主体业务通用运行功能的应用系统，它运行在信息网络上，实现各类基本业务处理办公方式的信息化，所以早期也称为办公自动化系统。

通用业务信息化系统具有存储信息、交换信息、加工信息及形成基于信息的科学决策条件等基本功能，满足基本业务的办公系统。典型的通用办公管理系统功能模块架构，如图 5-17 所示。

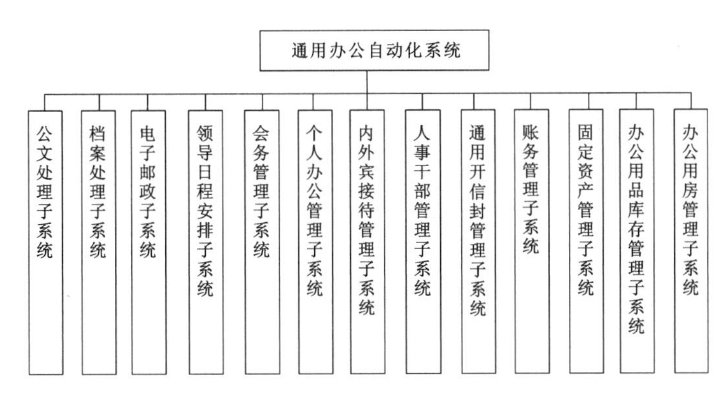

图 5-17　通用办公管理系统功能模块架构

（6）专业业务信息化系统

专业业务系统是在通用业务办公系统（基本业务办公系统）基础上，实现该类建筑物的专业业务的运营、服务和符合相关业务管理规定的设计标准等级，叠加配置若干支撑专业业务功能的应用系统。比如按建筑的不同类别，可分为商业建筑信息化应用系统、文化建筑信息化应用系统、体育建筑信息化应用系统、医院建筑信息化应用系统、学校建筑信息化应用系统等。

以隶属文化建筑之一的图书馆建筑为例，图书馆的信息化应用系统除了包括智能卡应用系统、公共服务系统、物业管理系统、信息安全管理系统等通用的信息化应用系统外，其专业业务系统包括电子阅览、图书订购、库存管理、图书采编标引、声像影视制作、图书咨询服务、图书借阅注册、财务管理和系统管理员等功能。这也是所谓的智慧图书馆。

知识链接：互联网＋

“互联网＋”是互联网思维的进一步实践成果，推动经济形态不断地发生演变，从而带动社会经济实体的生命力，为改革、创新、发展提供广阔的网络平台。通俗地说，“互联网＋”就是“互联网＋各个传统行业”，但这并不是简单的两者相加，而是利用信息通信技术以及互联网平台，让互联网与传统行业进行深度融合，创造新的发展生态。它代表一种新的社会形态，即充分发挥互联网在社会资源配置中的优化和集成作用，将互联网的创新成果深度融合于经济、社会各域之中，提升全社会的创新力和生产力，形成更广泛的以互联网为基础设施和实现工具的经济发展新形态。

5.4.2　信息化应用系统——“智慧＋”运用

在信息设施系统和建筑设备管理系统等智能化系统基础上，信息化应用系统应用在专业建筑上，即“智慧建筑＋专用业务信息化系统”，就构成所谓“智慧校园”、“智慧医院”、“智慧工厂”等。这样的描述用来形容当前炙手可热的“智慧城市”也很恰当。当“智慧”与“城市”组合，信息化释放的无限潜力不再局限于一个系统、一个项目、一个企业、一个园区、一个区域，而形成以城市为单位的整体联动效应，依托有线、无线、移动互联网等现代通信手段，利用大数据、物联网、人工智能、云计算等技术，将政府、教育、医疗、公共安全、地产、运输和公用事业，融合为一个有机整体。各行业按功能分工协调，将小系统合为大系统，实现城市智慧管理，为人们创造更加和谐美好生活。

【例 5-2】智慧社区——某智慧社区信息化应用系统解决方案。

智慧社区是指充分利用物联网、移动互联网、大数据等新一代信息技术的集成应用，为社区居民提供一个安全、舒适、便利的现代化、智慧化生活环境，从而形成基于信息化、智能化社会管理与服务的一种新的管理形态的社区。智慧社区是智慧城市的一个“细胞”，它是一个以人为本的智能管理系统，社区作为城市居民生存和发展的载体，其智慧化是城市智慧水平的集中体现。

图 5-18（a）所示某智慧社区技术构架图，由 4 层组成：感知层、网络层、数据平台层和应用层。

首先感知层是物联网的核心，是信息采集的关键部分。包括二维码识读、射频识别（RFID）、摄像头、传感器、全球定位系统（GPS）等，其主要功能是识别物体、采集信息。图 5-18（b）所示社区里设置的设备设施智能化监控系统，包括火灾报警及消防设施的监测、门禁控制、车辆管理、供水空调等机电运行设备监控、管网监测、噪声监测等，这些系统均纳入到感知层，这是以物联网为主构建平安社区、智能社区的基础设施。此外感知层还包括通过计算机信息进入互联网，以及人们传输语音、视频等信息进入通信网络。

感知层获取的信息分别以物联网、互联网、通信网形式进入到网络层。网络层就是网络信息传输，目前我们正在进入了5G时代，这就像是高速公路，不断拓宽，用于提高信

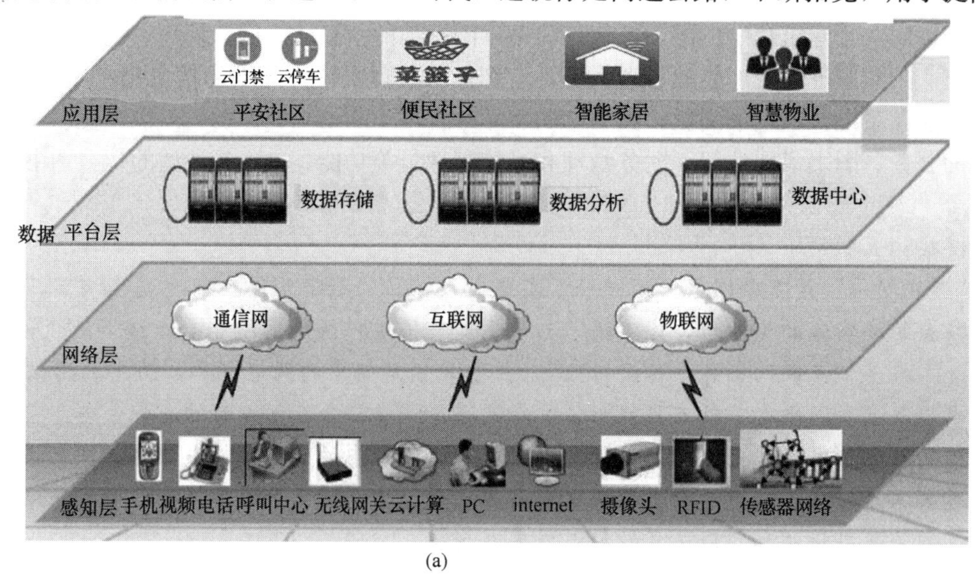

(a)

图 5-18 某智慧社区解决方案（一）

（a）某智慧社区技术构架示意图

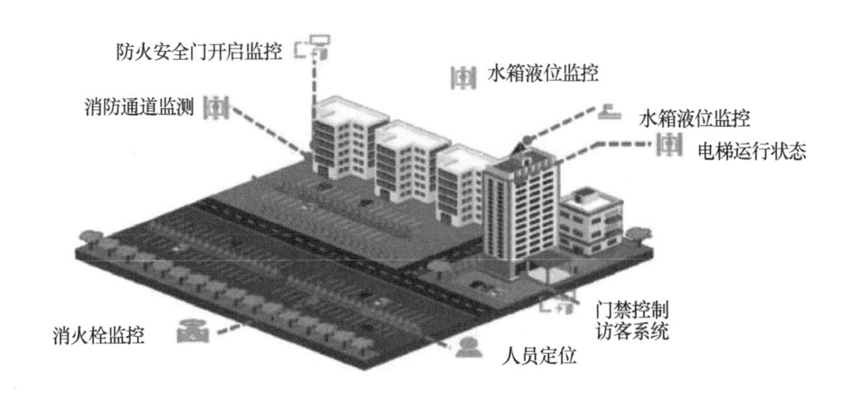

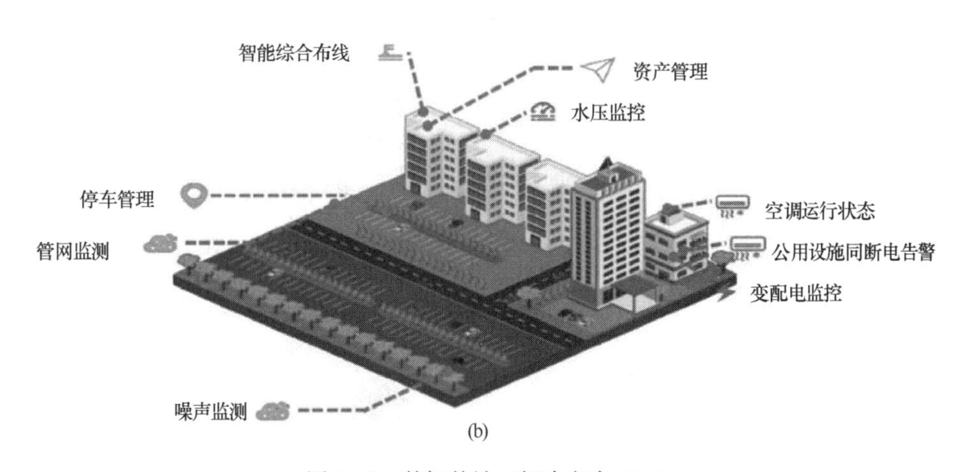

(b)

图 5-18 某智慧社区解决方案（二）

（b）某智慧社区设备设施监控管理系统设置示意图

息传输速度。

接下来通过信息高速路传输的数据进入平台层，平台层我们又称为数据分析层，也就是说的大数据，它包括数据存储、数据分析、数据追溯、数据共享等。

所有这一切，进入到应用层，就可以构建成各类“智慧＋”，基于物联网的手机扫码进门、车辆识别管理等构成平安社区、智能家居；基于互联网的网上购物、网上菜篮子、预约就医等构成便民社区、智慧物业管理；这就是智慧社区带给我们的安全、高效、便捷的智慧化服务。

【例 5-3】智慧校园——某高校建筑信息化应用系统解决方案。

某高等专科学校建设智慧校园，如图 5-19 所示。参见本书附录附表 1-2 高等学校智能化系统配置表（选自《智能建筑设计标准》GB 50314—2015），见图 5-19（a），该校智慧校园解决方案如图 5-19（b）所示。

针对通用型信息化应用系统，按设计规范图 5-19（a）所示，该高校信息化应用系统应设置校园智能卡应用系统、信息安全管理系统，由此见图 5-19（b），设置有校园一卡通系统以及信息安全系统。

针对业务型信息化应用系统，基本业务办公系统主要为学校信息管理系统，为教学、教务办公自动化提供决策支持，其系统结构见图 5-19（c）。学校信息管理系统包括教师管

表 12.2.1　高等学校智能化系统配置表

智能化系统			高等专科学校	综合性大学
信息化应用系统	公共服务系统		⊙	●
	校园智能卡应用系统		●	●
	校园物业管理系统		⊙	●
	信息设施运行管理系统		⊙	●
	信息安全管理系统		●	●
	通用业务系统	基本业务办公系统	按国家现行有关标准进行配置	
	专业业务系统	校务数字化管理系统		
		多媒体教学系统		
		教学评估音视频观察系统		
		多媒体制作与播放系统		
		语音教学系统		
		图书馆管理系统		

(a)

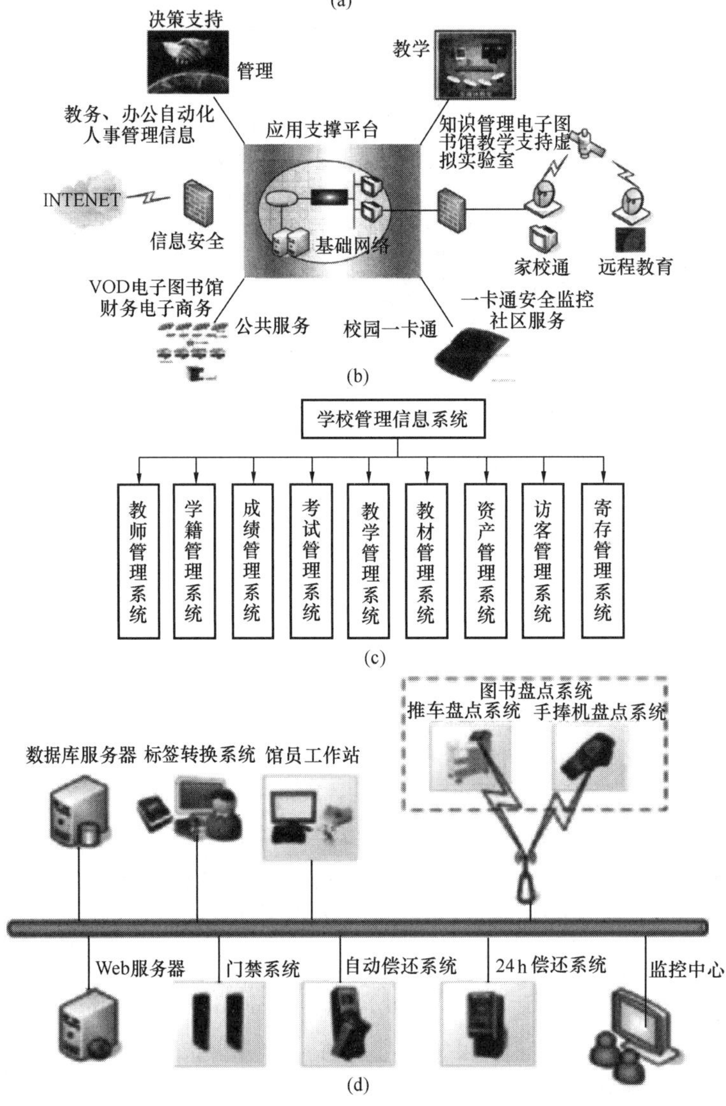

图 5-19　智慧校园——某高校建筑信息化应用系统解决方案（一）
(a) 高校信息化应用系统配置表；(b) 智慧校园——某高校建筑信息化应用系统解决方案；
(c) 学校管理信息系统；(d) 学校图书馆信息系统架构

理、学籍管理、成绩管理、考试管理、教学管理、教材管理、资产管理（设备管理）、访客管理等，全面实现学校的网络和、信息化等。

针对专业业务信息化应用系统，设置教学数字化管理系统、远程教学、多媒体教学系统、图书馆管理系统等。其中图书馆管理系统架构如图5-19（d）所示。

特别提示：

除现行国家标准《智能建筑设计标准》GB 50314—2015，对于专用智慧建筑的设计，可参阅中华人民共和国住房和城乡建设部颁布的《教育建筑电气设计规范》JGJ 310—2013、《医疗建筑电气设计规范》JGJ 312—2013、《交通建筑电气设计规范》JGJ 243—2011等行业标准。

项　目　小　结

智能建筑信息设施系统与信息化应用系统是本书的重点之一。信息设施与信息化应用系统涉及技术面广，本书仅作基本介绍。通过本项目理论知识的学习和基本技能实训，了解信息设施系统的相关规范、工程设计及施工的基本内容和基本方法，能够识读综合布线系统施工图，了解设备接线，为从事信息设施设计和施工打下基础。

技能训练10　双绞线与水晶头、信息插座的端接

一、实训目的

1. 掌握双绞线与水晶头的端接；
2. 掌握综合布线信息插座的端接；
3. 熟悉综合布线常用设备、元件；
4. 熟悉使用综合布线常用工具。

二、实训所需材料、设备

1. 双绞线、水晶头、信息插座；
2. 综合布线压线钳等常用工具，综合布线验证测试仪等。

三、实训内容、步骤

1. 参考图5-11，制作T568B双绞线水晶头端接，并通过测试仪验证；
2. 教师操作演示，制作信息插座端接，并测试验证；
3. 教师测试、检查验收。

技能训练11　某智能建筑综合布线系统施工图识读

一、实训目的

1. 认识综合布线系统常用设备图例符号；
2. 会读综合布线系统施工系统图；
3. 会读综合布线系统施工平面图。

二、实训所需材料、设备

1. 教师选用典型综合布线系统施工图；

2. 施工图可以纸质版，可以电子版，也可参考网上工程实例。

三、实训内容、步骤

1. 根据选用图纸，识读综合布线系统常用设备图例符号；

2. 根据选用图纸，识读综合布线系统图；

3. 根据选用图纸，识读综合布线系统平面图；

4. 完成实训报告。

四、实训报告

填写并完成读图表格。

某智能建筑综合布线系统施工图识读

序号	设备及线缆	图例表示	系统图表示/数量	平面图表示/位置及安装

习 题 与 思 考 题

一、多选题

1. 智能建筑在通信方面一般具有 ＿＿＿＿＿。

A. 电话　　B. 综合布线

C. 计算机网络　　D. 多媒体技术应用

2. 建筑物的综合布线系统主要构成有：＿＿＿＿＿。

A. 工作区　　B. 水平布线

C. 垂直主干布线　　D. 楼层配线管理

E. 设备间

3. 智能建筑信息化应用系统主要有 ＿＿＿＿＿。

A. 工作业务应用系统　　B. 物业运营管理系统

C. 公共服务管理系统　　D. 公众信息服务系统等

4. 网络中的安全问题有＿＿＿＿＿。

A. 网络数据的私有性

B. 授权

C. 访问控制

5. 计算机网络拓扑结构有 ＿＿＿＿。

A. 星形拓扑　　B. 树形拓扑

C. 环形拓扑　　D. 总线拓扑

二、单选题

1. 综合布线系统的灵活性和优势主要体现在 ＿＿＿＿＿。

A. 工作区子系统　　B. 水平子系统
C. 干线子系统　　D. 配线管理

2. 综合布线水平子系统电缆最大长度不超过 ______ 。

A. 10m　　B. 100m
C. 1000m　　D. 不限

3. 信息网络系统是指将地理位置不同的具有独立功能的多台 __________ 及其外部设备，通过通信线路连接起来。

A. 计算机　　B. 传感器
C. 控制器　　D. 执行器

4. IP 地址是给每个网络上主机分配地址，IP 地址用 __________ 数来表示。

A. 二进制　　B. 十进制
C. 十二进制　　D. 没有要求

5. 信息化应用系统早期又称为__________ 。

A. 信息设施系统　　B. 计算机网络系统
C. 办公自动化系统　　D. 综合布线系统

三、简答题

1. 简要论述什么是综合布线系统?
2. 综合布线系统的工作区对安装有什么要求?

四、识图题

某办公大楼，高 10 层，建筑面积 8000m^2。计算机中心设在一层，电话主机房设在一层，但不在同一位置。见图 5-20。

用户需求：依据甲方要求，每层划分为 50 个工作区，每个工作区（每 8～10m^2 为一个工作区）设双孔信息插座一个，分别支持语音和数据。其系统图如图 5-20 所示。

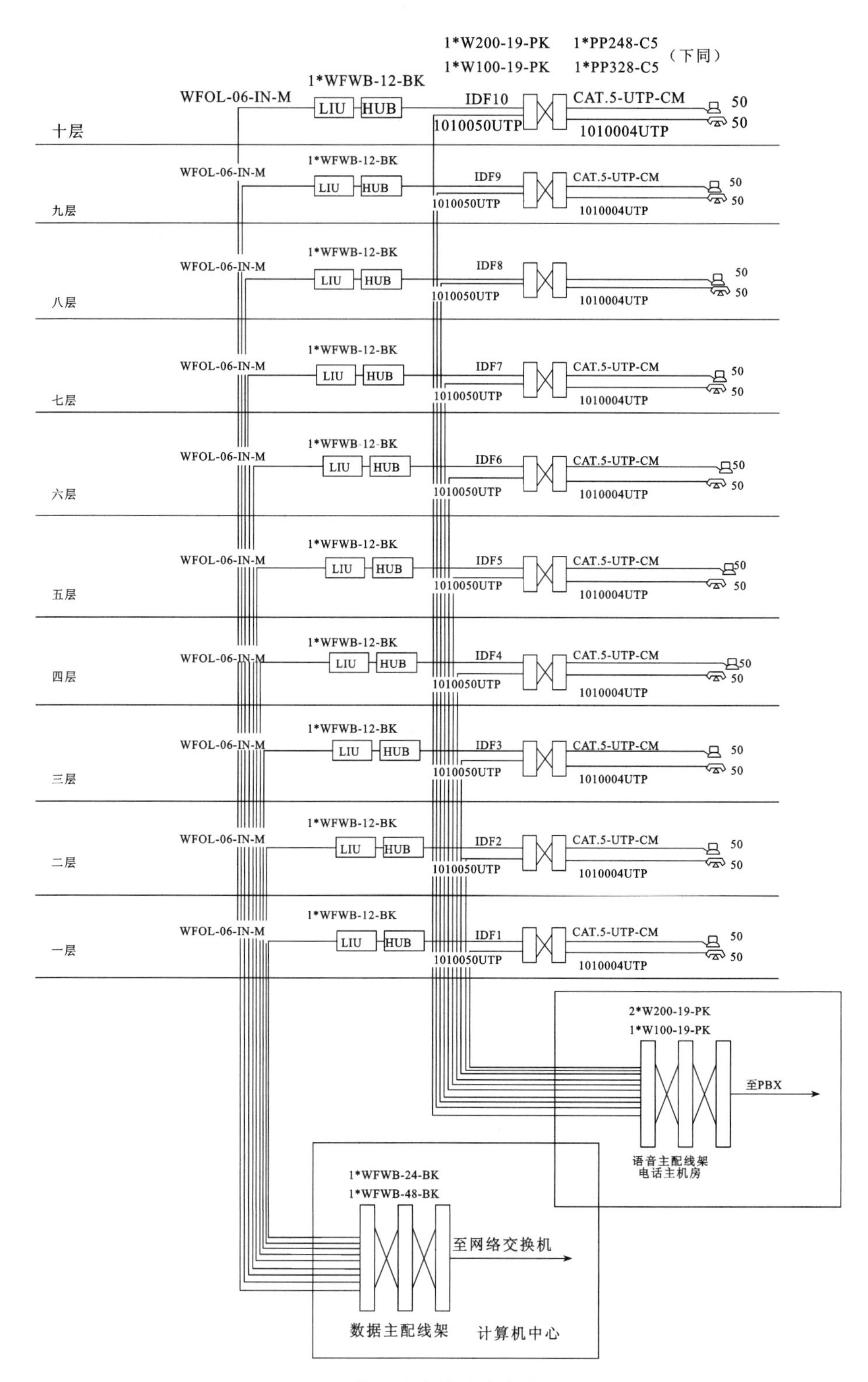

图5-20　某办公大楼综合布线系统图

项目 6　建筑智能化工程实施与管理

本项目要点： 智能建筑能否达到预期功能，既要重视智能化工程实施过程的质量监控，更要重视后期运行的智能化管理。本项目重点介绍两个内容，一是智能化工程实施程序及管理过程；二是智能化建筑管理的重要性以及管理内容、目的及其管理职责。

线上、线下教学导航

教	重点知识	1. 了解智能建筑实施要点。 2. 了解智能化工程施工过程管理及措施。 3. 了解建筑设备全生命周期智能化管理内容。 4. 了解建筑设备智能化管理措施
	难点知识	1. 智能化工程施工过程管理。 2. 建筑设备全生命周期智能化管理
	推荐 教学方式	1. 本项目目的要求学生了解两个内容：一是智能化工程实施，二是智能化建筑的管理。内容适度，以线上学习为主。 2. 线下学生分小组选题并演讲，作为对该课程知识的拓展及总结。 3. 教师需提前布置选题任务，建议在课程学习中间时间，任务布置参见本书技能训练 12。 4. 学生演讲，师生共同参与评价
		理论 2 学时：参照线上学习资源，项目 6 微课、课件、自主测试等
	建议学时 （4 学时）	实践 2 学时：参照本书技能训练 12
学	推荐 学习方法	1. 线上预习，通过微课视频对智能化工程实施及智能化建筑管理有一定了解。 2. 围绕智能建筑为题材，收集资料，选题，并制作 PPT 演讲稿。要求参照本书技能训练 12。 3. 线上自主测试，巩固知识概念，并在收集资料过程中，对本书所学内容，自己总结、复习。 4. 线下学生分组演讲，师生共同参与评价
	必须掌握的 理论知识	1. 了解智能建筑实施要点。 2. 了解智能化工程施工过程管理
	必须掌握的技能	1. 基本理解智能化工程项目施工组织管理。 2. 能通过线上、线下学习，了解智能建筑管理内容以及国内外现状及发展趋势

认知 6.1　建筑智能化工程实施

 A6–1 **认知导入** 扫一扫看演示文档：建筑智能化工程实施流程	建筑智能化工程是如何实施的？是怎样的工作流程？从设计、安装、验收、管理每个环节是有什么样的要求？本认知告知读者建筑智能化工程实施过程流程，并给出实施过程中的管理要点
 B6–1 **认知目的** 扫一扫看工程案例：建筑智能化工程施工组织设计案例	通过对智能建筑工程系统工作过程的认知，熟知建筑智能化工程实施过程流程，了解实施过程中的规范要求，并了解建筑智能化工程施工组织设计基本内容

扫一扫看：本认知PPT课件
C6–1

扫一扫看：本认知教案设计
D6–1

建筑智能化系统类型多且构成复杂、技术先进、施工周期较长、作业空间大、使用的设备和材料品种多，在工程实施过程中的设计、安装、验收、管理等每个环节都有相当的难度。因此，要建成名副其实的智能建筑，发挥智能化系统应有的功能与投资效益，必须加强工程设计、施工管理和质量控制。

6.1.1　智能建筑工程实施要点

根据建设主管部门对设计、施工的有关规定，智能化系统工程的实施应制定全面的质量保证体系以确保设计合理和工程施工质量，其实施可分规划设计、工程实施、工程验收与质量评定三个阶段。

1. 智能化系统规划设计

规划设计是实现建筑智能化系统建设目标的第一步，应充分遵循设计原则，避免因设计不合理带来的经济损失。智能化系统规划设计步骤包括：

（1）确定开发商与用户的实际需求；

（2）建筑物智能化系统环境调研；

（3）根据行业规定与功能需求确定设计要求；

（4）方案设计；

（5）组织设计方案评审；

（6）工程施工图的深化设计；

（7）编制工程预算。

2. 智能化系统工程实施

工程实施是实现建筑智能化系统建设目标的过程，应严格遵循设计要求，避免因工程实施中的失误而带来的经济损失。智能化系统工程实施步骤包括：

（1）智能化系统工程施工图会审；

（2）编制智能化系统施工进度表；

（3）配合土建工程完成室外布线；

（4）配合室内预装修工程完成室内布线；

（5）完成主机设备、探测器安装和线路端接；

（6）分系统完成调试；

（7）分系统进行验收；

（8）系统联调；

（9）系统开通试运行；

（10）系统软件完善；

（11）物业管理人员培训。

3. 建筑智能化系统工程验收与质量评定

智能化系统工程验收与质量评定，是对建筑智能化系统的设计、功能、产品以及工程施工质量的全面检查。通常由房地产开发商组织有关职能部门、系统工程承包商、工程施工单位进行全面的工程验收和质量评定。在智能化系统稳定运行三个月以后，具备了相关条件，即可组织验收。

（1）工程验收的文件准备。包括竣工报告书、验收规范、系统功能描述、技术参数设定表、竣工图与有关资料、系统测试报告等。

（2）工程验收条件。承接单位应完成下列工作才可进行智能化系统工程验收，包括对系统操作和管理人员的培训、对系统维护和维修人员的培训、制定规范化的系统操作规程、具备系统正常运行记录与报警信息的处理记录等。

（3）工程的验收质量评定。包括对照系统验收规范，对各类系统检查、测试其功能与运行可靠性，审查工程竣工图和竣工资料，现场工程施工质量检查与评估，智能化系统功能复核检查与评估，通过工程验收报告书等。

6.1.2 智能化工程施工过程管理

1. 工程前期工作

在智能化工程前期应做好如下工作：

（1）组织有关人员学习和掌握有关的规范和标准

建筑智能化系统工程的施工，应严格遵守国家相关规范和标准，遵守所在地区相关部门的各项规定。

（2）掌握好智能化系统的设计要点

投资者要根据所开发建筑的实际情况（如售楼对象、售楼价格、工程投资概算、售楼策略等）综合加以分析，合理地设计系统的功能定位，不能盲目追求高档次。设计要以人为本，考虑系统的适用性、可靠性、可实施性、开放性、先进性等。

（3）重视工程施工组织设计方案编制

施工组织设计方案是工程施工过程中的标尺，很多系统集成商都不太重视，以为施工方案只是应付工程监理及投资方，实际上，详细的施工方案是工程实施管理的指导思想，能对工程实施过程中的工程质量、安装工艺、时间计划安排等方面实现宏观控制。

2. 施工阶段的管理

（1）加强智能化系统建设的技术管理

智能化系统建设的技术管理工作流程如图 6-1 所示。

熟悉和审查图纸。熟悉图纸的目的是了解设计意图，掌握设计内容及技术条件；审查图纸是核对土建与安装图纸之间有无矛盾和错误，明确各专业间的配合关系。

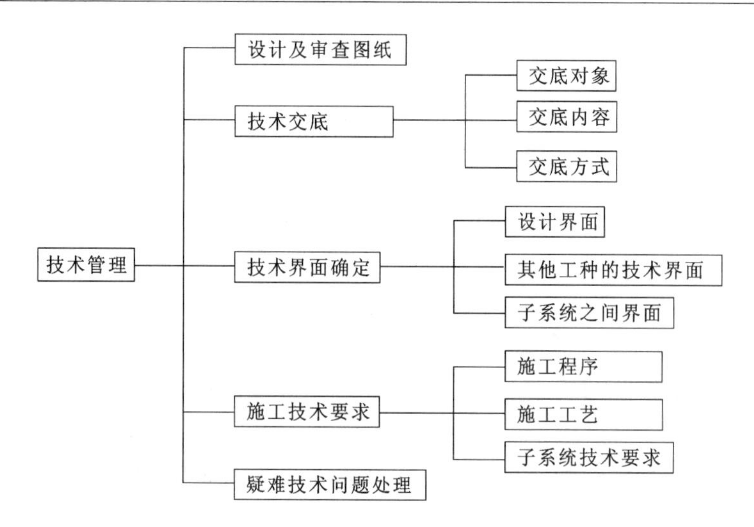

图 6-1　智能化系统建设的技术管理工作流程图

技术交底。交底对象是指设计单位与工程安装承包商之间的技术交底，其内容有设计要求、细部做法和施工组织设计中的有关要求等，技术交底的方式包括书面技术交底、会议交底等。技术交底应遵循针对性、可行性、完整性、及时性和科学性原则，并做好交底记录，并将记录装入工程技术档案中。

技术界面确定。确定智能化子系统与其他工种的设计界面、各子系统之间的设计界面，例如：与空调、供配电、照明、消防等工种的设计界面，与对受控对象的控制信号、接收或控制接口，各子系统之间的联动功能的设计界面。明确各子系统的联动方式、接口方式、集成的通信协议（所选的设备通信协议是否一致，能否在一个平台上集成）等子系统之间界面确定。除此之外还要与其他工种（机电设备、土建、装饰等）的技术界面。

施工的技术要求。主要对施工程序和施工工艺的要求。施工程序遵循：管道敷设→设备箱安装→管道疏通→线路敷设→线路检验→设备安装→单体调试→系统调试→竣工验收。

（2）智能化系统建设的工程管理

工程施工管理工作流程如图 6-2 所示。

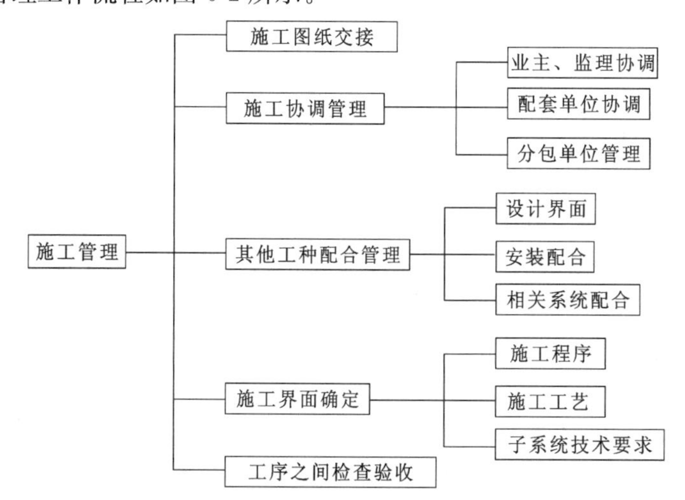

图 6-2　智能化系统建设的工程施工管理工作流程图

施工图纸的交接。图纸交接要仔细、清楚，注意图签、日期、设计人员签名等事项，在各自图纸上做好标志，并整理存放，交接时手续要齐全。

施工协调管理。首先要与业主、土建总包、监理、各主承包等方面协调；其次与其他配套单位协调，如电梯供应商、消防施工单位、电信局、有线电视台及其他机电设备供应商的协调工作；最后做好各智能化子系统分包单位的协调工作。

与其他工种之间的配合管理。智能化系统工程涉及土建、装饰、空调、给水排水、供电、照明、电梯等专业施工单位，但在某种意义上，智能化系统工程又是配合工种，因此，在工程现场，必须与上述专业施工单位密切配合与协调。

加强工序之间的检查与验收。在各子系统施工过程中，每一个施工环节必须检查，对不符合施工规范的施工要坚决加以整改，将质量隐患消灭在萌芽时期。最后，加强施工记录与档案资料管理。

3. 工程竣工验收阶段管理

智能化系统工程验收分为隐蔽工程、分项工程和竣工工程三个步骤进行。

（1）隐蔽工程验收

智能化系统安装中的线管预埋、直埋电缆、接地极等都属隐蔽工程，这些工程在下道工序施工前，应由建设单位代表（或监理人员）进行隐蔽工程检查验收，并认真办理好隐蔽工程验收手续，纳入技术档案。

（2）分项工程验收

在某阶段工程结束，或某一分项工程完工后，由建设单位会同设计单位进行分项验收；有些单项工程则由建设单位申报当地主管部门进行验收，如安全防范系统由公安技防部门验收，卫星接收电视系统由广播电视部门验收。

（3）竣工验收

工程竣工验收是对整个工程建设项目的综合性检查验收。在工程正式验收前，应由施工单位进行预验收，检查有关的技术资料、工程质量，发现问题及时解决好。

6.1.3　智能化工程施工管理措施

1. 施工工期保障措施

工期保障是建设及投资方资金“回拢”的关键。智能化系统在工程建设中是个配合工种，工期依赖于土建、安装、装修等的工程进度，施工计划往往要随其他工种工期而调整，因此必须制定相应的措施来保障其按合同时间完成。

（1）编制工作计划，并制定措施保证计划实施。

为了确保工期，应编制确定设计准备工作计划、设计进度计划、阶段计划和各专业计划。制定措施实施进度控制，由专人负责计划的实施和监督计划的按期完成，灵活掌握，灵活调整。计划保证措施流程图如图 6-3 所示。

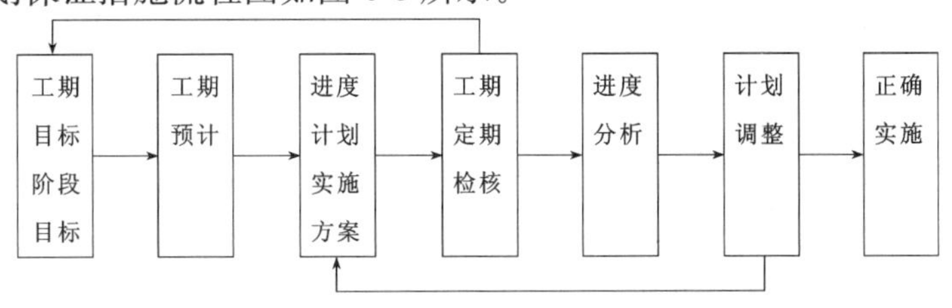

图 6-3　智能化系统建设的工程施工计划保证措施流程图

(2) 实施责任到人制度。将责任落实到人，使责任人目标明确，做到各负其责，层层落实，环环相扣。

(3) 制定安全技术保证措施，设专职安全负责人，以保证工程的按期完成。

(4) 协调各施工单位、各专业、各工序间的配合，合理科学地执行计划安排。接受总包及监理公司的进度监控。

2. 安全文明施工管理措施

安全文明施工是工程顺利实施的有力保障，建筑工程的施工面积较大，情况复杂，智能化工程施工难度不小，因此要严格按照国家有关的安全条理和管理措施文明施工。安全文明施工管理措施较多，通常包括制定安全生产责任制、安全员职责、安全防火制度、登高作业规范等。

认知 6.2　建筑设备智能化管理

 A6–2 **认知导入** 扫一扫看微课视频：建筑设备全生命周期智能化管理	重建设、轻管理，这个模式早就过时了。智能建筑是需要物业公司运用现代化理念与手段的经营与管理，本认知告知读者建筑设备全生命周期智能化管理需要怎样去做？建筑智能化的发展对物业管理企业形成挑战并提供机遇
 B6–2 **认知目的** 扫一扫看工程案例：物业应急事件响应预案案例	通过对智能建筑设备设施智能化管理工作的认知，了解现代物业管理公司的管理工作内容，了解建筑设备全生命周期智能化管理理念，基本了解物业公司设备管理工作制度

扫一扫看：本认知PPT课件
C6–2

扫一扫看：本认知教案设计
D6–2

6.2.1　建筑设备全生命周期智能化管理

建筑物一经投入使用，就需要良好的经营管理和维护管理。智能建筑由于其增设了大量的智能化设备系统，更加需要有专业人员对建筑物本体和其中的设备设施进行维护和保养，及时地进行维修和更新。建筑物及设施的完好，不仅可以降低其寿命周期成本，延长使用寿命，而且可以使物业增值。

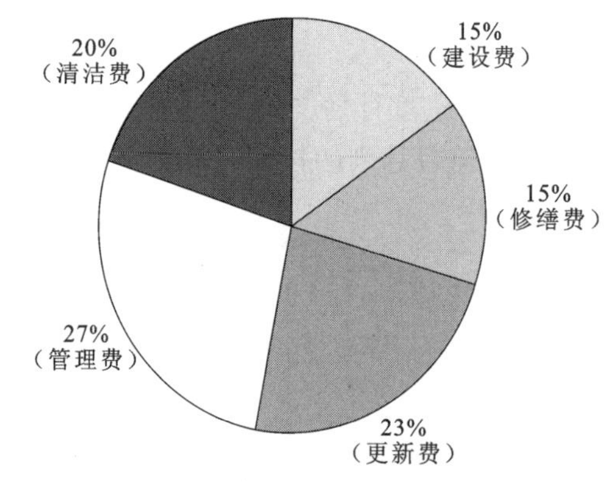

图 6-4　设备成本各项费用的比例

1. 建筑设备寿命与管理关系

建筑物本体及其中的设备设施都是有寿命的，通常建筑物本体的寿命在 60～70 年，而设备的寿命在 6～25 年不等。建筑物一经投入使用，就需要良好设备管理。

智能化建筑在寿命周期中，其设备成本各项费用的比例分配（%）见图 6-4 所示。可见，设备的建设费用仅占据了整个设备成本的 15%，其余均为各种管理费用。因此，科学、合理的物业设备管理是对设备从使用、维护保养、检查维修、更新直至报废的过程中进行技术管理和经济管理，使设备始终可靠、安全、经济地运行，直接体现整个物业的使用价值和经济效益。

设备技术性能的发挥、使用寿命的长短，在很大的程度取决于设备管理的质量。设备在其寿命周期内发生故障的情况可表示为故障曲线，其形状像一个浴缸，称之为“浴槽曲线”，如图 6-5 所示。图中 1、2、3 三条曲线分别代表了三种不同的保养方式，可见采取预防保养可以大大延长设备的使用寿命。

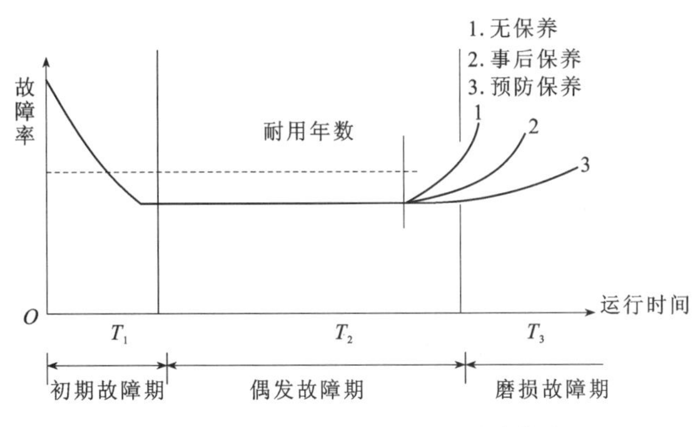

图 6-5　设备在其寿命周期内的故障曲线图

2. 传统物业设备管理内容

传统物业设备管理内容包括设备基础资料管理、运行管理、维护维修管理和更新改造管理。

（1）设备基础资料管理

建筑设备基础资料的管理可以为设备管理提供可靠的条件和保证。在对建筑设备进行管理的工作中，对所管理物业的设备及设备系统，要有齐全、详细、准确的技术档案，主要包括设备原始档案和设备维修资料。

另外，设备变动更新就是以新型的设备来替代原有的老设备，要具备更新设备所有资料。

（2）设备运行管理

建筑设备运行管理的主要任务是保证设备安全、正常运行，并且在技术性能上应始终处于最佳运行状态，以发挥设备的最佳效用。其内容包括建立合理的运行制度和运行操作规定、安全操作规程等运行要求（标准），并建立定期检查运行情况和规范服务的制度等。

（3）设备维护维修管理

建筑设备要定期进行维护保养，主要采取清洁、润滑、防腐等措施，对长期运行的设备要巡视检查、定期更换，轮流使用，进行强制保养。实践证明，设备的完好与否和寿命长短很大程度上取决于维护管理的优劣。

设备维修一般包括零星维修工程、中修工程、大修工程等。

3. 建筑设备全生命周期智能化管理

建筑设备全生命周期智能化管理是利用物联网、信息化、大数据、通信等技术，实现对设备从采购、安装、投运、维护及维修直至报废的全生命周期管控。基于设备管理系统实现设备全生命周期管理的信息化，有序、快速、高效地进行设备管理工作，提高设备利用率，为企业创造更大效益。

设备全生命周期管理是通过智慧设备管理系统的应用来实现的，智慧管理系统指应用物联网、大数据等新一代信息技术建立信息物理系统，实施更全面、更精细、更智能的设备管理、运行管理与维护维修管理。通过物联网技术，把设备系统的现场物理层状态反映到信息层中；利用数据库技术，对设备系统现场层的数据进行整合；采用大数据技术对数据库中的历史数据做分析，为管理控制及决策层提供依据。典型的设备全生命周期管理系统功能架构如图6-6所示。

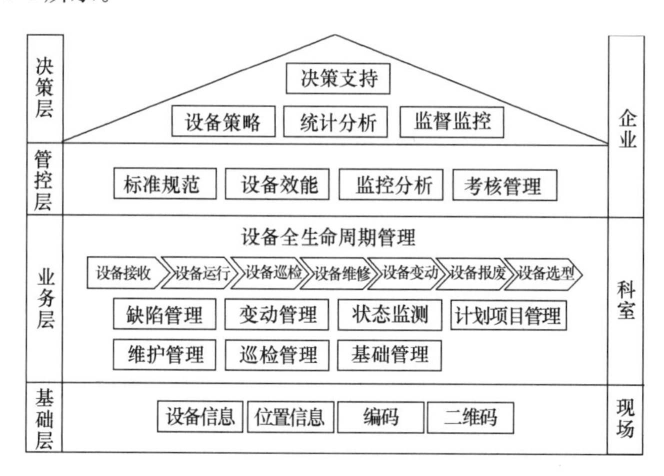

图6-6　设备全生命周期管理系统的典型功能架构

由此，智慧化设备管理是对设备全生命周期过程中的实物形态和价值形态的规律进行分析、控制和实施管理，针对物业设备管理内容，具体表现为：

(1) 设备基础资料管理信息化

设备基础资料管理信息化包括设备编码管理、定位管理以及设备更新变动管理等。

1) 设备编码管理。信息化建设离不开对被管理对象的统一编码，设备资产编码直接关系到设备账、卡、物相统一的关键链索。资产编码通过信息化系统和网络系统实现企业内部所有资产编码的共享和唯一性。建立设备信息库，对设备制造厂商、生产日期、规格型号、资产归属、设备负责人、投运日期等信息进行全方位统计与管理，制作设备二维码标识，可通过手机APP扫码查询设备信息。

2) 设备定位管理。依托于地理信息技术、图形学技术、物联网技术、大数据分析技术等先进技术手段，对终端设备采集位置、影像及属性信息入库，针对突发事件，可实现快速精确定位与及时上报；可快速将巡检数据、位置、现场影像等信息实时采集上传至后台管理系统，并为异常监控和管理提供可靠的精确位置数据基础。

3) 设备变动管理。设备变动管理包括对设备更换、设备异动、设备报废等变动性情况进行整体管理。信息化的设备变动管理保证设备的每一次变动都记录在案，让每一次变动过程都可以追溯。

(2) 设备运行管理远程监控智能化

设备运行管理远程监控智能化是建筑智能化的核心内容，也是本书项目阐述的主要内容。其核心为设备运行管理的“自动控制”及“远程监视”，具体表现：

1) 对建筑设备实现以最优控制为中心的过程控制自动化。建筑设备管理系统对建筑设备按预先设置好的控制程序进行控制，根据外界条件、环境因素、负载变化等情况自动调节各种设备，使之始终运行在最佳状态，确保建筑设备能够稳定、可靠、经济地运行。

2）实现以运行状态监视和计算为中心的设备管理自动化。对建筑设备的运行状态进行监视，自动检测、显示、打印各种设备的运行参数及其变化趋势或历史数据，对建筑设备进行统一管、协调控制，按照设备运行累计时间制定维护保养计划，延长设备使用寿命。

3）实现突发事件、设备故障自动报警、快速响应，把发现问题到处理问题的时间缩到最短，并且可以通过微信、短信等形式下发到管理人员手机，使管理人员第一时间了解工作现场情况。

（3）设备维护维修管理智能诊断数据化

建筑设备监控管理系统在对各种建筑设备实现远程监控基础上，同时将采集数据运用数据算法建立设备模型，建立智能诊断系统，为检修维护提供决策分析。诊断系统与数据服务平台对接，结合全生命周期的设备属性数据，以及设备的运行数据，建立设备数据模型，进而通过模型对设备运行状态进行评估，对设备维修维护实现数据化诊断方案。具体包括：

1）设备维护保养规范化

设备日常维护保养工作，包括设备的加油、清洁等，使设备保持良好的健康状态。智慧的设备维护保养，应建立设备日常保养档案，形成规范化数据入库，制定保养计划，定期提醒，重要设备的保养记录要实现保养现场拍照上传、保养资料上传，数据快速入库，实现保养过程留证存档。

2）设备健康诊断智能化

利用专家系统、模糊数学等建立系统运行状态智能评估系统，通过实时采集设备运行过程中的电流、电压、温度、压力、流量等状态信息参数，智能诊断出设备可能存在的过流过载、超温、不平衡等潜在故障，正确有效地诊断出设备故障位置、原因及故障严重程度，智能评估设备运行的可靠程度。典型设备健康诊断分析界面如图 6-7 所示。

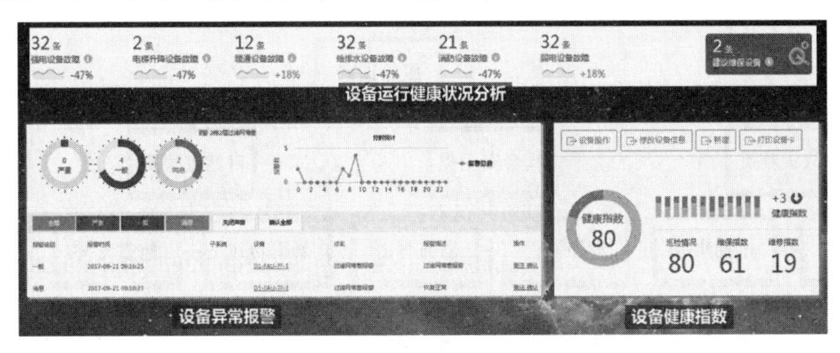

图 6-7　设备运行健康诊断分析示意图

设备维护维修管理智能化诊断，通过大数据智能分析，智能评判设备运行的安全可靠性及部件损耗情况，预测设备寿命周期，从设备运行时间、开停次数以及负载等情况，结合设备设计寿命相关信息，智能评估设备的实际寿命周期，为设备的合理维护保养、费用管理等提供科学依据。

6.2.2　突发事件物业公司应急预案

应对突发事件是物业管理的重要任务，智能建筑中的应急响应系统是以火灾自动报警系统、安全技术防范系统为基础而构建的，其功能是当有紧急的突发事故时，立即作出响应，防止事故的扩散。对各类危及公共安全的事件进行就地实施报警，采取多种通信方式对自然灾害、重大安全事故、公共卫生事件和社会安全实现本地报警和异地实施报警，实施管辖范围内的应急指挥调度、紧急疏散与逃生紧急呼叫和导引、事故现场紧急处置等，并可接上级应急指挥系统各类指令信息，采集事故现场信息，多媒体信息显示、建立各类安全事件应急处理预案等，为大型建筑物或群体内的用户提供相应的紧急救援服务，为大楼公共安全提供保障。

物业中突发事件的应急响应在技术上实现参见本书 4.6.2，物业组织机构的应急管理及措施我们举例某物业公司突发事件应急预案。

【例 6-1】某物业公司突发事件应急预案。

某物业公司突发事件应急预案（部分）见图 6-8。其中图 6-8(a) 所示公司应急响应组织架构图；图 6-8(b) 物业应急预案内容；图 6-8(c) 大楼火灾发生应急预案；图 6-8(d) 物业突发事件发生应急预案。

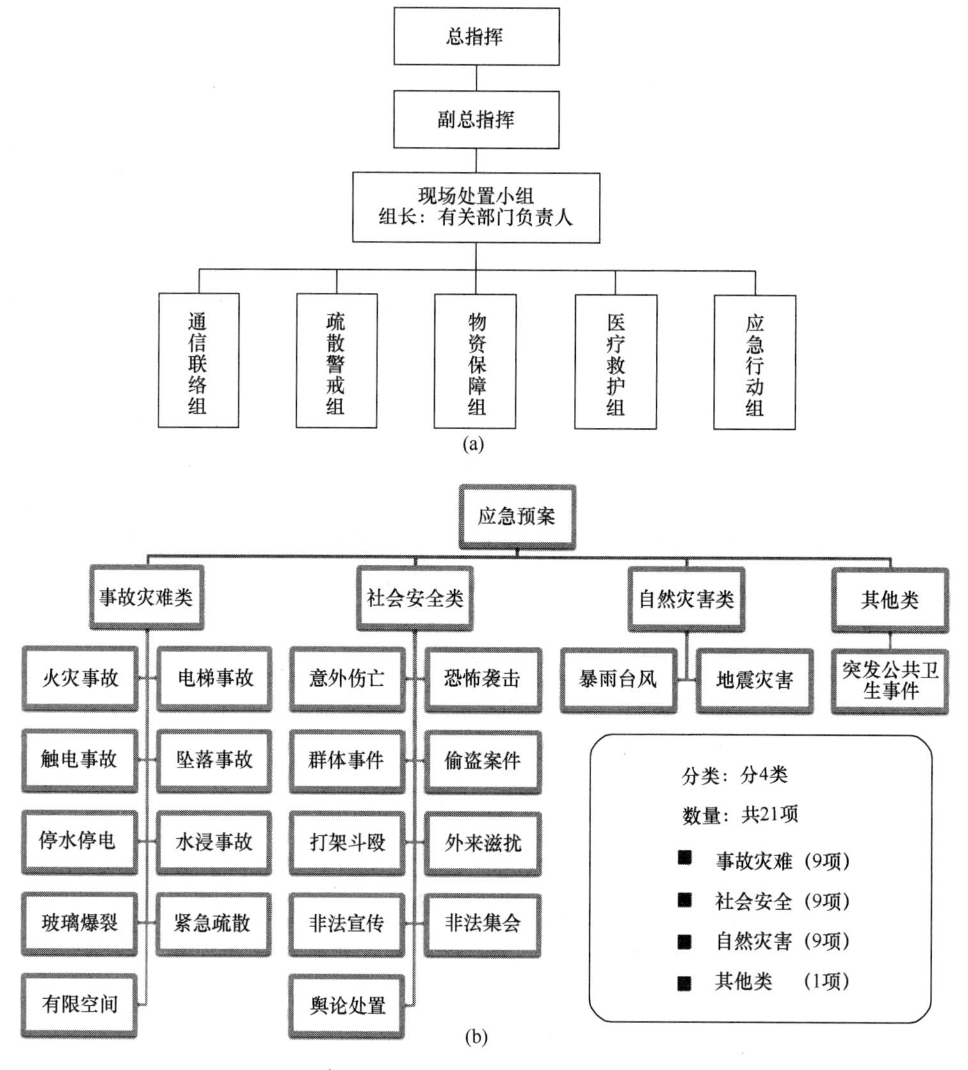

图 6-8　某物业公司应急响应预案部分应急措施（一）

(a) 物业应急响应组织架构图；(b) 物业应急预案内容

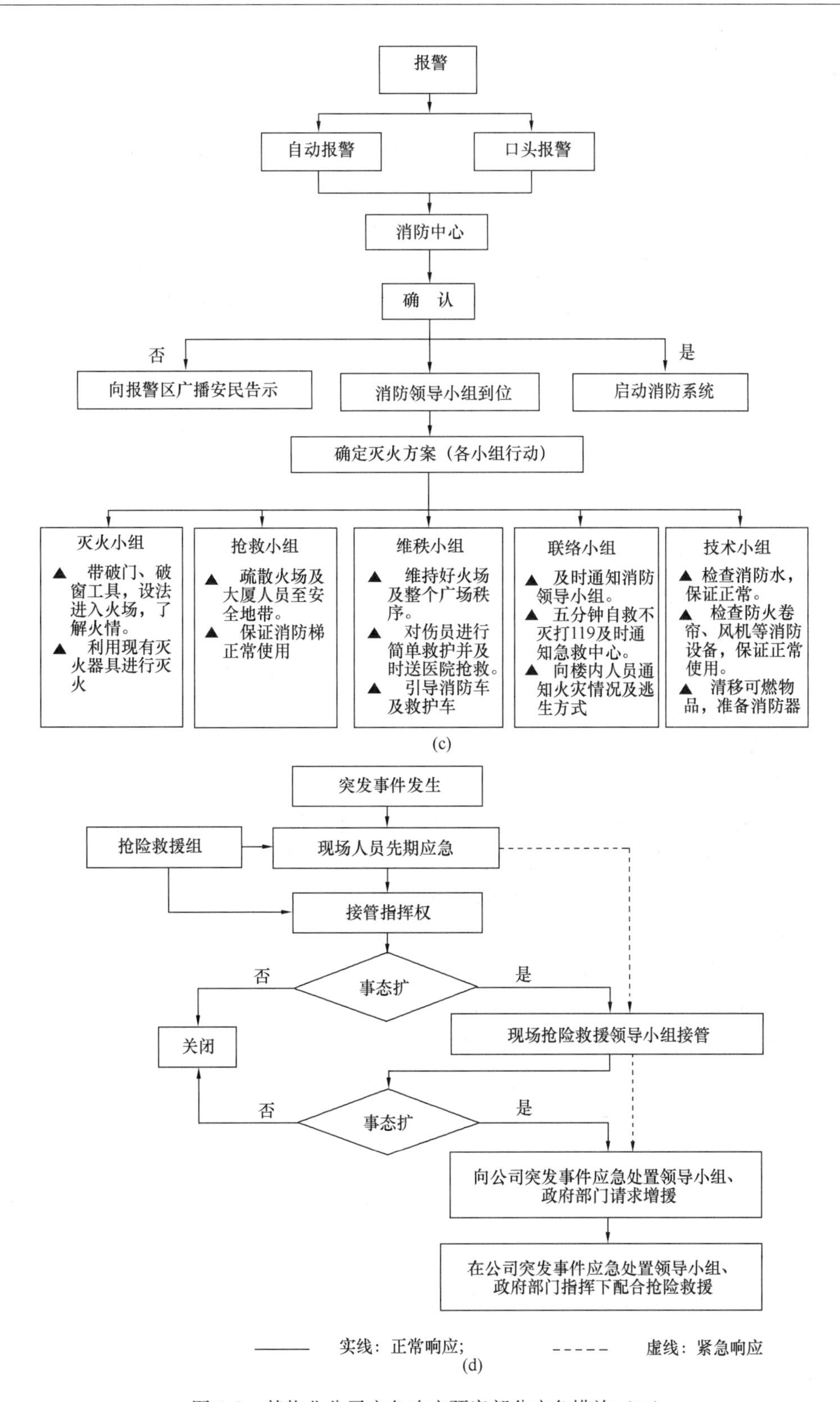

图 6-8　某物业公司应急响应预案部分应急措施（二）

（c）物业大楼火灾发生应急预案；（d）物业突发事件发生应急预案

项　目　小　结

本项目是学习建筑智能化技术应具备的拓展知识，智能化系统的设计、施工、安装与调试过程是系统工程的实施过程，也是比较复杂和细致的工程。而智能建筑建成投入使用的后期管理也非常重要，管理的好坏决定了智能建筑的使用寿命。本项目共分两个任务。一是简要论述了智能化工程实施过程及管理措施，对于从事智能化工程建设的人员是必备知识。二是简要介绍智能化物业设备全生命周期管理，对于从事智能化物业管理的人员是必备知识。

技能训练 12　论述国内外智能建筑现状与发展趋势

一、实训目的

1. 多方面了解国内外智能建筑现状与发展趋势；

2. 具备智能建筑方面资料收集、整理、演讲等能力。

二、实训场地与要求

1. 实训场地：多媒体教室；

2. 3～4 人为一小组，分组演讲；

3. 以 PPT 幻灯片等多媒体形式演讲。

三、实训内容、步骤

1. 教师至少提前三周布置任务，学生分组完成；

2. 以“国内外智能建筑现状与发展趋势”为主题，依据收集的资料自己拟副题，如“我国智能住宅小区现状”、“家庭智能化未来发展方向”等；

3. 每小组演讲限时 10min，演讲前先介绍组员分工；

4. 教师及其他小组按五分制打分并加以评价；

5. 以组为单位上交演讲电子文稿。

四、考核标准

1. 主题鲜明、内容先进，占 50％（考核资料收集能力）；

2. 条理清楚，图文并茂，表述清楚，参考依据，占 50％（考核资料整理能力）；

3. 各组打分及教师打分汇总平均，作为该小组成绩。

习　题　与　思　考　题

一、单选题

1. 通常建筑物本体的寿命在 60～70 年，而设备设施的寿命约是：______ 。

A. 60～70 年　　B. 6～25 年　　C. 100 年　　D. 不限

2. 物业设备管理的质量一般衡量指标：________。

A. 设备的有效利用率　　B. 设备的完好率

C. 设备的有效利用率＋设备的完好率　　D. 设备新旧程度

3. 智能化大楼设备的物业管理费占设备寿命周期成本的 ________。

A. 10%　　B. 50%　　C. 85%　　D. 100%

4. 物业管理公司中，在 ______ 的领导下，组织一支精干有效的工程管理队伍，才能完成物业工程设备系统管理职能。

A. 总经理　　B. 总工程师　　C. 业主代表　　D. 中控室值班负责人

5. 加强设备的维护保养，对设备带来的影响是 ______ 。

A. 设备不出现故障　　B. 不发生部件损坏

C. 降低设备的损坏速度　　D. 加快设备的损坏速度

6. 在智能建筑中，由于使用着大量的办公设备和电信电气设备，空调负荷中主要是内部发热量引起的负荷，在设备使用高峰期，设备发热量可达内部发热量的 ______左右。

A. 100%　　B. 50%　　C. 90%　　D. 20%

二、多选题

1. 建设实施智能建筑，下列哪些阶段属于建设阶段：______。

A. 智能化系统规划设计阶段　　B. 智能化系统工程实施阶段

C. 智能化系统工程验收与质量评定　　D. 智能化建筑运行使用

2. 智能化工程实施过程中，与其密切配合与协调的专业施工主要有 ________。

A. 土建　　B. 水电　　C. 空调　　D. 电梯

3. 智能化工程实施过程重要环节包括 ________。

A. 设计　　B. 安装　　C. 验收　　D. 管理

4. 安全文明施工管理制度，通常包括：________。

A. 安全生产责任制　　B. 安全员职责

C. 安全防火制度　　D. 登高作业规范

三、简答题

1. 智能化工程设计应遵循什么原则？

2. 智能化系统工程施工分哪三个阶段？

3. 建筑设备设施管理的基本内容是什么？设备全生命周期智能化管理对传统管理内容如何改进的？

项目7　建筑智能化工程实例

实例1　某大厦建筑设备监控管理系统工程设计

一、工程概述

某大厦工程，地下1层，地上7层，建筑面积为15000m²，集办公、教学、餐饮、宾馆、休闲健身于一体，是一幢多功能的现代化建筑。本例对该大厦做建筑设备监控系统。

二、设计原则

根据建设单位的实际需求和经济承受能力，经过充分沟通，确定设计原则如下：

（1）对空调系统、制冷系统及送风系统的监控尽可能全面细致。

（2）对建筑物所有公共照明系统能进行分区控制，局部特殊要求部位能实现照度分级控制。

（3）监视配电系统的主要运行参数，提供故障报警信号。

（4）对给水排水系统重点监控泵房设备的运行情况，提供较完备的维护和故障报警功能。

（5）实时监控电梯的运行情况。

三、监控功能确定

1. 冷冻站系统

本工程冷冻站系统由冷冻机、冷却塔、冷水泵和冷却泵组成。系统通过控制应达到节约能源、安全运转的目的。具体监控功能如下：

（1）冷水机组、冷水泵、冷却水泵、冷却塔风扇的运行状态监测及故障报警；

（2）按冷冻机启停工艺要求顺序启停相应的冷水泵、冷却水泵、冷却塔及有关阀门；

（3）用水流开关监视水流状态；

（4）监测冷水的供回水温度、压力和供水流量，监测冷却水供回水温度；

（5）根据冷水的供水流量和供回水温差计算建筑物的实际冷负荷，据此控制冷水机运行台数，节约能源，提高设备使用效率；

（6）根据冷水供回总管压差，控制冷水旁通阀的开度，调节管网压差，保证供水压力稳定；

（7）根据冷却水供回水温度，控制冷却水旁通阀的开度及冷却塔风扇的启停，保证冷却水温度满足工艺工求和最大限度的节约能源。

根据制冷设备厂家提供的通信协议，预留接口将冷水机组控制系统本身的各种监控制点纳入楼宇自控系统。

2. 换热站系统

本工程中，换热站系统通过换热器完成城市供热与楼内生活和供暖水系统之间的热交换，提供生活用热水和空调取暖用水。换热站系统控制最终达到的目的是节能、舒适和安全，具体监控功能是：

(1) 在换热器一、二次管路上通过安装温度传感器测量水温；

(2) 在换热器一次水进口设置调节阀，调节阀门开度使二次出水温度保持在设定值；

(3) 在每台循环水泵处安装水流开关，监视水泵运行情况；

(4) 根据系统时间表和使用情况控制水泵的启停，并监视水泵状态，自动进行主备泵的切换；

(5) 记录设备运行参数和统计设备累计运行时间，平衡设备使用率，提醒管理人员定期检修；

(6) 加装流量计，满足用户计量和统计方面的要求。

3. 空调新风系统

空调机组和新风机组系统都是用来调节空气温湿度的设备，对其监控的内容基本相同。本工程共有全空气调节机组1台，新风机组15台。

具体监控功能如下：

(1) 监视送风和新风温度，计算空气焓值；

(2) 通过设置在过滤网和风扇两侧的压差开关，监视过滤网和风扇状态；

(3) 通过盘管处的防冻开关监视空气温度，防止气温过低损坏盘管；

(4) 通过调节在冷水管道上的阀门，调节送风温度；

(5) 根据要求控制风扇的启停；

(6) 根据新回风焓值调节风门开度和新回风比例以降低能耗。

实现空调系统的监控需要在设备上加装一些采样和控制装置。此类工作应尽可能在空调设备现场安装之前进行，以保证仪表安装位置的工艺要求。

4. 照明系统

照明系统主要解决公共区域照明控制问题，其基本功能如下：

(1) 监视接触器触点的状态、配电盘手自动状态；

(2) 通过时间设定控制接触器的分合；

(3) 通过系统提供的控制信号控制接触器的分合。

照明设计尽可能以简单的完成控制功能为前提，设计上根据容量划分回路，应该在开始设计的时候与用户详细讨论照明方案，选用适量照明智能节点控制箱，完成照明自动控制和节能的要求。

5. 配电系统

变配电系统自身一般有相对完善的监控和保护方案，但管理中心要求能够实时了解和控制变配电室的情况。因此，基本上是个遥测和遥控的问题。对变配电系统监控的内容可以根据用户的要求增减，一般监控功能包括：

(1) 监视低压断路器、母联开关、配电开关的开关状态及事故跳闸报警；

(2) 测量电压、电流、功率因数、有功功率及有功电度脉冲量，对总用电量进行记录和统计，对高峰负荷、日用电量、平均用电量等指标进行分析和管理。

6. 给水排水系统

该系统监控功能是：

(1) 监视水池水位，超限报警；

(2) 监视和控制各水泵的启停、故障信号；

(3) 累计各设备运行时间，提示管理人员定时维修；

(4) 根据各泵运行时间，自动切换主备泵，平衡各设备运行时间。

7. 电梯系统

电梯系统不但是楼宇内最频繁使用的设备，也是关系到人身安全的重要设备，对电梯系统的监控内容主要是位置监视、故障报警、紧急控制。现代电梯是一个高度自动化的完整系统，能输出必要的运行参数和故障信息，且能进行自动保护。楼宇自控系统对电梯的遥测、遥控必须得到电梯厂家的全力支持，如提供数据接口和协议或加装输出端子，以保证电梯安全、可靠运行。

四、工程实施

1. 分析并确定被控设备数量，其被控设备清单如表7-1所示。

某大厦被控建筑设备清单　　表7-1

系　统	设备名称	数量	单位	备　注
空调制冷系统	冷水机组	3	台	
	冷水泵	3	台	
	冷却水泵	3	台	
	冷却水塔	3	台	
	空调机组	1	台	泳池专用
	新风机	15	台	各楼层用
热交换系统	换热器	5	台	生活热水换热2台，空调换热3台
	热水循环泵	4	台	两主两备
送排风系统	排风机	3	组	顶楼、泳池和厨房各一组
变配电系统	配电室	2	台	配电室
	变压器	2	台	
照明系统	照明配电箱	8	个	每层公共空间和室外照明
给水排水系统	给水泵	3	台	生活冷水
	给水箱	2	个	
	排水泵	4	台	
	污水池	2	个	
	水池	1	个	
电梯系统	电梯	2	部	

2. 绘制系统监控原理图

(1) 给水排水监控

给水排水监控原理如图7-1所示。

(2) 空调机组监控

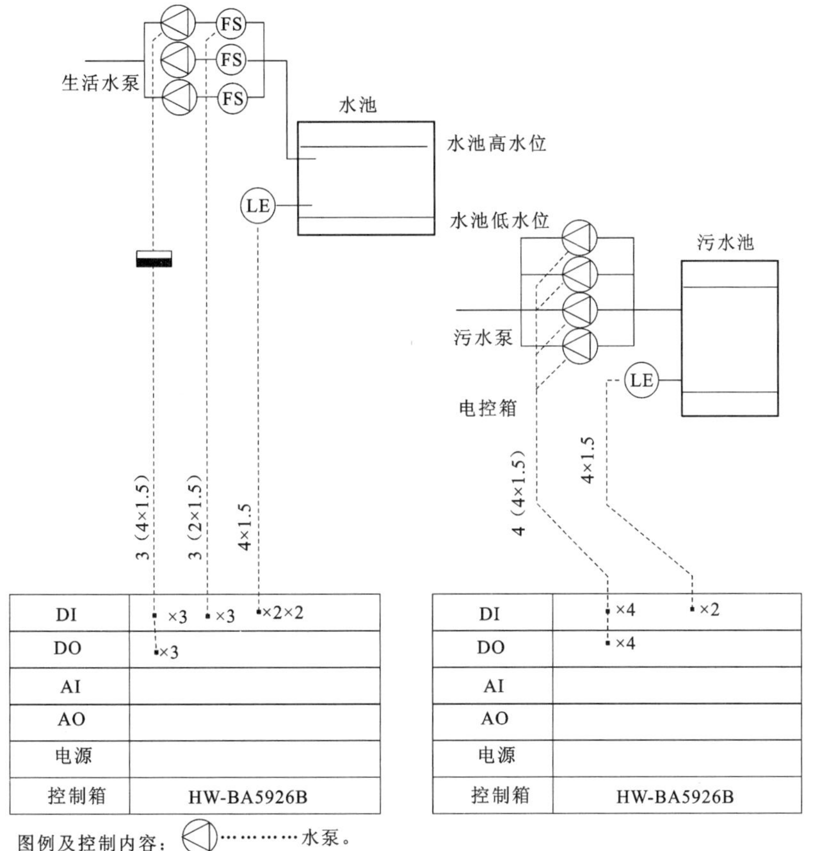

图7-1　给水排水监控原理图

空调机组监控原理如图7-2所示。

（3）新风机组监控

新风机组监控原理如图7-3所示。

（4）制冷机房监控

冷冻站监控原理如图7-4所示。冷水/冷却水泵监控原理如图7-5所示。

（5）换热站监控

换热站监控原理如图7-6所示。

（6）变配电监控

变配电监控原理如图7-7所示。

3. 建筑设备监控系统DDC分布图

该系统选用某公司HW-5000系列产品。系统中所有的控制和管理设备均可通过LonWorks现场总线连接在一起，因此在完成上述各子系统控制点分析后，将其按分布区域进行统计，每个系统均采用智能节点控制箱，确定控制箱的种类和数量。该例建筑设备监控系统DDC分布如图7-8所示。

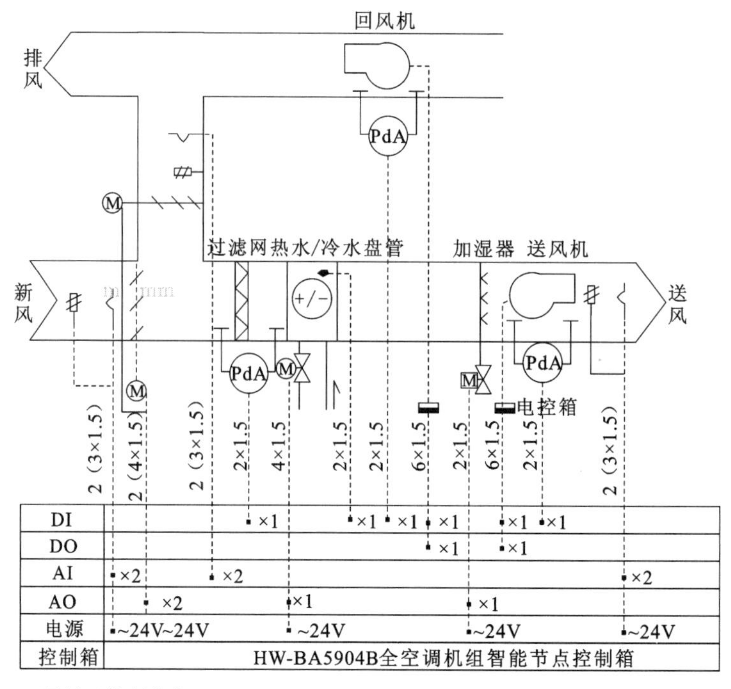

图例及控制内容:

风道温度传感器。主要用于新风、送风及回风温度监测

风道湿度传感器。主要用于新风、送风及回风湿度监测

风阀执行器。用于新风风阀及回风风阀的调节控制

空气压差开关。用于风机故障检测及过滤器状态监测

二通阀及执行器。用于冷水水流调节控制

防冻开关。用于盘管低温监测、防止盘管冻裂

图 7-2　空调机监控原理图

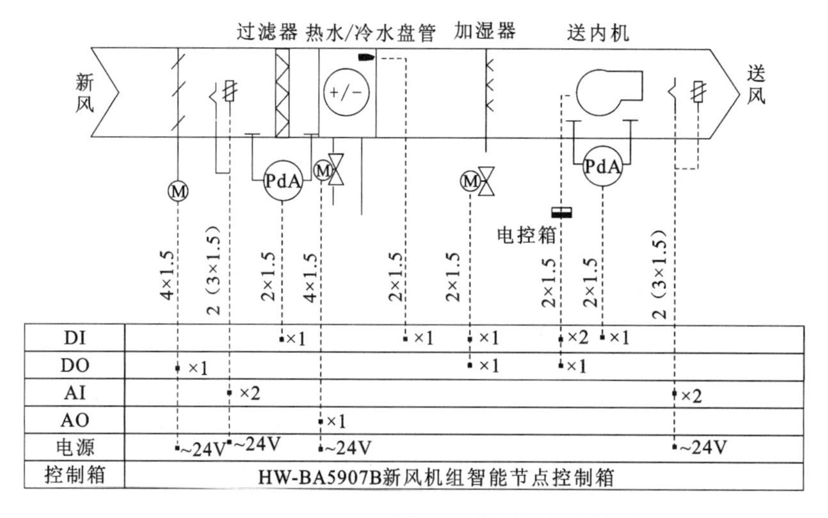

图例：

风道湿度传感器

风道温度传感器

空气压差开关

风阀执行器

二通阀及执行器

防冻开关

图 7-3　新风机组监控原理图

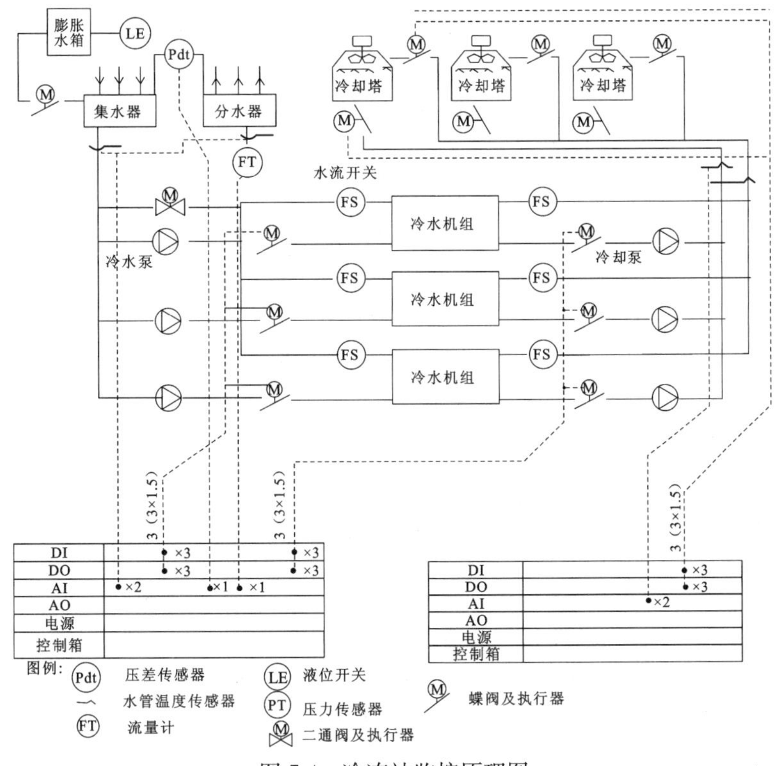

图 7-4　冷冻站监控原理图

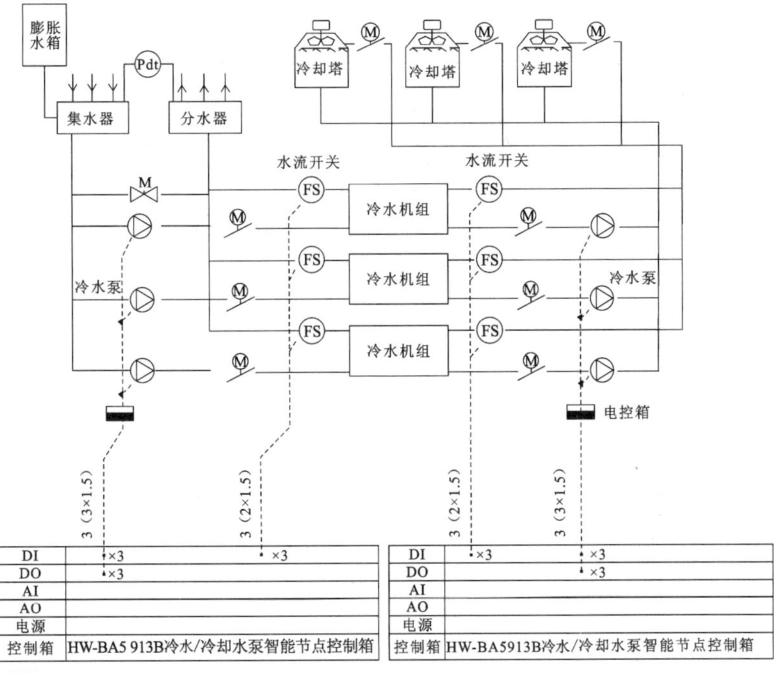

图 7-5　冷水/冷却水泵监控原理图

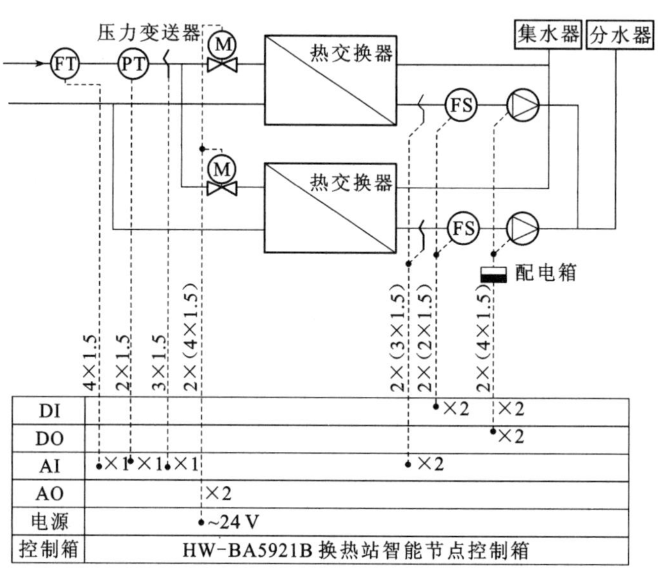

图 7-6　换热站监控原理图

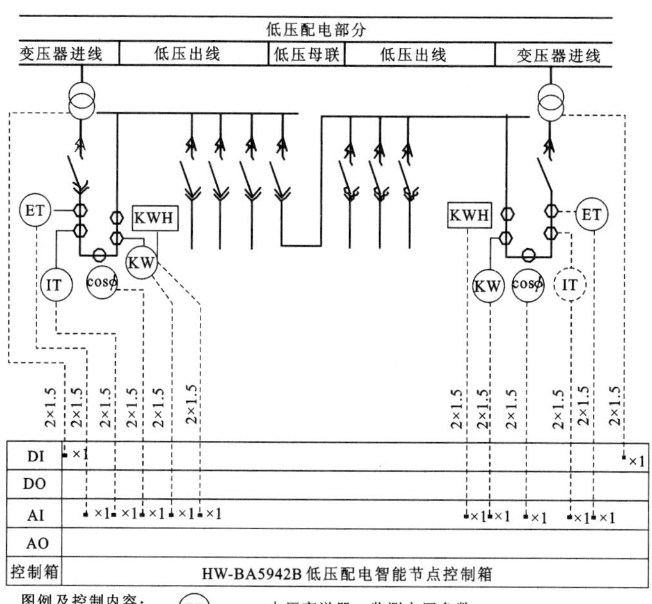

图 7-7　变配电监控原理图

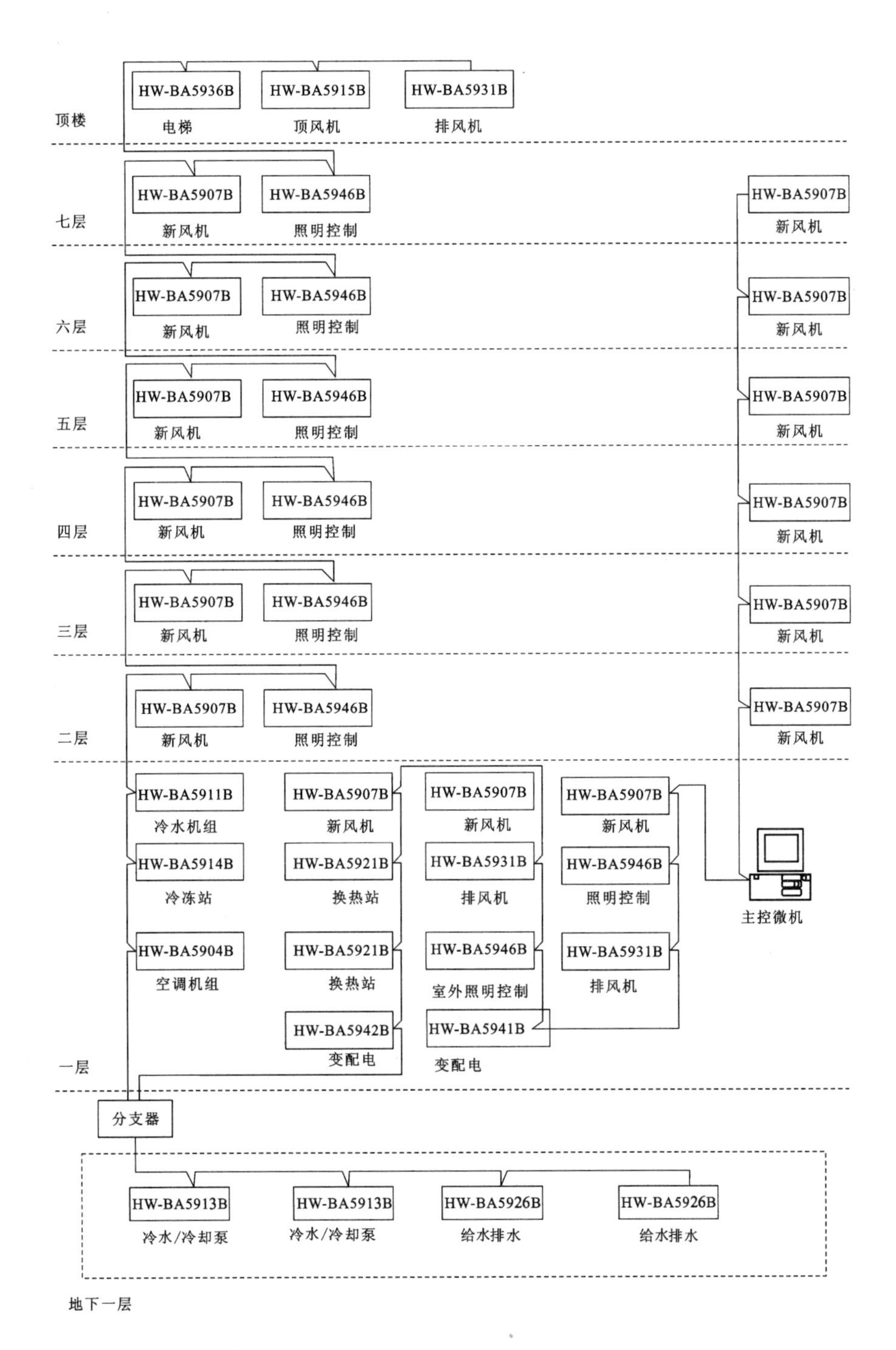

图 7-8　某大厦建筑设备监控系统 DDC 分布图

4. 编制监控点表

监控点总表如表 7-2 所示。

某大楼建筑设备监控点总表　　**表 7-2**

位置及设备	控制点描述	类型				设备名称（选型参见相关资料）
		A1	AO	DI	DO	
泵房 生活冷水泵 3 台 排水泵 4 台 给水箱 2 台 水池 1 个 污水坑 2 个	冷水泵启停				1×3	
	冷水泵状态			1×3		
	冷水泵故障			1×3		水流开关
	水箱水位报警			2×2		液位开关
	排水泵启停				1×4	
	排水泵状态			1×4		
	污水坑高水位			2		液位开关
	合计			16	7	
	智能节点控制箱配置	HW-BA5926B 给水排水智能节点控制箱 3 台				
一到七层及室外照明，共 8 个照明配电箱	智能节点控制箱配置	HW-BA5946B 照明智能节点控制箱 8 台				
配电室变压器 2 台	变压器高温报警			1×2		
	电流	1×2				交流电流变送器
	电压	1×2				交流电压变送器
	有功功率	1×2				有功功率变送器
	电能	1×2				电能变送器
	功率因数	1×2				功率因数变送器
	各主回路状态			1×8		
	合计	10		10		
	智能节点控制箱配置	HW-BA5941B 低压配电智能节点控制箱 1 台 HW-BA5942B 低压配电智能节点控制箱 1 台				
顶层、泳池、厨房处 3 组排风机共 18 台	排风机启/停控制				2×18	
	排风机运行状态			1×18		
	合计			18	36	
	智能节点控制箱配置	HW-BA5931B 送排风智能节点监控箱 3 台				
电梯控制室 电梯 2 部	电梯运行位置			1×2		
	电梯运行状态			1×2		
	合计			4		
	智能节点控制箱配置	HW-BA5936B 电梯智能节点监控箱 2 台				

续表

位置及设备	控制点描述	类　　型				设备名称（选型参见相关资料）
		A1	AO	DI	DO	
制冷机房 冷冻机3台 冷却塔3台 空调机组1套 冷水泵3台 冷水泵3台	冷水供水温度	1				水管温度传感器
	冷水回水温度	1				水管温度传感器
	冷却水供水温度	I				水管温度传感器
	冷却水回水温度	1				水管温度传感器
	冷冻机组监控					冷水机组智能控制箱
	分集水器压差	1				水流压差传感器
	旁通阀控制		1			二通阀（带执行）
	冷却塔风机启停				1×3	
	冷却塔风机状态			1×3		
	冷水流量监测	1				流量计
	冷水供水水流状态			1×3		水流开关
	冷却水供水水流状态			1×3		水流开关
	冷冻泵启停				1×3	
	冷冻泵状态			1×3		
	冷却泵启停				1×3	
	冷却泵状态			1×3		
	合计	6	1	15	9	
	智能节点控制箱配置	HW-BA5911B冷水机组智能节点控制箱3台 HW-BA5913B冷水/冷却水泵智能节点控制箱2台 HW-BA5914B冷冻站智能节点控制箱1台 HW-BA5915B顶风机智能节点控制箱1台				
一～七层15台新风机组	冷热水阀控制		1×15			二通阀（带执行器）
	新风风阀控制				1×15	风阀执行器
	风机启停				1×15	
	风机状态			1×15		
	风机故障			1×15		压差开关
	过滤网状态			1×15		压差开关
	加湿阀状态			1×15		
	加湿阀开关控制				1×15	电动阀及执行器
	防冻数字			1×15		防冻开关
	送风温湿度	2×15				风道温湿度传感器
	新风温湿度	2×15				风道温湿度传感器
	合计	60	15	75	45	
	智能节点控制箱配置	HW-BA9057B新风机组智能节点控制箱15台				

续表

位置及设备	控制点描述	类型				设备名称（选型参见相关资料）
		A1	AO	DI	DO	
换热站 生活热水换热器2台 空调换热器3台 生活热水泵2台 空调热水泵2台	流量测量	1				流量计
	热水调节阀		1×2			二通阀（带执行器）
	一次供水温度	1				水管温度传感器
	一次供水压力监测	1				压力变送器
	二次供水温度	1×2				水管温度传感器
	热水泵启停				1×2	
	热水泵状态			1×2		
	二次供水水流状态监测			1×2		水流开关
	合计	5	2	4	2	
	智能节点控制箱配置	HW-BA5921B换热站智能节点控制箱3台				
空调机组1台	冷热水阀控制		1			二通阀（带执行器）
	新风风阀控制		1			风阀执行器
	回风风阀控制		1			风阀执行器
	送风机启停				1	
	送风机状态			1		
	送风机故障			1		压差开关
	回风机启停				1	
	回风机状态			1		
	回风机故障			1		压差开关
	加湿阀控制		1			电动阀及执行器
	过滤网状态			1		压差开关
	防冻数字			1		防冻开关
	回风温湿度	2×1				风道温湿度传感器
	送风温湿度	2×1				风道温湿度传感器
	新风温湿度	2×1				风道温湿度传感器
	合计	6	4	6	2	
	智能节点控制箱配置	HW-BA5904B全空调机组智能节点控制箱1台				

实例2　某住宅小区智能化系统工程设计

一、工程概述

某小区一期占地3.67万m^2，总建筑面积9.33万m^2，建成后共有665户住户。其平面图如图7-9所示。

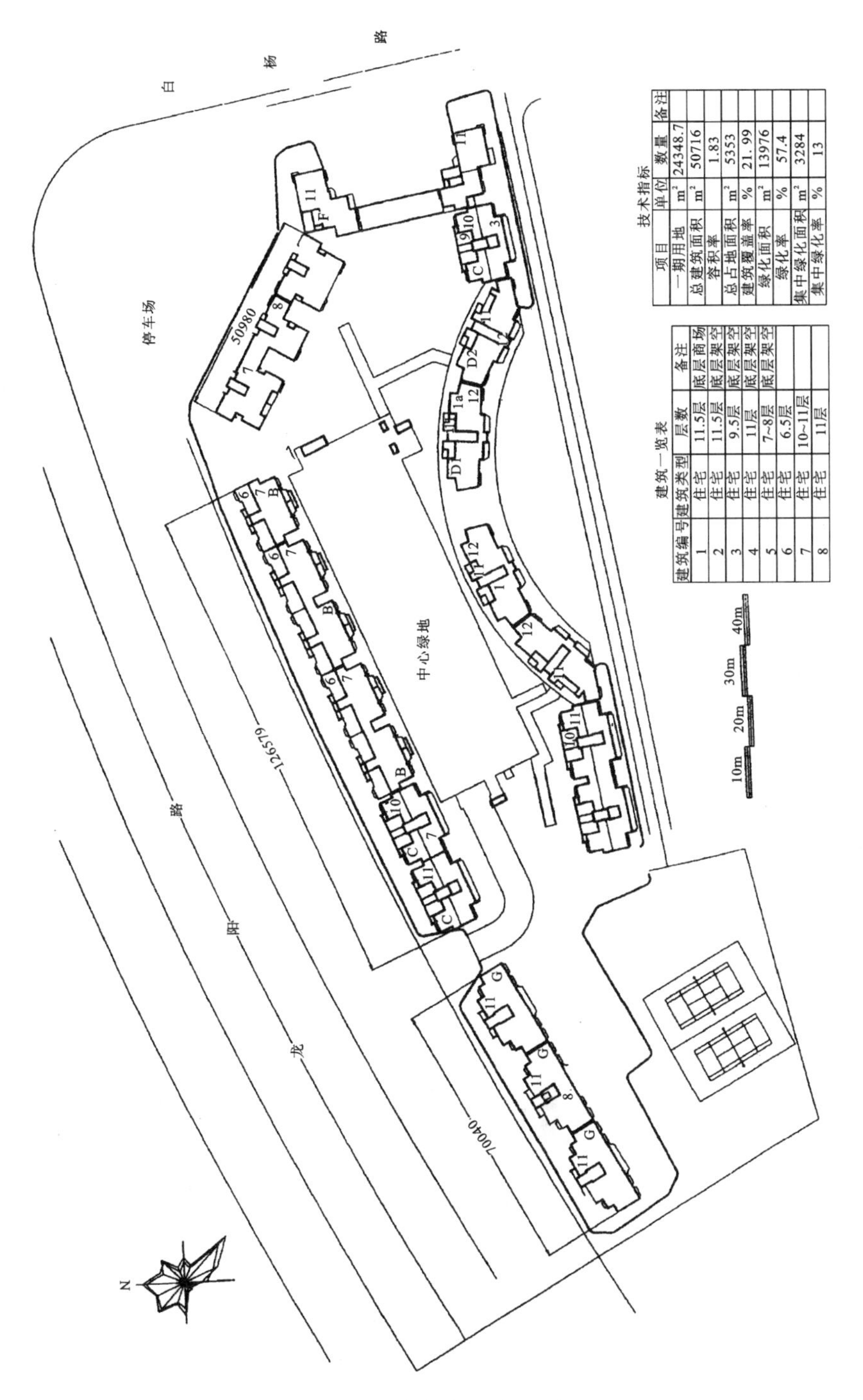

建筑一览表

建筑编号	建筑类型	层数	备注
1	住宅	11.5层	底层商场
2	住宅	11.5层	底层架空
3	住宅	9.5层	底层架空
4	住宅	11层	底层架空
5	住宅	7~8层	底层架空
6	住宅	6.5层	
7	住宅	10~11层	
8	住宅	11层	

技术指标

项目	单位	数量	备注
一期用地	m^2	24348.7	
总建筑面积	m^2	50716	
容积率		1.83	
总占地面积	m^2	5353	
建筑覆盖率	%	21.99	
绿化面积	m^2	13976	
绿化率	%	57.4	
集中绿化面积	m^2	3284	
集中绿化率	%	13	

图 7-9　某住宅小区总平面图

二、设计内容

该小区智能化系统可分成以下四个子系统：①信息通信系统；②安全防范系统；③建筑设备监控系统；④物业管理系统。对应上述四个功能子系统，按照设备系统分类，配备了十三个设备子系统，具体为：综合布线及局域网系统、周界报警系统、闭路电视监控系统、可视对讲系统、家庭安全防范报警系统、电子巡更系统、背景音乐及广播系统、车库管理系统、公用机电设施管理系统、物业信息管理系统、电子公告系统、小区“一卡通”系统、远程自动抄表系统。系统组成框图见图7-10。

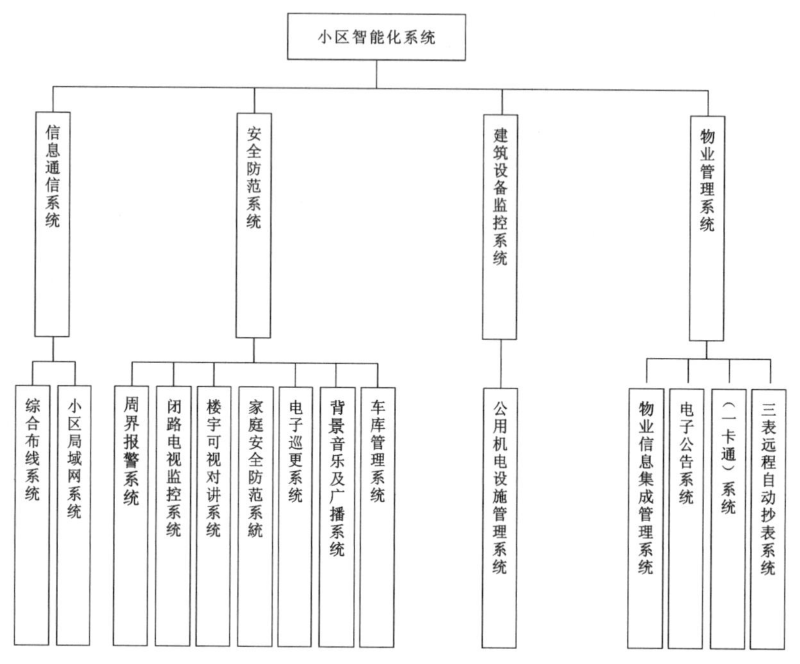

图7-10　某住宅小区智能化系统组成示意图

三、信息通信系统设计方案

小区网络的结构

小区网络是宽带IP网络的基本组成单元，包括社区节点、楼宇内布线系统以及两者的网络互联等。小区网络的基本结构如图7-11所示。

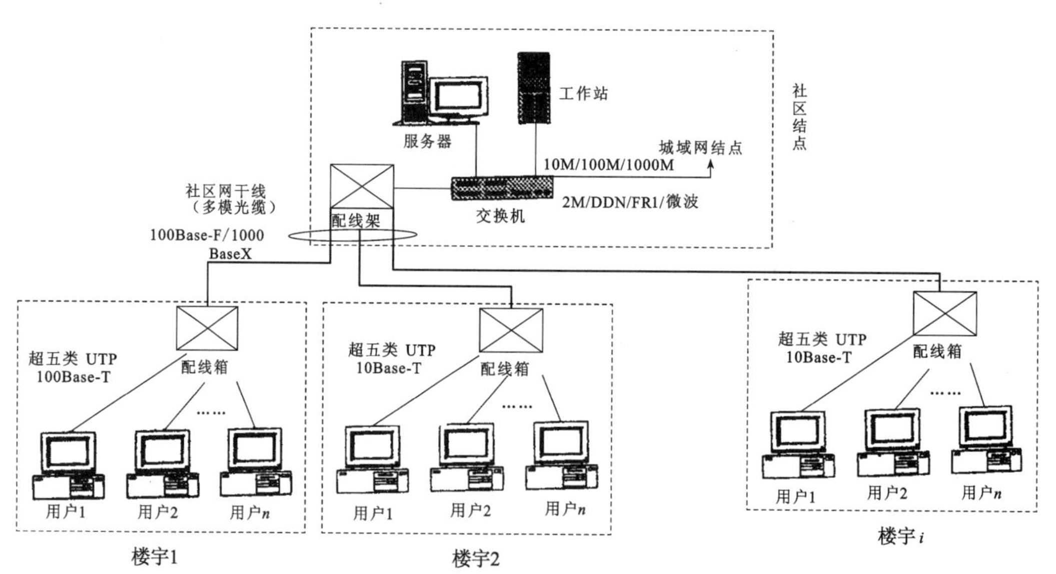

图7-11　某住宅小区网络基本结构

楼宇内综合布线配线箱采用墙挂式安装在底层楼道，24 户以上配置一个，按综合布线系统要求预埋管线。

四、安全防范系统设计方案：

1. 家庭安防系统

采用某公司产品 NCU-2000 家庭智能网络控制器其系统构成如图 7-12 所示。其主要功能如下：

(1) 安防报警功能。控制器与安置在住户家中的红外防盗、燃气泄漏、防火烟感、窗磁开关、求助按钮等多种传感器连接，完成安防报警功能。

(2) 远程抄表功能。控制器与住户家中的水、电、气三表相连接，住户和物业管理部门可随时查看三表读数，计算费用。

(3) 简短信息接收及查询。控制器可以接收来自物业管理部门的广播通知、气象预报等简短信息，用户可以在控制器显示屏上查看到这些信息。

报警点布置如图 7-12 所示。主门安装一磁控开关（门磁），既可以防盗，也可为以后

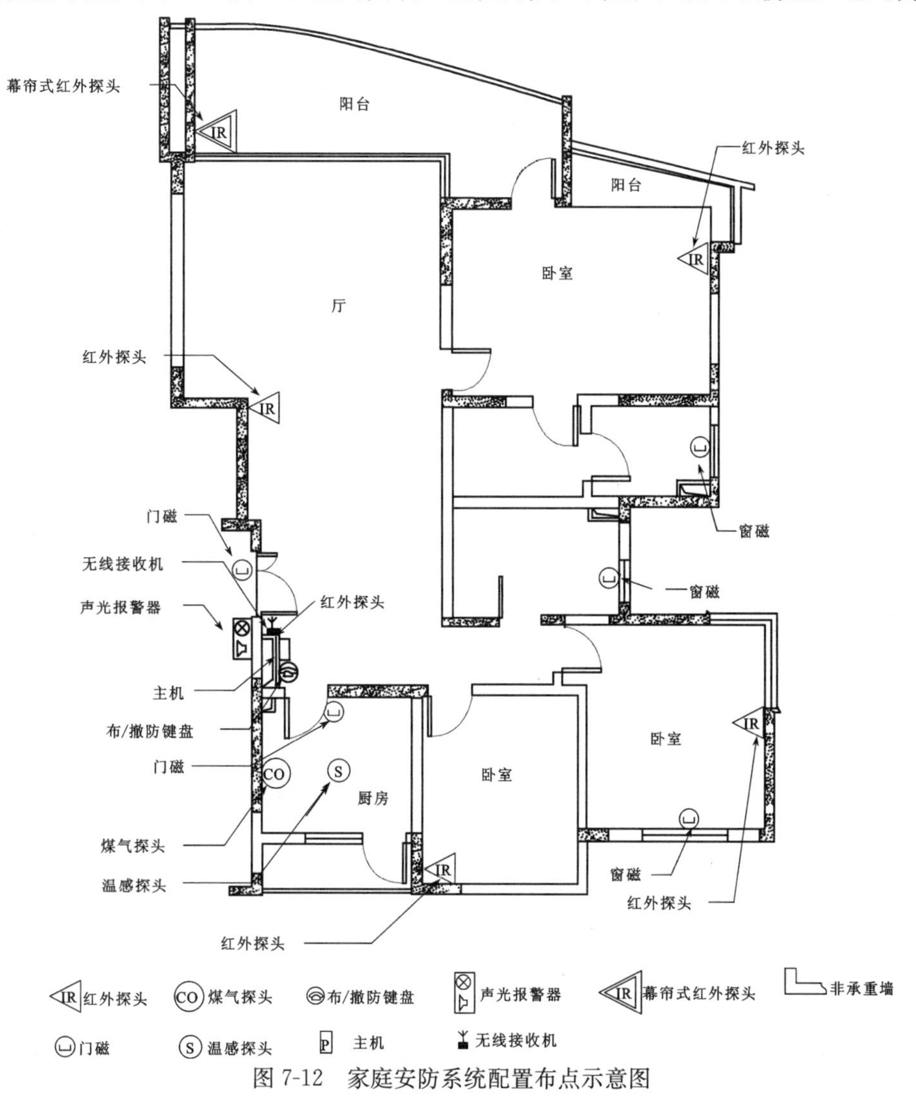

图 7-12　家庭安防系统配置布点示意图

安装其他联动设备做准备；厨房窗、卫生间窗、主卧室窗、次卧室窗、客厅窗各安装一磁控开关（窗磁），由磁控开关（窗磁/门磁）组成外围防区。在客厅安装一个红外探测器作为核心防区。若认为主要的财物均放在主卧室，也可以将红外探测器改到主卧室。

2. 视频监控系统

小区闭路电视监控设备系统图如图 7-13 所示，配置如下：

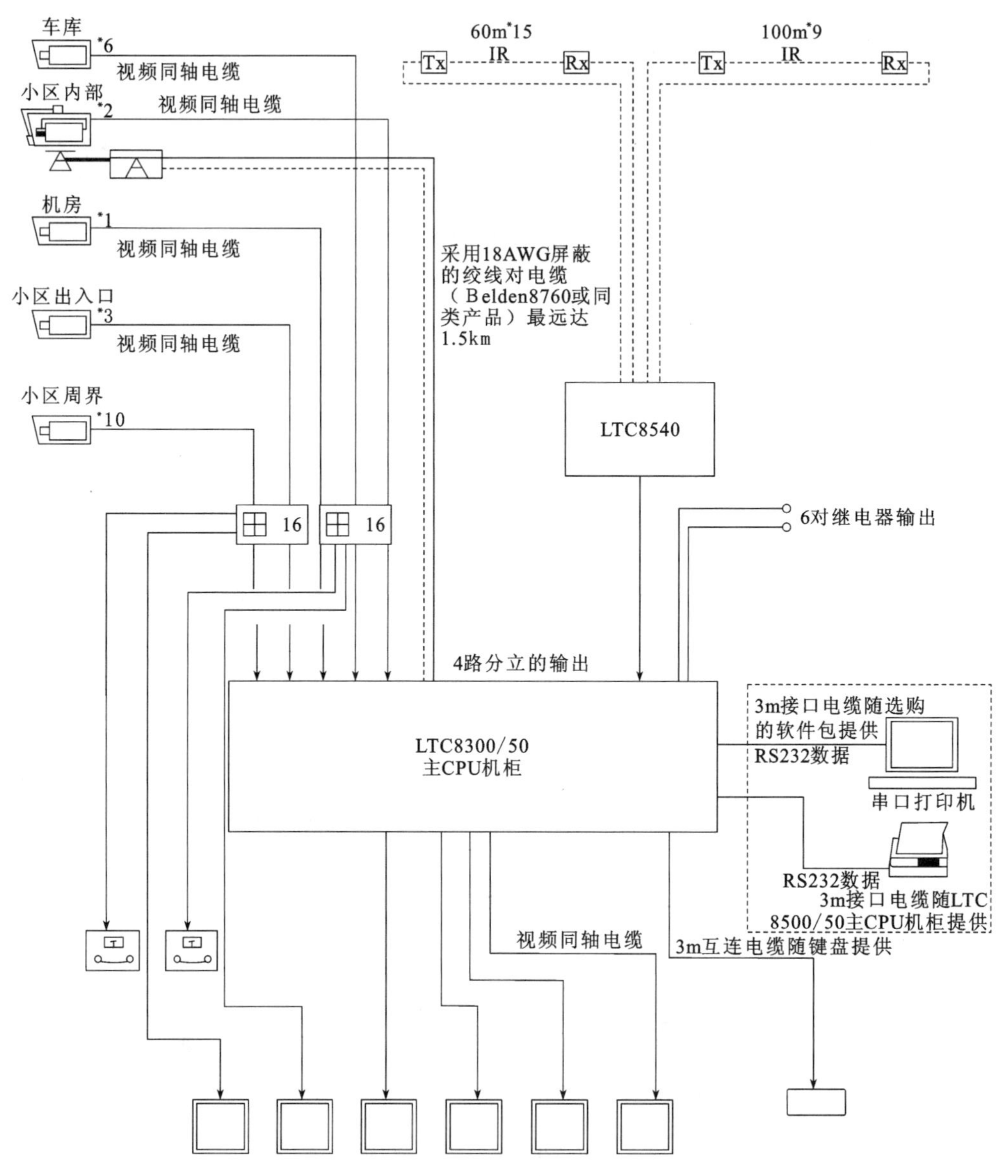

图 7-13　某住宅小区中央控制室设备系统图

小区电视监控系统通过布置在小区内 27 台黑白摄像机和 24 对主动式红外探测器对小区的出入口及地下车库、围墙等重要场合进行布控。

在中央控制室，主要配置有 1 台型号为 LTC8300 视频矩阵切换控制器、6 台高清晰度监视器、2 台黑白 16 画面处理器和 2 台录像机。系统配置 16 路报警接口，实现报警图像联动。

3. 小区周界防盗报警系统

依据小区工程围墙地形情况，将周边防护探测器安装在小区围墙上，防止外来入侵。考虑到能够实时反映报警点的具体情况，系统采用联动报警方案，把小区周边连续地分为 11 个防区，区与区之间不间断。每个区设有主动式红外报警探测器和与探测器对应的摄像机。当某个防区发生报警，联动摄像机，安保中心就可以实时看到该区发生的情况。

发射装置与接收装置应交叉安装，避免出现盲区。探测器由预埋好的电线供电。系统产品一览表见表 7-3 所示。

某住宅小区周界防范系统设备一览表　　**表 7-3**

序　号	产　品　名　称	型　号	数　量	产　地
1	主动式红外对射探测器（30m）	ALIPH ABT-30	7 只	日本
2	主动式红外对射探测器（60m）	ALIPH ABT-60	16 只	日本
3	主动式红外对射探测器（100m）	ALIPH ABT-100	3 只	日本
4	安装支架	定制	26 对	中国
5	电源供应器（AL24V）	定制	2 只	中国
6	辅材			中国

4. 小区巡更系统

小区设置巡逻站 11 个，其设备配置如表 7-4 所示。

某住宅小区电子巡更系统设备一览表　　**表 7-4**

序　号	名　称	型　号	数　量
1	巡更软件	PTOY-95	1 套
2	信息采集器	TP-128P	2 只
3	巡逻记录传送器	TPD-F600	1 台
4	巡逻站	TMB-100	11 个
5	电源		1 个

5. 安防控制中心

根据建设单位要求和安全防范规范标准该小区的安保管理中心就是智能化系统管理中心，由视频监控系统、周界报警系统、住户防盗报警系统、可视访客对讲系统、巡更系统、机电设备控制系统、背景音响与紧急广播系统、消防自动报警系统、大屏显示系统、UPS 电源供电系统等组成。安保管理中心机房在小区 1 号楼的首层 2＃单元之内，面积为 $65m^2$。安保管理中心机房平面布置图如图 7-14 所示。

6. 停车场管理系统

停车场系统结构如图 7-15 所示。该停车场管理系统具备功能如下：

（1）入口处，持卡客户把车停在入口车辆感应器上（系统打开），入口摄像头摄拍汽车图像并存储。卡被确认后入口栅栏打开车辆通过后自动关闭。

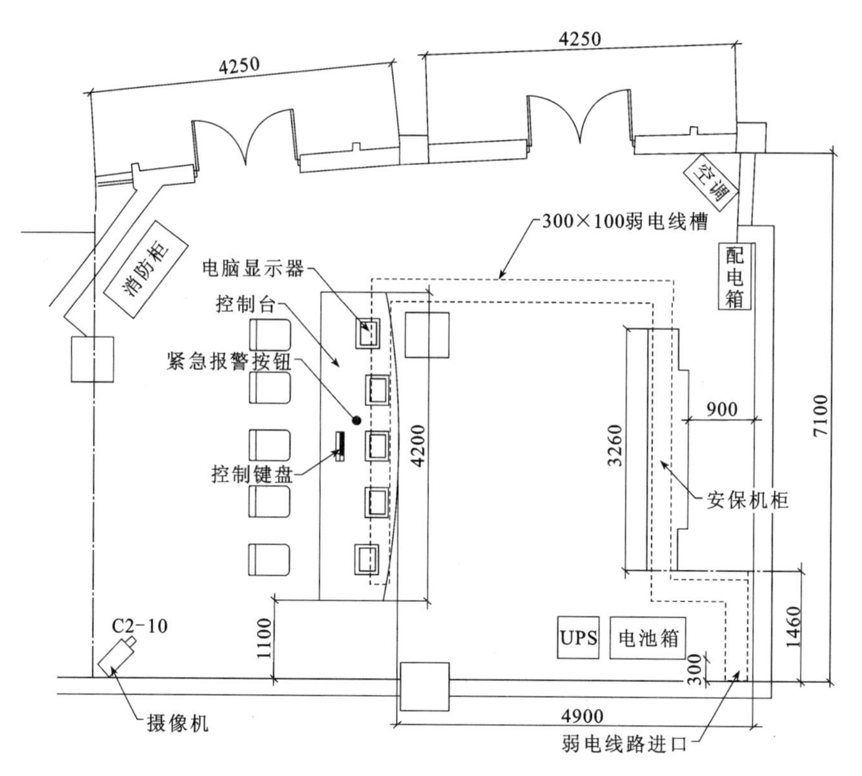

图 7-14　安保管理中心机房平面布置图

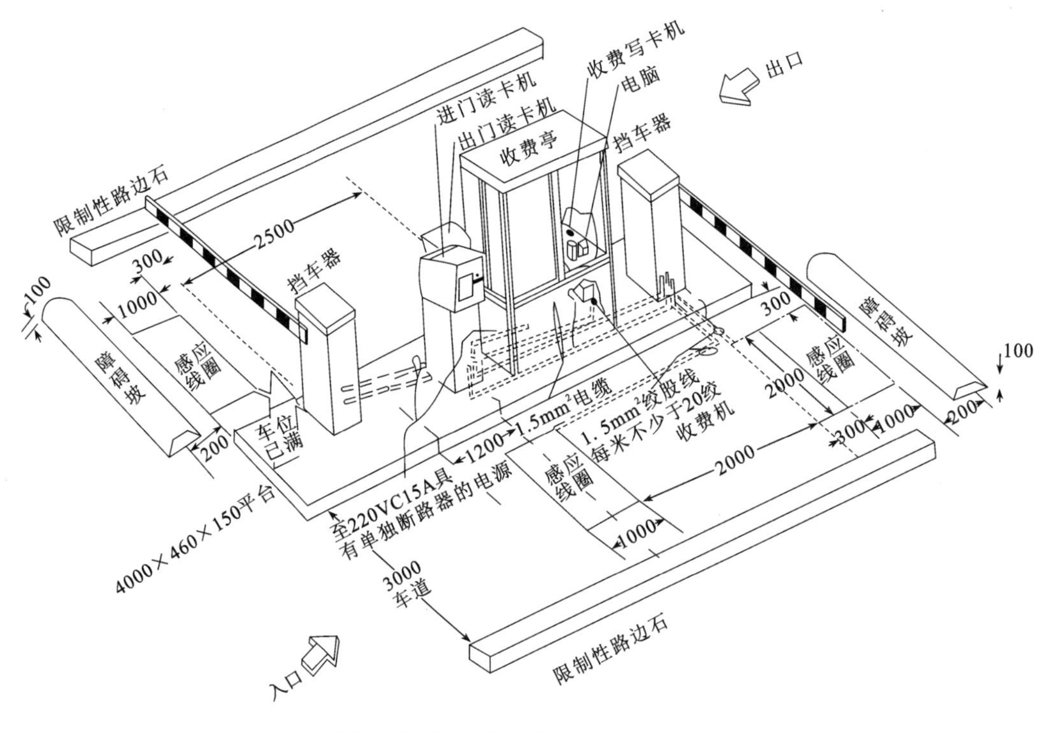

图 7-15　停车场管理系统结构示意图

（2）出口处，出口摄像头摄拍的汽车图像与入口摄拍的图像进行人工对比。同时长期卡客户在车内出示感应卡，电脑自动结算费用后打开栅栏机，车辆通过后自动关闭。

（3）系统可对年租卡、月租卡、时租卡进行统一的管理，并备有各种管理报表随时供用户调用。

五、公用机电设备监控系统设计方案

1. 生活水系统

（1）系统构成

生活用给水系统主要设备组成：生活水泵 8 台；生活水箱 3 个；消防水箱 5 个。

（2）监控功能

自动监视生活水泵的工作状态及手自动状态，故障时自动报警。根据对供水总管压力的检测，调节水泵工作状态。自动监视消防水池的高低水位，低水位时，自动启动水泵供水。

2. 污水排水系统

（1）系统构成

污水排水系统主要设备组成：集水坑 15 个；潜水泵 30 台。

（2）监控功能

自动监视潜水泵的工作状态，故障时自动报警，并启动备用水泵工作。可远程自动开启水泵。自动监视集水坑的高低水位，高水位时，自动启动潜水泵排水。自动监视集水坑和污水调节池的水位，超高限报警。

3. 公共照明系统

（1）系统构成

公共照明系统主要设备组成：公共照明 30 路。

（2）监控功能

自动监视各路公共照明的工作状态，故障时自动报警。可远程控制各路公共照明开关，并可按系统设定时间表开关各路公共照明。

4. 变电所温度控制系统

由于变电站属于电业站，不需物业管理公司维护，所以主要电气参数可不纳入系统的监控。仅对变配电室的温度进行监控。

（1）系统构成

变电所温度控制系统主要设备组成：温度探测器 4 个；送排风机 4 个。

（2）监控功能

自动监视各变电所的温度情况，当温度过高时，自动启动送排风机，并可监控送排风机的运行状态及自动状态。

5. 地下车库排风系统

（1）系统构成

变电所排风系统主要设备组成：排风机 9 个。

（2）监控功能

监控送排风机的运行状态、故障状态及自动状态，并可自动启动。

小区共用机电设备监控系统点表，见表 7-5。

小区公用设备监控系统点位表　　　　表 7-5

控制点数 / 设备名称	数量	模拟输出（AO）				模拟输入（AI）				数字输入（DI）					数字输出（DO）			
		温度调节阀	蒸汽调节阀	风量调节	压差旁通阀	压力检测	回风温度	室内温度	电流	高水位	低水位	运行状态	故障状态	自动状态	开启/停止	开关控制	新回排风门	电加湿器开/关
给水排水系统																		
生活水泵	8											8	8					
生活水箱	3									3	6							
集水坑	15									15	30							
潜水泵	30											30	30	30	30			
消防水箱	5									5	10							
照明系统																		
公共照明设施	30											30			30			
变电所温度控制系统																		
室内温度	4							4										
送/排风机	4											4		4	4			
排风系统																		
地下车库排风机	6											6	6	6	6			
地下自行车库排风机	3											3	3	3	3			
小计		0				4				240					73			

六、物业管理系统设计方案

1. 住宅小区物业信息管理系统

如图7-16为该小区物业信息管理系统主界面，该系统主要由如下功能模块组成，即：

（1）房产管理。主要包括房产籍卡、房产栋卡、楼盘信息、单元信息和楼盘展示等。

（2）客户管理。主要包括业主信息、制度信息、二次装修、投诉统计等。

（3）收费管理。主要包括业务处收费管理和水、电、燃气、空调、净水计量计费管理等内容。

（4）安防管理。主要包括保安记录、小区出入管理、停车场管理和消防巡查等内容。

（5）工程设备管理。主要包括小区共用机电设备维护、维修等管理。

（6）环境管理。主要包括绿化管理及清洁管理等。

2. 小区电子公告系统

在小区内安置电子公告系统，向居民提供各种公告及公用信息，如发布物业管理公告通知、提供公众服务信息（如天气预报）、宣传企业品牌形象、烘托欢快气氛等。系统配置见表7-6。

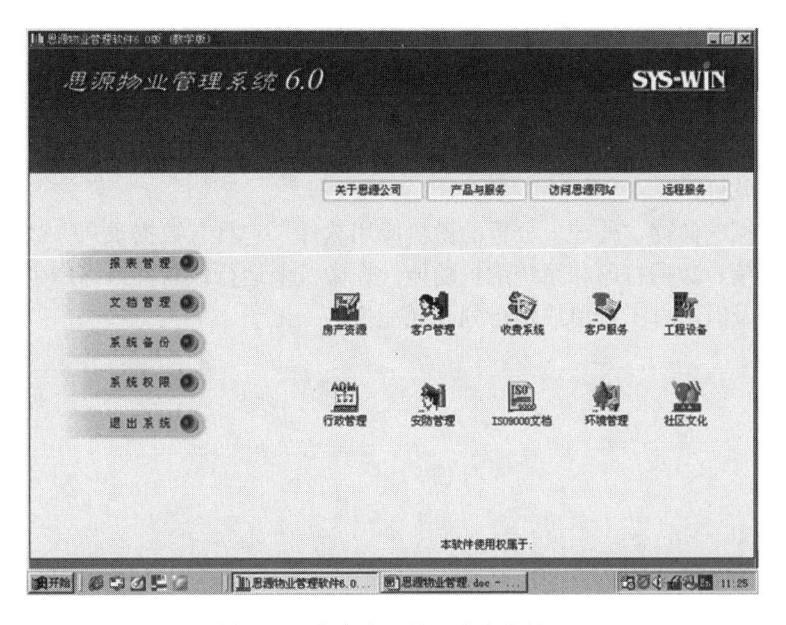

图 7-16　住宅小区管理内容主界面

小区电子公告系统配置　　　**表 7-6**

序　号	名　称	数　量	备　注
1	ϕ5mm 单色超亮 LED 橱窗屏	1 个	
2	计算机	1 台	单价计入物业管理系统
3	控制与系统软件	1 套	

3. 小区 IC 卡“一卡通”系统

该小区“一卡通”系统需配置的工作站为：小区发卡充值中心 1 个；车库管理系统读卡点 4 个；物业管理收费点 1 个；小区内部消费点 2 个。

小区业主所用“一卡通”主要功能有：

(1) 门禁管理。实现电子门锁控制出入时间记录。

(2) 消费管理。对住户、会员消费实现统计、查询。

(3) 停车场管理。对进出小区停车场的所有车辆实现集中控制和管理。

4. 三表远程自动抄表系统

本工程采用某公司研制的“380V 电力线载波自动抄表系统”。该系统主要由耗能表具、采集终端、系统集中器、系统总控管理站及管理软件组成。

(1) 耗能表

用于居民住宅耗能计量的仪表。包括水表、电表和燃气表。

(2) 采集终端

是有采集数据的智能检测装置。它用于接受耗能表读数，并能为主机读写。一般安装在各用户耗能表附近。

(3) 集中器

用于连接多个采集终端的集中管理，并向总控管理站传送数据。

（4）总控管理站

它将各户独立工作的集中器采集到的耗能信息集中准确地记录并保存。该机具有查询、修改、编辑、通信等功能；它带有一专用接口与用户部件或专用微机连接。通过操作主机键盘，可实现与集中器或微机通信。

（5）管理软件

用于对数据的储存、处理、分析的微机应用软件，它具有数据录入、数据查询、数据修改、数据通信、数据打印和系统维护功能。在微机上运行该软件最终产生各用户耗能费用账单，即可及时通过工资单或银行划收耗能费。

附　　录

附表1　典型建筑智能化系统配置表（选自《智能建筑设计标准》GB/T 50314—2015）

行政办公建筑智能化系统配置表　　**附表1-1**

<table>
<tr><th colspan="3">智能化系统</th><th>其他职级职能办公建筑</th><th>城市级职能办公建筑</th><th>省部级及以上职能办公建筑</th></tr>
<tr><td rowspan="7">信息化应用系统</td><td colspan="2">公共服务系统</td><td>⊙</td><td>●</td><td>●</td></tr>
<tr><td colspan="2">智能卡应用系统</td><td>●</td><td>●</td><td>●</td></tr>
<tr><td colspan="2">物业管理系统</td><td>⊙</td><td>●</td><td>●</td></tr>
<tr><td colspan="2">信息设施运行管理系统</td><td>⊙</td><td>●</td><td>●</td></tr>
<tr><td colspan="2">信息安全管理系统</td><td>●</td><td>●</td><td>●</td></tr>
<tr><td>通用业务系统</td><td>基本业务办公系统</td><td colspan="3" rowspan="2">按国家现行有关标准进行配置</td></tr>
<tr><td>专业业务系统</td><td>行政工作业务系统</td></tr>
<tr><td rowspan="2">智能化集成系统</td><td colspan="2">智能化信息集成（平台）系统</td><td>○</td><td>⊙</td><td>●</td></tr>
<tr><td colspan="2">集成信息应用系统</td><td>○</td><td>⊙</td><td>●</td></tr>
<tr><td rowspan="10">信息设施系统</td><td colspan="2">信息接入系统</td><td>●</td><td>●</td><td>●</td></tr>
<tr><td colspan="2">布线系统</td><td>●</td><td>●</td><td>●</td></tr>
<tr><td colspan="2">移动通信室内信号覆盖系统</td><td>●</td><td>●</td><td>●</td></tr>
<tr><td colspan="2">用户电话交换系统</td><td>⊙</td><td>●</td><td>●</td></tr>
<tr><td colspan="2">无线对讲系统</td><td>⊙</td><td>●</td><td>●</td></tr>
<tr><td colspan="2">信息网络系统</td><td>●</td><td>●</td><td>●</td></tr>
<tr><td colspan="2">有线电视系统</td><td>●</td><td>●</td><td>●</td></tr>
<tr><td colspan="2">公共广播系统</td><td>●</td><td>●</td><td>●</td></tr>
<tr><td colspan="2">会议系统</td><td>●</td><td>●</td><td>●</td></tr>
<tr><td colspan="2">信息导引及发布系统</td><td>⊙</td><td>●</td><td>●</td></tr>
<tr><td rowspan="2">建筑设备管理系统</td><td colspan="2">建筑设备监控系统</td><td>⊙</td><td>●</td><td>●</td></tr>
<tr><td colspan="2">建筑能效监管系统</td><td>⊙</td><td>●</td><td>●</td></tr>
</table>

续表

智能化系统			其他职级职能办公建筑	城市级职能办公建筑	省部级及以上职能办公建筑
公共安全系统	火灾自动报警系统		按国家现行有关标准进行配置		
	安全技术防范系统	入侵报警系统			
		视频安防监控系统			
		出入口控制系统			
		电子巡查系统			
		访客对讲系统			
		停车库（场）管理系统	⊙	●	●
	安全防范综合管理（平台）系统		⊙	●	●
	应急响应系统		⊙	●	●
机房工程	信息接入机房		●	●	●
	有线电视前端机房		●	●	●
	信息设施系统总配线机房		●	●	●
	智能化总控室		●	●	●
	信息网络机房		⊙	●	●
	用户电话交换机房		⊙	●	●
	消防控制室		●	●	●
	安防监控中心		●	●	●
	应急响应中心		⊙	●	●
	智能化设备间（弱电间）		●	●	●
	机房安全系统		按国家现行有关标准进行配置		
	机房综合管理系统		⊙	●	●

注：●—应配置；⊙—宜配置；○—可配置。

高等学校建筑智能化系统配置表　　　　**附表 1-2**

智能化系统			高等专科学校	综合性大学
信息化应用系统	公共服务系统		⊙	●
	校园智能卡应用系统		●	●
	校园物业管理系统		⊙	●
	信息设施运行管理系统		⊙	●
	信息安全管理系统		●	●
	通用业务系统	基本业务办公系统	按国家现行有关标准进行配置	
	专业业务系统	校务数字化管理系统		
		多媒体教学系统		
		教学评估音视频观察系统		
		多媒体制作与播放系统		
		语音教学系统		
		图书馆管理系统		

续表

<table>
<tr><th colspan="3">智能化系统</th><th>高等专科学校</th><th>综合性大学</th></tr>
<tr><td rowspan="2">智能化集成系统</td><td colspan="2">智能化信息集成（平台）系统</td><td>⊙</td><td>●</td></tr>
<tr><td colspan="2">集成信息应用系统</td><td>⊙</td><td>●</td></tr>
<tr><td rowspan="10">信息设施系统</td><td colspan="2">信息接入系统</td><td>●</td><td>●</td></tr>
<tr><td colspan="2">布线系统</td><td>●</td><td>●</td></tr>
<tr><td colspan="2">移动通信室内信号覆盖系统</td><td>●</td><td>●</td></tr>
<tr><td colspan="2">用户电话交换系统</td><td>●</td><td>●</td></tr>
<tr><td colspan="2">无线对讲系统</td><td>●</td><td>●</td></tr>
<tr><td colspan="2">信息网络系统</td><td>●</td><td>●</td></tr>
<tr><td colspan="2">有线电视系统</td><td>●</td><td>●</td></tr>
<tr><td colspan="2">公共广播系统</td><td>●</td><td>●</td></tr>
<tr><td colspan="2">会议系统</td><td>●</td><td>●</td></tr>
<tr><td colspan="2">信息导引及发布系统</td><td>●</td><td>●</td></tr>
<tr><td rowspan="2">建筑设备管理系统</td><td colspan="2">建筑设备监控系统</td><td>⊙</td><td>●</td></tr>
<tr><td colspan="2">建筑能效监管系统</td><td>⊙</td><td>●</td></tr>
<tr><td rowspan="7">公共安全系统</td><td colspan="2">火灾自动报警系统</td><td colspan="2" rowspan="5">按国家现行有关标准进行配置</td></tr>
<tr><td rowspan="5">安全技术防范系统</td><td>入侵报警系统</td></tr>
<tr><td>视频安防监控系统</td></tr>
<tr><td>出入口控制系统</td></tr>
<tr><td>电子巡查系统</td></tr>
<tr><td>停车库（场）管理系统</td><td>⊙</td><td>●</td></tr>
<tr><td colspan="2">安全防范综合管理（平台）系统</td><td>○</td><td>●</td></tr>
<tr><td rowspan="11">机房工程</td><td colspan="2">信息接入机房</td><td>●</td><td>●</td></tr>
<tr><td colspan="2">有线电视前端机房</td><td>●</td><td>●</td></tr>
<tr><td colspan="2">信息设施系统总配线机房</td><td>●</td><td>●</td></tr>
<tr><td colspan="2">智能化总控室</td><td>●</td><td>●</td></tr>
<tr><td colspan="2">信息网络机房</td><td>●</td><td>●</td></tr>
<tr><td colspan="2">用户电话交换机房</td><td>●</td><td>●</td></tr>
<tr><td colspan="2">消防控制室</td><td>●</td><td>●</td></tr>
<tr><td colspan="2">安防监控中心</td><td>●</td><td>●</td></tr>
<tr><td colspan="2">智能化设备间（弱电间）</td><td>●</td><td>●</td></tr>
<tr><td colspan="2">机房安全系统</td><td colspan="2">按国家现行有关标准进行配置</td></tr>
<tr><td colspan="2">机房综合管理系统</td><td>○</td><td>●</td></tr>
</table>

住宅建筑智能化系统配置表　　**附表 1-3**

<table>
<tr><th colspan="2">智能化系统</th><th>非超高层住宅建筑</th><th>超高层住宅建筑</th></tr>
<tr><td rowspan="3">信息化应用系统</td><td>公共服务系统</td><td>⊙</td><td>⊙</td></tr>
<tr><td>智能卡应用系统</td><td>⊙</td><td>⊙</td></tr>
<tr><td>物业管理系统</td><td>⊙</td><td>●</td></tr>
</table>

续表

智能化系统			非超高层住宅建筑	超高层住宅建筑
智能化集成系统	智能化信息集成（平台）系统		⊙	⊙
	集成信息应用系统		⊙	⊙
信息设施系统	信息接入系统		●	●
	布线系统		●	●
	移动通信室内信号覆盖系统		●	●
	无线对讲系统		⊙	⊙
	信息网络系统		●	●
	有线电视系统		●	●
	公共广播系统		⊙	⊙
	信息导引及发布系统		⊙	⊙
建筑设备管理系统	建筑设备监控系统		⊙	⊙
	建筑能效监管系统		○	○
公共安全系统	火灾自动报警系统		按国家现行有关标准进行配置	
	安全技术防范系统	入侵报警系统		
		视频安防监控系统		
		出入口控制系统		
		电子巡查系统		
		访客对讲系统		
		停车库（场）管理系统	⊙	⊙
机房工程	信息接入机房		●	●
	有线电视前端机房		●	●
	信息设施系统总配线机房		●	●
	智能化总控室		●	●
	消防控制室		⊙	●
	安防监控中心		●	●
	智能化设备间（弱电间）		●	●

注：1　超高层住宅建筑：建筑高度为100m或35层及以上的住宅建筑。

2　●—应配置；⊙—宜配置；○—可配置。

附表 2　建筑设备监控功能表

设备名称	监控功能	甲级	乙级	丙级
压缩式制冷系统	1. 启停控制和运行状态显示	○	○	○
	2. 冷水进出口温度、压力测量	○	○	○
	3. 冷却水进出口温度、压力测量	○	○	○
	4. 过载报警	○	○	○
	5. 水流量测量及冷量记录	○	○	○
	6. 运行时间和启动次数记录	○	○	○
	7. 制冷系统启停控制程序的设定	○	○	○
	8. 冷水旁通阀压差控制	○	○	○
	9. 冷水温度再设定	○	×	×
	10. 台数控制	○	×	×
	11. 制冷系统的控制系统应留有通信接口	○	○	×
吸收式制冷系统	1. 启停控制和运行状态显示	○	○	○
	2. 运行模式、设定值的显示	○	○	○
	3. 蒸发器、冷凝器进出口水温的测量	○	○	○
	4. 制冷剂、溶液蒸发器和冷凝器温度、压力的测量	○	○	×
	5. 溶液温度压力、溶液浓度值及结晶温度的测量	○	○	×
	6. 启动次数、运行时间的显示	○	○	○
	7. 水流、水温、结果保护	○	○	×
	8. 故障报警	○	○	○
	9. 台数控制	○	×	×
	10. 制冷系统的控制系统应留有通信接口	○	○	×
蓄冰制冷系统	1. 运行模式（主机供冷、融冰供冷与优化控制）参数设备及运行模式的自动转换	○	○	×
	2. 蓄冰设备的融冰速度控制，主机供冷量调节，主机与蓄冰设备供冷能力的协调控制	○	○	×
	3. 蓄冰设备蓄冰量显示，各设备启停控制与顺序启停控制	○	○	×
热力系统	1. 蒸汽、热水出口压力、温度、流量显示	○	○	○
	2. 锅炉气泡水位显示及报警	○	○	○
	3. 运行状态显示	○	○	○
	4. 顺序启停控制	○	○	○
	5. 油压、气压显示	○	○	○

续表

设备名称	监控功能	甲级	乙级	丙级
热力系统	6. 安全保护信号显示	○	○	○
	7. 设备故障信号显示	○	○	○
	8. 燃料耗量统计记录	○	×	×
	9. 锅炉（运行）台数控制	○	×	×
	10. 锅炉房可燃物、有害物质浓度监测报警	○	×	×
	11. 烟气含氧量监测及燃烧系统自动调节	○	×	×
	12. 热交换器能按设定出水温度自动控制进汽或水量	○	○	○
	13. 热交换器进汽或水阀与热水循环泵连锁控制	○	×	×
	14. 热力系统的控制系统应留有通信接口	○	○	×
冷水系统	1. 水流状态显示	○	×	×
	2. 水泵过载报警	○	○	×
	3. 水泵启停控制及运行状态显示	○	○	○
冷却水系统	1. 水流状态显示	○	×	×
	2. 冷却水泵过载报警	○	○	×
	3. 冷却水泵启停控制及运行状态显示	○	○	○
	4. 冷却塔风机运行状态显示	○	○	○
	5. 进出口水温测量及控制	○	○	○
	6. 水温再设定	○	×	×
	7. 冷却塔风机启停控制	○	○	○
	8. 冷却塔风机过载报警	○	○	×
空气处理系统	1. 风机状态显示	○	○	○
	2. 送回风温度测量	○	○	○
	3. 室内温、湿度测量	○	○	○
	4. 过滤器状态显示及报警	○	○	○
	5. 风道风压测量	○	○	×
	6. 启停控制	○	○	○
	7. 过载报警	○	○	×
	8. 冷、热水流量调节	○	○	○
	9. 加湿控制	○	○	○
	10. 风门控制	○	○	○
	11. 风机转速控制	○	○	×
	12. 风机、风门、调节阀之间的连锁控制	○	○	○
	13. 室内 CO_2 浓度监测	○	×	×
	14. 寒冷地区换热器防冻控制	○	○	○
	15. 送回风机与消防系统的联动控制	○	○	○

续表

设备名称	监控功能	甲级	乙级	丙级
变风量（VAV）系统	1. 系统总风量调节	○	○	×
	2. 最小风量控制	○	○	×
	3. 最小新风量控制	○	○	×
	4. 再加热控制	○	○	×
	5. 变风量（VAV）系统的控制装置应有通信接口	○	○	×
排风系统	1. 风机状态显示	○	○	×
	2. 启停控制	○	○	×
	3. 过载报警	○	○	×
风机盘管	1. 室内温度测量	○	×	×
	2. 冷、热水阀开关控制	○	×	×
	3. 风机变速与启停控制	○	×	×
整体式空调机	1. 室内温、湿度测量	○	×	×
	2. 启停控制	○	×	×
给水系统	1. 水泵运行状态显示	○	○	○
	2. 水流状态显示	○	×	×
	3. 水泵启停控制	○	○	○
	4. 水泵过载报警	○	○	×
	5. 水箱高、低液位显示及报警	○	○	○
排水及污水处理系统	1. 水泵运行状态显示	○	×	×
	2. 水泵启停控制	○	×	×
	3. 污水处理池高、低液位显示及报警	○	×	×
	4. 水泵过载报警	○	×	×
	5. 污水处理系统留有通信接口	○	×	×
供配电设备监视系统	1. 变配电设备各高、低压主开关运行状态监视及故障报警	○	○	○
	2. 电源及主供电回路电流值显示	○	○	○
	3. 电源电压值显示	○	○	○
	4. 功率因数测量	○	○	○
	5. 电能计量	○	○	○
	6. 变压器超温报警	○	○	×
	7. 应急电源供电电流、电压及频率监视	○	○	○
	8. 电力系统计算机辅助监控系统应留有通信接口	○	○	×
照明系统	1. 庭院灯控制	○	×	×
	2. 泛光照明控制	○	×	×
	3. 门厅、楼梯及走道照明控制	○	×	×
	4. 停车场照明控制	○	×	×
	5. 航空障碍灯状态显示、故障报警	○	×	×
	6. 重要场所可设智能照明控制系统	○	×	×

注：○表示有此功能；×表示无此功能。

附表3　本书配套MOOC数字化学习资源类别及配置目录表

<table>
<tr><td colspan="2" rowspan="2">课程名称
建筑智能化技术</td><td>课程基本信息资源
（文档）</td><td colspan="4">课程介绍及教学团队
课程教学大纲
线上、线下课程教学设计
线上、线下课程评价考核方案</td></tr>
<tr><td colspan="5">**MOOC数字化学习资源类别及配置**</td></tr>
<tr><td>项目</td><td>任务
与认知</td><td>微课及系列动画
（微视频）</td><td>教学
课件
（PPT）</td><td>工程
案例
（PPT）</td><td>教案
设计
（文档）</td><td>交互
与测评
（题项）</td></tr>
<tr><td rowspan="5">1
智能建筑设备监控管理系统基础认知</td><td>认知1.1
智能建筑认知</td><td>1.1.1　本课程介绍及学习导航
1.1.2★　什么样的建筑是智能建筑</td><td>1.1
PPT
课件</td><td>1.1
工程
案例</td><td>1.1
教案
设计</td><td rowspan="5">本项目配置客观性测试题，可采用线上自主测试，当即给出测试成绩，并配有相应答案
本项目配置主观性讨论题、作业题，可采用线上同学互评，并给出成绩</td></tr>
<tr><td>认知1.2
智能建筑设备分布</td><td>1.2.1★　走进智能建筑庞大设备王国
1.2.2　模型展示智能建筑设备分布
1.2.3　实训操作　建筑设备智能化监控系统演示操作</td><td>1.2
PPT
课件</td><td>1.2
工程
案例</td><td>1.2
教案
设计</td></tr>
<tr><td>认知1.3
智能建筑设备系统监控结构</td><td>1.3.1★　建筑设备管理技术核心—监控系统结构
1.3.2　工程中应用的建筑设备监控系统结构</td><td>1.3
PPT
课件</td><td>1.3
工程
案例</td><td>1.3
教案
设计</td></tr>
<tr><td>认知1.4
智能建筑设备监控系统硬件</td><td>1.4.1　建筑设备监控系统“大脑”—控制器
1.4.2　建筑设备监控系统“眼睛和手脚”—传感器和执行器
1.4.3★　系列动画之建筑设备监控常用传感器、执行器3D介绍</td><td>1.4
PPT
课件</td><td>1.4
工程
案例</td><td>1.4
教案
设计</td></tr>
<tr><td>认知1.5
智能建筑设备监控系统软件</td><td>1.5.1　建筑设备监控系统软件编程
1.5.2★　实训操作：典型DDC控制系统组态编程软件CARE介绍
1.5.3　实训操作：开关逻辑运算组态窗口应用操作</td><td>1.5
PPT
课件</td><td>1.5
工程
案例</td><td>1.5
教案
设计</td></tr>
</table>

备注：★标注是本书“认知导入”或“认知目的”引用的微课及动画微视频。

续表

建筑智能化技术		MOOC数字化学习资源类别及配置				
项目	任务与认知	微课及系列动画（微视频）	教学课件（PPT）	工程案例（PPT）	教案设计（文档）	交互与测评（题项）
2 智能建筑设备监控管理系统	认知2.1 建筑设备管理系统	2.1.1★ 智能建筑需要什么样的设备管理系统	2.1 PPT课件	2.1 工程案例	2.1 教案设计	本项目配置客观性测试题，可采用线上自主测试，当即给出测试成绩，并配有相应答案 本项目配置主观性讨论题、作业题，可采用线上同学互评，并给出成绩
	任务2.2 建筑给水排水系统及其监控	2.2.1 建筑给水系统组成及工作原理 2.2.2 建筑给水系统如何实现智能监控？ 2.2.3 建筑给水监控系统工程实施（设计） 2.2.4 建筑给水监控系统工程实施（施工） 2.2.5 DDC控制器与电动机负载电控箱二次接线 2.2.6 实训操作：单台给水泵启停控制组态编程 2.2.7 建筑排水系统智能监控及实施 2.2.8★ 系列动画之建筑给水系统如何实现智能监控 2.2.9★ 系列动画之建筑排水系统如何实现智能监控	2.2 PPT课件	2.2 工程案例	2.2 教案设计	
	任务2.3 中央制冷空调系统及其监控	2.3.1 中央空调系统组成及工作原理 2.3.2 制冷空调系统如何实现智能监控？ 2.3.3 空气调节监控系统工程实施 2.3.4 冷源监控系统工程实施 2.3.5 实训操作：空调调温冷水阀调节组态编程（方法一） 2.3.6 实训操作：空调调温冷水阀调节组态编程（方法二） 2.3.7★ 系列动画之中央制冷空调系统如何实现智能监控	2.3 PPT课件	2.3 工程案例	2.3 教案设计	
	任务2.4 建筑供配电系统及其监控	2.4.1 建筑供配电系统组成及工作原理 2.4.2 建筑供配电系统智能监控及工程实施 2.4.3★ 系列动画之建筑供配电与照明系统如何实现智能监控	2.4 PPT课件	2.4 工程案例	2.4 教案设计	
	任务2.5 建筑照明系统监控	2.5.1 建筑照明系统及其智能监控 2.5.2★ 总线式智能照明监控系统	2.5 PPT课件	2.5 工程案例	2.5 教案设计	
	任务2.6 电梯系统及其监视	2.6.1 电梯系统组成及工作原理 2.6.2 电梯系统智能监控及工程实施 2.6.3★ 系列动画之电梯系统如何实现智能化管理	2.6 PPT课件	2.6 工程案例	2.6 教案设计	
	任务2.7 建筑设备管理系统工程实施	2.7.1 建筑设备系统监控工程实施流程 2.7.2★ 建筑设备监控工程实例	2.7 PPT课件	2.7 工程案例	2.7 教案设计	

续表

<table>
<tr><th colspan="2">建筑智能化技术</th><th colspan="5">MOOC数字化学习资源类别及配置</th></tr>
<tr><th>项目</th><th>任务
与认知</th><th>微课及系列动画
（微视频）</th><th>教学
课件
（PPT）</th><th>工程
案例
（PPT）</th><th>教案
设计
（文档）</th><th>交互
与测评
（题项）</th></tr>
<tr><td rowspan="5">3
智能建筑火灾自动报警及消防设备联动系统</td><td>认知3.1
火灾报警及消防设备联动系统</td><td>3.1.1★　智能建筑需要什么样的消防系统？
3.1.2　系列动画之火灾自动报警系统常用产品3D介绍</td><td>3.1
PPT
课件</td><td>3.1
工程
案例</td><td>3.1
教案
设计</td><td rowspan="5">本项目配置客观性测试题，可采用线上自主测试，当即给出测试成绩，并配有相应答案
本项目配置主观性讨论题、作业题，可采用线上同学互评，并给出成绩</td></tr>
<tr><td>任务3.2
火灾自动报警系统</td><td>3.2.1　火灾自动报警系统是如何工作的
3.2.2　火灾报警探测设备的接线与安装
3.2.3　实训操作：典型火灾报警联动控制器面板操作
3.2.4　实训操作：火灾探测器与控制器总线式硬件连接
3.2.5　实训操作：火灾报警联动控制器总线式编程操作
3.2.6★　系列动画之火灾报警系统如何实现自动报警</td><td>3.2
PPT
课件</td><td>3.2
工程
案例</td><td>3.2
教案
设计</td></tr>
<tr><td>任务3.3
建筑消防灭火设备联动系统</td><td>3.3.1　消火栓灭火系统是如何工作的
3.3.2　自动喷淋灭火系统是如何工作的
3.3.3　气体灭火系统是如何工作的
3.3.4　实训操作：消防泵联动与控制器多线式硬件连接
3.3.5　实训操作：火灾报警联动控制器多线式编程操作
3.3.6★　系列动画之消防灭火系统如何实现自动灭火</td><td>3.3
PPT
课件</td><td>3.3
工程
案例</td><td>3.3
教案
设计</td></tr>
<tr><td>任务3.4
消防排烟及疏散诱导设备联动控制系统</td><td>3.4.1　防排烟系统是如何工作的？
3.4.2　智能应急照明疏散系统是如何工作的？
3.4.3　防火门、消防电梯等疏散设施作用
3.4.4★　系列动画之智能建筑消防疏散诱导系统作用</td><td>3.4
PPT
课件</td><td>3.4
工程
案例</td><td>3.4
教案
设计</td></tr>
<tr><td>任务3.5
火灾自动报警与设备联动系统施工图识读</td><td>3.5.1★　如何识读火灾报警与消防联动系统工程图纸
3.5.2　工程识图：某教学大楼火灾报警及消防联动系统施工图纸</td><td>3.5
PPT
课件</td><td>3.5
工程
案例</td><td>3.5
教案
设计</td></tr>
</table>

续表

建筑智能化技术		MOOC数字化学习资源类别及配置				
项目	任务与认知	微课及系列动画（微视频）	教学课件（PPT）	工程案例（PPT）	教案设计（文档）	交互与测评（题项）
4 智能建筑安全技术防范系统	认知4-1 安全技术防范系统与智慧安防	4.1.1★　智能建筑需要什么样的安防系统 4.1.2　系列动画之安全技术防范系统常用产品3D介绍	4.1 PPT课件	4.1 工程案例	4.1 教案设计	本项目配置客观性测试题，可采用线上自主测试，当即给出测试成绩，并配有相应答案 本项目配置主观性讨论题、作业题，可采用线上同学互评，并给出成绩
	任务4-2 出入口控制系统	4.2.1　出入口控制系统是如何工作的 4.2.2　出入口控制系统工程实施 4.2.3　实训操作：单门出入口控制接线与调试 4.2.4★　系列动画之出入口控制系统如何实现智能化管理	4.2 PPT课件	4.2 工程案例	4.2 教案设计	
	任务4-3 视频监控系统	4.3.1　视频监控系统是如何工作的？ 4.3.2　视频监控系统工程实施 4.3.3　实训操作：基本的网络视频监控系统线路实施 4.3.4★　系列动画之视频监控系统如何实现智能化管理	4.3 PPT课件	4.3 工程案例	4.3 教案设计	
	任务4-4 入侵报警系统	4.4.1　入侵报警系统是如何工作的 4.4.2　入侵报警系统工程实施 4.4.3　实训操作：典型安防设备的安装 4.4.4★　系列动画之入侵报警系统如何实现智能化管理	4.4 PPT课件	4.4 工程案例	4.4 教案设计	
	任务4-5 其他安全防范系统	4.5.1　电子巡查系统是如何工作的 4.5.2★　停车场管理系统是如何工作的 4.5.3　智能家居	4.5 PPT课件	4.5 工程案例	4.5 教案设计	
	任务4-6 中央监控管理中心与应急响应系统	4.6.1　智能建筑指挥部-中央监控管理中心 4.6.2★　应急响应系统	4.6 PPT课件	4.6 工程案例	4.6 教案设计	

续表

<table>
<tr><th colspan="2">建筑智能化技术</th><th colspan="5">MOOC数字化学习资源类别及配置</th></tr>
<tr><th>项目</th><th>任务
与认知</th><th>微课及系列动画
（微视频）</th><th>教学
课件
（PPT）</th><th>工程
案例
（PPT）</th><th>教案
设计
（文档）</th><th>交互
与测评
（题项）</th></tr>
<tr><td rowspan="4">5
智能建筑信息设施与信息化应用系统</td><td>认知5.1
信息设施系统与智慧管理</td><td>5.1.1★　智能建筑需要什么样的通信系统
5.1.2　系列动画之综合布线及网络系统产品3D介绍</td><td>5.1
PPT
课件</td><td>5.1
工程
案例</td><td>5.1
教案
设计</td><td rowspan="4">本项目配置客观性测试题，可采用线上自主测试，当即给出测试成绩，并配有相应答案
本项目配置主观性讨论题、作业题，可采用线上同学互评，并给出成绩</td></tr>
<tr><td>任务5.2
综合布线系统</td><td>5.2.1　综合布线系统构成
5.2.2　综合布线系统线路传输介质
5.2.3　工程识图：某教学大楼综合布线系统施工图纸
5.2.4　实训操作：双绞线与水晶头、信息插座的端接
5.2.5★　系列动画之智能建筑综合布线系统构成</td><td>5.2
PPT
课件</td><td>5.2
工程
案例</td><td>5.2
教案
设计</td></tr>
<tr><td>任务5.3
信息网络系统</td><td>5.3.1★　信息网络系统类型及功能
5.3.2　信息网络系统拓扑结构
5.3.3　计算机网络系统IP地址
5.3.4　实训操作：双机互联</td><td>5.3
PPT
课件</td><td>5.3
工程
案例</td><td>5.3
教案
设计</td></tr>
<tr><td>任务5.4
信息化应用系统</td><td>5.4.1★　智能建筑需要哪些信息化应用系统
5.4.2　智慧社区解决方案实例</td><td>5.4
PPT
课件</td><td>5.4
工程
案例</td><td>5.4
教案
设计</td></tr>
<tr><td rowspan="2">6
建筑智能化系统工程实施与管理</td><td>认知6.1
建筑智能化工程实施</td><td>6.1.1★　建筑智能化系统工程实施流程
6.1.2　工程实例：某工程智能化系统施工组织设计</td><td>6.1
PPT
课件</td><td>6.1
工程
案例</td><td>6.1
教案
设计</td><td rowspan="2">同上</td></tr>
<tr><td>认知6.2
建筑智能化工程管理</td><td>6.2.1★　什么是物业设备全生命周期智能化管理
6.2.2　工程实例：某物业管理应急管理预案</td><td>6.2
PPT
课件</td><td>6.2
工程
案例</td><td>6.2
教案
设计</td></tr>
</table>

附表4　本书配套SPOC教学资源类别及配置目录表

课程名称 **建筑智能化技术** 线下48学时 理论实践比1∶1		MOOC/SPOC 线上线下混合教学模式	本课程SPOC教学基于学习平台生成课程班级教学二维码，辅以手机App“慕课堂”、“学习通”等工具进行课堂师生互动，线下以翻转课堂教学和技能训练为主，课堂数据与线上课程打通，实现线上线下混合式教学，线上线下学习过程评价与考核一体化、数据诊断智能化					
		SPOC师生互动教学资源类别及配置						
项目	理论与实践课堂学时	翻转课堂教学设计（PPT）	技能训练（实训报告）	讨论题库（手机版）	练习库（手机测试）	问卷库（手机版）	公告（手机版）	试卷（文档）
1 智能建筑设备监控管理系统基础认知 8学时	课堂教学（2学时）	1-1 课堂教学课件	/	1-1 课堂讨论题	1-1 课堂测试题	1-1 课堂问卷	1-1 公告	本项目组卷试题分数占比约20%
	实训室或现场教学（2学时）	/	1-2 技能训练项目1	1-2 课堂讨论题	/	/	1-2 公告	
	实训室或现场教学（2学时）	/	1-3 技能训练项目2	1-3 课堂讨论题	/	/	1-3 公告	
	课堂教学（2学时）	1-4 课堂教学课件	/	1-4 课堂讨论题	1-4 课堂测试题	1-4 课堂问卷	1-4 公告	
2 智能建筑设备监控管理系统 12学时	课堂教学（2学时）	2-1 课堂教学课件	/	2-1 课堂讨论题	2-1 课堂测试题	2-1 课堂问卷	2-1 公告	本项目组卷试题分数占比约30%
	实训室或现场教学（2学时）	/	2-2 技能训练项目3	2-2 课堂讨论题	/	/	2-2 公告	
	课堂教学（2学时）	2-3 课堂教学课件	/	2-3 课堂讨论题	2-3 课堂测试题	2-3 课堂问卷	2-3 公告	
	实训室或现场教学（2学时）	/	2-4 技能训练项目4	2-4 课堂讨论题	/	/	2-4 公告	
	课堂教学（2学时）	2-5 课堂教学课件	/	2-5 课堂讨论题	2-5 课堂测试题	2-5 课堂问卷	2-5 公告	
	实训室或现场教学（2学时）	/	2-6 技能训练项目5	2-6 课堂讨论题	/	/	2-6 公告	

续表

建筑智能化技术		SPOC 师生互动教学资源类别及配置						
项目	理论与实践课堂学时	翻转课堂教学设计（PPT）	技能训练（实训报告）	讨论题库（手机版）	练习库（手机测试）	问卷库（手机版）	公告（手机版）	试卷（文档）
3 智能建筑火灾自动报警及消防设备联动系统 8学时	课堂教学（2学时）	3-1 课堂教学课件	/	3-1 课堂讨论题	3-1 课堂测试题	3-1 课堂问卷	3-1 公告	本项目组卷试题分数占比约15%
	实训室或现场教学（2学时）	/	3-2 技能训练项目6	3-2 课堂讨论题	/	/	3-2 公告	
	课堂教学（2学时）	3-3 课堂教学课件	/	3-3 课堂讨论题	/	/	3-3 公告	
	实训室或现场教学（2学时）	/	3-4 技能训练项目7	3-4 课堂讨论题	3-4 课堂测试题	3-4 课堂问卷	3-4 公告	
4 智能建筑安全技术防范系统 8学时	课堂教学（2学时）	4-1 课堂教学课件	/	4-1 课堂讨论题	4-1 课堂测试题	4-1 课堂问卷	4-1 公告	本项目组卷试题分数占比约15%
	实训室或现场教学（2学时）	/	4-2 技能训练项目8	4-2 课堂讨论题	/	/	4-2 公告	
	实训室或现场教学（2学时）	/	4-3 技能训练项目9	4-3 课堂讨论题	/	/	4-3 公告	
	课堂教学（2学时）	4-4 课堂教学课件	/	4-4 课堂讨论题	4-4 课堂测试题	4-4 课堂问卷	4-4 公告	
5 智能建筑信息设施与信息化应用系统 8学时	课堂教学（2学时）	5-1 课堂教学课件	/	5-1 课堂讨论题	5-1 课堂测试题	5-1 课堂问卷	5-1 公告	本项目组卷试题分数占比约15%
	实训室或现场教学（2学时）	/	5-2 技能训练项目10	5-2 课堂讨论题	/	/	5-2 公告	
	实训室或现场教学（2学时）	/	5-2 技能训练项目11	5-3 课堂讨论题	/	/	5-3 公告	
	课堂教学（2学时）	5-4 课堂教学课件	/	5-4 课堂讨论题	5-4 课堂测试题	5-4 课堂问卷	5-4 公告	
6 智能化系统工程实施与管理 4学时	课堂教学（2学时）	6-1 课堂教学课件	/	6-1 课堂讨论题	6-1 课堂测试题	6-1 课堂问卷	6-1 公告	本项目组卷试题分数占比约5%
	实训室或现场教学（2学时）	/	6-2 技能训练项目12	6-2 课堂讨论题	/	/	6-2 公告	

参 考 文 献

[1] 沈瑞珠．楼宇智能化技术(第二版)[M]. 北京：中国建筑工业出版社，2013.

[2] 中华人民共和国住房和城乡建设部. GB/T 50314—2015 智能建筑设计标准[S]. 北京：中国计划出版社，2015.

[3] 中华人民共和国住房和城乡建设部. JGJ/T 334—2014 建筑设备监控系统工程技术规范[S]. 北京：中国建筑工业出版社，2014.

[4] 中华人民共和国公安部. GB 50116—2013 火灾自动报警系统设计规范[S]. 北京：中国计划出版社，2013.

[5] 中国移动通信集团设计院有限公司. GB 50311—2016 综合布线系统工程设计规范[S]. 北京：中国标准出版社.

[6] 中华人民共和国公安部. GB 50348—2014 安全防范工程技术规范[S]. 北京：中国计划出版社.

[7] 余志强．智能建筑环境设备自动化[M]. 北京：北京大学出版社，2012.

[8] 王娜．智能建筑概论[M]. 北京：中国建筑工业出版社，2017.

[9] 杨连武，沈瑞珠．火灾报警及消防联动系统施工(第 2 版)[M]. 北京：电子工业出版社，2010.

[10] 姚卫丰．楼宇设备监控及组态(第 2 版)[M]. 北京：机械工业出版社，2015.

[11] 沈瑞珠．建筑电气实践教学指导—施工图识读与设计[M]. 北京：中国建筑工业出版社，2010.

[12] 张晓明．楼宇智能化系统与技能实训[M]. 北京：中国建筑工业出版社，2018.

[13] 中国城镇供热协会．中国供热蓝皮书 2019—城镇智慧供热[M]. 北京：中国建筑工业出版社，2019.